本书出版受广东省科技计划项目“科技服务业发展模式研究”（项目号：2016A040404008）和“珠三角国家自主创新示范区决策智库”（项目号：2017B070703003）的资助

科技服务业发展模式研究

Research on the Development Model of Technology Service Industry

顾乃华◎主编

暨南大學出版社
JINAN UNIVERSITY PRESS

中国·广州

图书在版编目（CIP）数据

科技服务业发展模式研究/顾乃华主编．—广州：暨南大学出版社，2019.1
ISBN 978－7－5668－2569－8

Ⅰ.①科…　Ⅱ.①顾…　Ⅲ.①科技服务—服务业—发展模式—研究　Ⅳ.①G322

中国版本图书馆 CIP 数据核字(2019)第 021150 号

科技服务业发展模式研究
KEJI FUWUYE FAZHAN MOSHI YANJIU
主　编：顾乃华

出 版 人：徐义雄
策　　划：徐义雄
责任编辑：雷晓琪　陈俞潼
责任校对：朱良红　曾小利

出版发行：暨南大学出版社（510630）
电　　话：总编室（8620）85221601
　　　　　营销部（8620）85225284　85228291　85228292（邮购）
传　　真：（8620）85221583（办公室）　85223774（营销部）
网　　址：http：//www. jnupress. com
排　　版：广州市天河星辰文化发展部照排中心
印　　刷：佛山市浩文彩色印刷有限公司
开　　本：787mm×1092mm　1/16
印　　张：14. 25
字　　数：350 千
版　　次：2019 年 1 月第 1 版
印　　次：2019 年 1 月第 1 次
定　　价：48. 00 元

前　言

科技服务业是现代服务业的重要组成部分，是科技与服务业的交叉点，具有人才智力密集、科技含量高、产业附加值大、辐射带动作用强等特点。近年来，在各部门、各地方的共同努力下，我国科技服务业发展呈现以下态势：第一，科技服务业快速发展。国务院《关于加快科技服务业发展的若干意见》（国发〔2014〕49 号）的发布和各项政策的出台，促进了科技服务业的快速发展，越来越多的科技服务机构和新型科技服务组织不断涌现。国家统计局的数据显示，2017 年我国规模以上科技服务业营业收入增长 14.4%，比上年提高 3.1%，科技服务业作为经济发展的新动能已成为保持经济平稳增长的重要动力。第二，对其他产业发展的支撑能力不断提升。科技服务业促进了科技要素向相关产业的融合和渗透，为产业发展和产业结构优化调整提供了强大支撑。第三，促进了新产业、新业态的蓬勃发展。科技服务业试点工作开展以来，各试点单位积极探索新路径和新模式，通过建设科技服务业集聚区，搭建科技服务平台，汇聚科技服务资源等方式，不断培育新业态。第四，推动了“大众创业、万众创新”迈上新台阶。各种专业化、高端化科技服务资源加速向众创空间集聚，为众创空间向创业者提供优良服务提供了有力的支撑。同时，我们也应看到，我国科技服务业仍处于发展初期，存在市场主体发育不健全、服务机构专业化程度不高、高端服务业态较少等问题。在上述背景下，关注科技服务业发展模式，找出不同科技服务行业发展背后的共同规律和政策诉求，促进形成覆盖科技创新全链条的科技服务体系，对于将科技服务业培育成为促进科技经济结合的关键环节和经济提质增效升级的重要引擎，无疑具有重要的意义。

本书聚焦于研究开发、技术转移、检验检测认证、创业孵化等六大专业科技服务行业，从发展背景与趋势、发展模式、发展经验、典型企业案例等维度对其发展模式问题进行探讨，有助于读者了解当前科技经济深度融合背景下主要科技服务行业的发展动态。书稿的内容框架由我拟定，各章初稿由暨南大学产业经济研究院硕士研究生负责撰写，由傅少伟负责协助我审定。以下为各章执笔者：

第一章　新时期科技服务业发展环境　陈贤孟

第二章　发达国家科技服务业发展模式借鉴　王洋

第三章　科技服务业发展政策支持体系　罗雅丹

第四章　广东省科技服务业发展现状和前景　傅少伟

第五章　研发服务业发展模式　李自新

第六章　技术转移服务业发展模式　江玉婷

第七章　检验检测认证服务业发展模式　程嘉嘉

第八章　创业孵化服务业发展模式　周乐君

第九章　知识产权服务业发展模式　罗昊

第十章　科技金融服务业发展模式　颜腾腾

本书力求反映我国科技服务业发展新特点、新问题、新趋势，供科技管理职能部门以及相关机构决策参考。当然，由于资料不全、研究能力有限，本书的内容与观点难免存在不全面、不准确等问题，敬请读者批评指正。

本书是广东省科技计划项目“科技服务业发展模式研究”（项目号：2016A040404008）的最终成果，同时也受到“珠三角国家自主创新示范区决策智库”（项目号：2017B070703003）的出版资助，在此一并致谢。

顾乃华

2018 年 6 月于暨南园

CONTENTS 目录

第一章　新时期科技服务业发展环境

科技服务业作为现代服务业的重要组成部分，对我国实施创新驱动发展战略、实现经济增长方式转变具有重要意义。对科技服务业发展环境进行分析，有利于了解我国科技服务业的发展形势，识别科技服务业进一步发展所面临的机遇和挑战。因此，本章将对科技服务业发展所处的外部宏观环境和行业内部环境进行分析，同时对影响科技服务业发展的有利因素与不利因素进行梳理，以求更好地把握科技服务业的发展态势。

第一节　科技服务业发展外部宏观环境分析

对科技服务业发展的外部宏观环境进行的分析，主要从科技服务业发展所处的政治环境、经济环境、社会环境和技术环境这四个方面展开。

一、政治环境

在党的第十九次全国代表大会上，习近平总书记多次提出并强调了科技实力和科技创新的重要性。由于科技服务业的发展有利于提高我国科技实力和促进科技创新，因此，国家为科技服务业的发展提供了稳定的政治环境和良好的制度环境，政府及有关部门也相继出台了一系列的政策和法律文件以指引和规范科技服务业的发展，保障我国科技服务业的健康发展。

（一）政府的政策指引

2007 年，国务院下发的《关于加快发展服务业的若干意见》中便明确提出要大力发展科技服务业，力图让科技支撑、引领服务业的发展。随着我国从“十一五”时期进入“十二五”时期，国家更加重视科技服务业的发展，在“十二五”期间出台了大量政策文件指明我国发展科技服务业的需要。2011 年，科技部发布《国家“十二五”科学和技术发展规划》，肯定了科技服务业在我国经济社会发展中的重要作用，提出要推进科技服务业创新发展。2012 年，科技部印发《现代服务业科技发展“十二五”专项规划》，进一步指出科技服务业对我国科技创新水平的提升和产业竞争优势的形成具有重大促进作用，为迎接与应对来自全世界的机遇与挑战，现代服务业要努力实现科技发展。2014 年，为促进科技服务业健康、有序发展，国务院再度发文，印发《关于加快科技服务业发展的若干意见》这一专项文件。该文件在肯定科技服务业良好的发展势头的同时，指出科技服务业发展仍存在的不足之处，并阐明了继续发展科技服务业的方向和重点任务，表明了我国政府对科技服务业发展的高度重视。以该文件为指导，为更有针对性地支持和引领科技服务业的发展，2015 年，国家统计局为科技服务业建立了统计分类，规范界定其统计范围，同时建立了相关的统计调查制度，以对科技服务业数据统计方面进行一定的规范。

“十三五”时期，国务院于2016 年印发《“十三五”国家科技创新规划》，提出要围绕创新链完善服务链，大力发展各项专业科技服务和综合科技服务。由于我国科技服务业起步较晚，与发达国家科技服务业发展仍有一定差距，因此，该文件也提到，要鼓励并支持我国科技服务机构“走出去”，寻求国际合作，开拓海外市场。同年，国务院印发《国家创新驱动发展战略纲要》，提出了构建专业化科技服务体系、完善全国技术交易市场体系、畅通技术转移渠道这一重要任务。2017 年，科技部发布《“十三五”现代服务业科技创新专项规划》，明文强调要做大做强科技服务业，大力发展各项专业科技服务和综合科技服务，努力增强科技服务业创新能力，并提出到 2020 年，我国科技服务业的科研能力和实践能力要走进世界前列这一发展目标。

（二）国家法律法规的规范与保护

为规范和保障科技服务业发展，国家制定和修订了相关法律法规。早在《中华人民共和国科学技术进步法》中便有提到国家对技术开发、技术咨询、技术转移等科技服务的保护措施和相关优惠政策，并列示了违反该法律的一系列科技活动和科技服务行为所对应的法律责任。知识产权服务方面，《民法通则》《商标法》《专利法》等均有提及我国对知识产权进行保护的相关条例。检验检测服务不断发展的同时，各个专项检测服务部门也为其检验检测服务制定了专门标准。近年来，随着互联网金融等新型科技金融服务业态的出现与不断发展，中国人民银行、保监会等部门出台了《关于促进互联网金融健康发展的指导意见》《非银行支付机构网络支付业务管理办法》《互联网保险业务监管暂行办法》等一系列文件对其进行规范。由于我国科技服务业发展相对较晚，目前尚未有专门针对科技服务业整体发展的立法。国家对科技服务业发展提供了一定的法律保护，可以起到规范科技服务业的发展的作用，但仍存在一定的立法滞后。

综上可知，近年来，我国政府不断鼓励并支持科技服务业的发展，为科技服务业的发展塑造了良好的制度环境，并且出台的大量政策文件表明了国家对科技服务业发展的重视，也有相应的法律法规对科技服务业的发展进行规范与保护，可见科技服务业发展的政治环境一片利好。

二、经济环境

近年来，我国经济不断向前发展，经济水平进一步提升，经济发展进入高质量发展阶段。与此同时，我国经济结构不断优化，第三产业增加值占国内生产总值的比例不断上升，产业地位日益凸显。经济水平和经济结构的改变，对发展科技服务业带来了一定的影响。此外，为更好地引导科技服务业的发展，国家出台了一定的经济政策，为科技服务业的发展提供了一定的经济支撑，给予税收优惠和资金支持，以改善科技服务业发展的经济环境。

（一）我国经济进入高质量发展阶段

十九大报告指出，我国经济增长已由高速增长阶段转向高质量发展阶段，正处在转变发展方式、优化经济结构、转换增长动力的攻关期。在这个重要的战略转型时期，各界专家都在积极探索实现高质量发展的道路。在经济发展的新阶段，发展科技服务业尤为重要，科技服务业也因此面临着新的挑战。一方面，内生增长理论表明，内生的技术进步是经济实现持续增长的最终动力，而科技服务业具有技术人员密集的特点，拥有较高的科技含量，能够通过科技创新，成为我国新的经济增长点，推动我国经济持续增长。另一方面，科技服务业基于现代信息科学技术，为社会提供智力支撑与服务，有利于促进我国当前的产业结构进一步优化升级，进而推动经济继续向前发展，提高经济发展水平，促使我国经济实现高质量发展。在新的经济发展阶段，各项专业科技服务和综合科技服务的发展可以为其他产业的发展提供有效的技术支撑，进而提高我国服务业发展的科技水平。新的经济环境下，科技服务业的发展也将受到更多的关注。科技服务业服务质量和水平的提升、专业化程度的提高、高端服务业态的扩充，可以为我国实现高质量发展提供有力的保障。

（二）宏观经济持续增长，经济结构不断优化

在党中央的坚强领导下，我国经济在进入新常态以来，仍然保持着稳中求进的发展态势。国家统计局统计数据表明，2014 年，我国的国内生产总值为 643 974. 0 亿元，人均国内生产总值为 47 203 元。到了 2016 年，上述两项指标分别上升到 744 127. 2 亿元和 53 980 元。从各产业来看，如图 1 – 1 所示，近些年来，三大产业的增加值都实现了一定的增长，且第三产业的增长最为迅猛。第一产业的增加值从 2014 年的 58 343. 5 亿元上升到 2016 年的 63 670. 7 亿元，增幅为 9. 13%。同期，第二产业的增加值从 277 571. 8 亿元上升到 296 236. 0亿元，实现 6. 72% 的增幅。第三产业在 2014 年的增加值为 308 058. 6 亿元，经过两年不断发展之后，达到 384 220. 5 亿元，实现了 24. 72% 的增幅。从第三产业增加值占比来看，如图 1 – 2 所示，2014 年，第三产业增加值占我国国内生产总值的 47. 84%，而到 2016 年，第三产业增加值占国内生产总值的比例上升到了 51. 63%，而第一产业和第二产业的增加值占比均出现了一定程度的下降。[①] 可见，近年来，第三产业在国民经济中的地位正在不断提升，我国经济水平提高的同时，经济结构也在不断优化。科技服务业作为现代服务业的组成部分，属于第三产业的范畴。在宏观经济发展态势良好、第三产业地位进一步凸显的经济环境下，科技服务业有望取得更好的发展，进而为其他产业发展提供智力和科技支撑，进一步推动我国宏观经济的发展。

---

① 数据来源：中华人民共和国国家统计局编、中国统计出版社出版的《中国统计年鉴 2015》《中国统计年鉴 2016》及《中国统计年鉴 2017》。

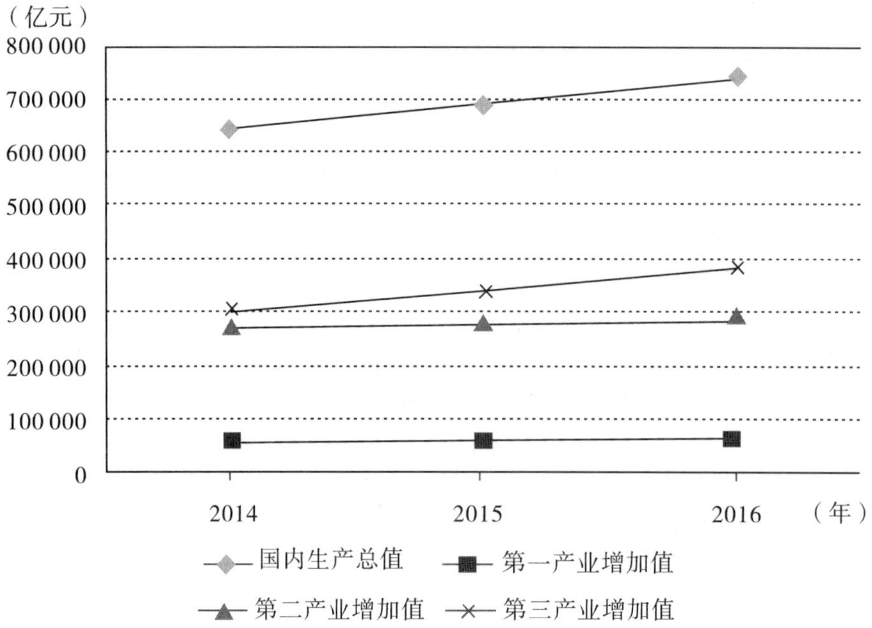

图 1－1　2014—2016 年国内生产总值及三大产业增加值趋势图

数据来源：中华人民共和国国家统计局编、中国统计出版社出版的《中国统计年鉴 2015》《中国统计年鉴 2016》及《中国统计年鉴 2017》。

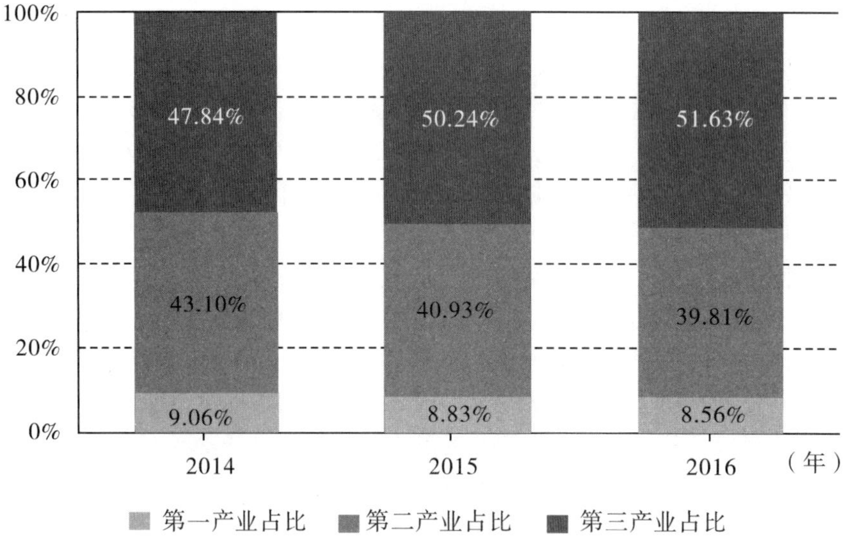

图 1－2　2014—2016 年国内生产总值中三大产业增加值占比

数据来源：中华人民共和国国家统计局编、中国统计出版社出版的《中国统计年鉴 2015》《中国统计年鉴 2016》及《中国统计年鉴 2017》。

（三）国家为科技服务业发展提供税收优惠与资金支持

鉴于科技服务业的发展对当前经济社会发展有着重要的推动与促进作用，我国政府给予了科技服务企业一定的税收优惠和融资支持。首先，税收方面，国家将科技服务内容及其相关的支撑技术纳入高新技术领域，在税收上给予一定的优惠。具体来说，一方面，从企业所得税来看，被认定为高新技术企业的科技服务企业，按15%的税率进行征收，我国税法规定，一般企业的所得税税率为25%，由此可见，科技服务企业享受着一定的税收优待。另一方面，从职工教育经费支出来看，科技服务企业在经营过程中产生的符合条件的职工教育经费支出中，对于工资薪金8%以内的部分，可在应纳所得税额中据实扣除。此外，在房产税和城镇土地使用税方面，对于孵化企业经营过程中使用的房产、土地，国家对其在房产税和城镇土地使用税上给予免除；对于将房屋、土地出租给孵化企业使用后所得的营业收入，免征营业税。其次，融资支持方面，国家从多方面帮助科技服务企业取得融资。具体来说，一方面，加大银行信贷和资本市场对科技服务企业的支持，鼓励银行向科技服务企业提供信贷资金，支持科技服务企业通过上市完成融资，同时帮助科技服务企业吸引外资进入。另一方面，积极利用国家科技成果转化引导基金和中小企业发展专项资金等多个资金渠道，加大对科技服务企业的资金支持，同时鼓励地方建立科技服务业发展专项基金，创新财政支持方式。

总的来说，当前我国宏观经济水平不断提升，经济结构进一步优化，第三产业在国民经济中的地位不断攀升，科技服务业发展的经济环境良好。同时，一方面，国家通过税收优惠和财政支持等经济政策为科技服务业的发展提供了一定的经济支持。另一方面，随着我国经济发展进入新的阶段，新常态下经济增长动力的转换和高质量增长也侧面凸显科技服务业地位的提升和新时期发展科技服务业的迫切需要。

三、社会环境

当前我国社会主义建设已进入新时代，随着我国社会主义建设的不断向前推进，人们对美好生活的需要日益增长，消费观念也发生了一定的转变。另外，对于李克强总理“大众创业、万众创新”的号召，我国社会积极响应，社会创新创业活力进一步释放。新的社会环境，给科技服务业的发展带来了新的影响。

（一）人们对美好生活的需要日益增长

十九大报告指出，我国社会主义建设已进入新时代，我国社会的主要矛盾已转化为人们日益增长的美好生活需要和不平衡不充分的发展之间的矛盾。人们的社会需求从物质文化需求转变为对美好生活的需要，意味着我国经济进步，社会环境已经发生改变。习近平总书记在党的十九大报告中提到，要不忘初心，牢记使命，为实现人们对美好生活的向往而继续奋斗。在2018年的新年贺词中，习近平总书记也数次提到了“人民”一词，直言最牵挂的是困难群众。近年来，我国也在不断开展扶贫脱贫活动，努力在2020年实现全面脱贫，让人们过上美好生活。因此，在新的社会环境下，应该继续大力发展科技服务业，让新的科技成果进一步改善人们生活，以适应人们日益增长的对美好生活的需要。在大力发展研发设计服务、创新创业服务和科技金融服务等专业科技服务和综合科技服务以后，全社会创新成果将不断呈现在人们眼前，人们的生活将因科技服务业的发展变得更加便捷与智能。由此可见，在新时期，为满足人们的美好生活需要，国家应进一步发展科技服务业。

（二）经济增长带来人们消费观念的改变

改革开放以来，我国经济已取得迅猛发展，人们的消费观念已经逐步从以往的温饱型消费转向享受型消费。当前，我国人民生活已发生了翻天覆地的变化，如在改革开放初期，人们结婚往往希望能有手表、自行车和缝纫机这“三大件”，然而随着经济的发展，“三大件”逐渐转变成电冰箱、电视机、洗衣机，现在则进一步发展成房子、车子、票子。“三大件”的变化，体现了人们的生活更加富足，对产品的需求也更为智能。此外，随着互联网技术的兴起，人们可以更为便捷地获取信息以进行娱乐和学习；电子商务、移动支付、智能家居等更是使人们过上了享受型的生活；快车、动车和高铁方便了人们的出行，让世界感受到了“中国速度”。人民生活的这一系列变化，得益于科技的不断进步；人民享受型的消费观念，除了体现了国家富足以外，同时增大了科技产品的需求，要求继续发展科技服务业，为各产业的发展提供支撑，力求拥有更多的科技产出，适应人们在新的社会环境下的消费观念与消费需求。

（三）“大众创业、万众创新”的社会浪潮

李克强总理发出“大众创业、万众创新”的号召，鼓励全社会敢于创造，支持人民通过努力将自身的创新设想变为社会的创新产出。该号召是政府简政放权激发市场活力的信号，也使人民有了更多的创新创业机会。当前，该号召得到了社会各行各业的响应，社会各部门均积极行动，开展创新创业活动。在这一社会浪潮下，中国的专利申请也不断增多。据统计，2016 年，中国成为世界上首个年专利申请数过百万的国家，体现了当前社会良好的创新氛围和国家创新实力的提升。“大众创业、万众创新”的号召，让社会各界积极投身于转换经济增长动力的行动之中，也为发展科技服务业提供了一个良好的社会环境。当前的社会环境与以往相比，有了更多的创新创业需求，更需要发展科技服务业，以形成良好的技术交易平台，为人们创新创业提供更多和更好的技术支持，提高创新创业的成功率，促进创新创业成果转换。此外，发展科技服务业有利于形成完整的科技服务体系，服务于科技创新链条的各个环节，更好地整合创新资源，为其他产业的发展提供支撑，促进各个产业产品推陈出新。

由此可见，随着人们消费观念转变和对美好生活的需要日益增长，人们对科技产品的需求与消费不断增加。因此，当前的社会为发展科技服务业提供了一个良好环境。与此同时，“大众创业、万众创新”的社会浪潮也要求科技服务业能有良好的发展，进而推动我国社会更好地向前发展。

四、技术环境

互联网的兴起与普及，使人类社会的发展进入了信息时代。与此同时，大数据、人工智能等各项现代信息技术的兴起，也为人们的生活带来了巨大的变化。新的技术环境可以为科技服务业的发展提供更好的技术支撑，也为科技服务业的进一步发展带来了一定的改变。

（一）信息时代的到来

自工业革命以后，社会生产力大大提高，人类社会发展从农业时代进入了工业时代，从前以物质为基础的社会也转变为以能源为基础的社会；直到20世纪中期，互联网的发明使人类社会又进入了新的时代——信息时代，人类社会成为一个以信息为基础的社会。互联网的发明掀起了一场信息革命，每天都有大量的信息在互联网上流动。在互联网时代下，人们获取信息的成本大幅度下降，人们可以通过互联网满足自身的学习和娱乐的需求，生活因此发生了巨大的改变。互联网时代的到来，也为科技服务业的发展打下了一定的技术基础。科技服务业是使用现代信息网络和科学技术为其他产业提供智力服务的产业，故科技服务业的发展离不开互联网的发展。互联网可以发挥其对资源的优化配置和集成作用，与其他传统产业相结合，实现传统产业的新发展。2015年，国务院印发《关于积极推进“互联网+”行动的指导意见》，肯定了互联网的创新成果对进一步推动我国技术进步和创新的重要意义。互联网与传统产业相结合，发挥了互联网在处理信息、配置资源等方面的优势，促进了传统产业的发展。在互联网时代，传统产业在借助互联网的各方面优势向前发展的同时，也为科技服务业的发展提供更为广阔的空间。

（二）大数据、云计算、移动互联网、人工智能等现代信息技术的兴起

随着互联网时代的到来，以大数据、移动互联网等为代表的各项现代信息技术也在不断兴起。互联网时代下，人们每天都会产生海量的数据信息，我们日常出行、消费、浏览网页等行为都将以数据的形式被存储起来。在这样的时代背景下，大数据、云计算、移动互联网、人工智能等现代信息技术应运而生。各项新兴现代信息技术有利于人们对海量数据进行处理，进而分析挖掘数据蕴含的有价值的信息并将其应用于生活的方方面面。

大数据技术可以通过数据挖掘等数据处理手段对海量的信息进行处理。宏观方面，大数据技术可以运用于对宏观经济形式的分析并进行一定的预测。微观方面，大数据技术可以应用于反腐、医疗保健、科学研究、交通管理、信用评级、用户需求分析和精准营销等方面；科技咨询等专项科技服务可以通过运用大数据技术提高科技服务的质量和更好地推动科技创新。基于大数据技术，科技金融服务也可以减少金融欺诈，识别违规交易和股价的异常波动、监测贷款逾期，进而提高运营效率，降低运营成本和防范企业风险。

云计算方面，该项技术的兴起也可以大大减少用户使用数据的成本，方便用户进行数据的储存与管理，节约管理数据的物理空间和软件及硬件成本。应用云计算这一现代信息技术，可以降低各项专业科技服务的成本，以便更好地开展研究开发服务、科技金融服

务、科技咨询服务等各项科技服务。在云计算技术的支持下，科技金融服务可以实现征信系统数据的互联共享，减少重复征信带来的资源浪费和进行更精准的信用评级，并能起到金融安防的效果；通过信息的云共享，科技信息服务也将变得更加便捷。

近年来，移动互联网技术不断发展，也使得科技服务业发展的技术环境发生变化。各类移动终端愈发智能，即将到来的5G时代也不断推动着移动互联网向前发展。移动互联网的发展，可以促使一些线下业务朝着线上方向发展，电子商务就是其中一个例子。科技金融服务可以通过移动互联网开展在线理财，通过在线上选取客户群体，进行金融产品的精准营销；依靠移动互联网对用户行为进行记录，也可以进行相应的用户需求分析，进而更好地开展科技咨询等专业科技服务。

2017年，自AlphaGo战胜围棋高手李世石后，人工智能开始成为人们广泛关注并热议的对象。在神经网络研究不断发展和深度学习获得算法上的突破的背景下，人工智能的技术水平也实现了质的飞跃。人们普遍相信，人工智能技术将在未来给人类社会带来巨大的变化。在人工智能发展的影响下，未来科技服务业的发展有望变得更加智能化和个性化。当前，人工智能技术相关底层技术主要有机器学习、自然语言处理、计算机视觉、神经网络、知识图谱等。机器学习和自然语言处理可以通过智能客服等方式，了解客户基本信息，掌握客户需求，结合机器学习将被动学习变为主动学习的特点，更为精准地为客户提供更好的科技咨询等专项科技服务。计算机视觉可运用于进行人脸识别和安全监控，可以对科技服务的客户进行精准的识别，同时防止陌生人员出现在重要资料区域，更好地保护信息安全。神经网络和知识图谱在学习海量金融知识的基础上，可以构建金融知识图谱，完善金融模型，建立智能投顾系统，实现财富管理。通过运用人工智能技术，对检测认证的标准进行学习，检验检测服务的效率可获得一定程度的提高。科学技术普及服务方面，人工智能的运用可以达到降低科学技术普及服务的人力成本的效果。将人工智能和各项科技服务融合发展，科技服务机构也可以更好地开展综合科技服务。

总而言之，随着互联网时代的到来，人们获取信息的成本不断下降，加之大数据、人工智能等各项现代信息技术的兴起，科技服务业的发展有了良好的技术基础；科技服务业与各项现代信息技术结合之后，能够更好地进行科技服务模式的创新，更为全面地利用科技资源，为其他产业提供各类集成化、网络化的科技服务。

第二节　科技服务业发展行业内部环境分析

在对科技服务业发展的外部宏观环境有了一定认识的基础上，进一步分析科技服务业发展的行业内部环境，有利于对科技服务业发展环境有一个更为全面的了解。对科技服务业行业内部环境的分析，主要从分析科技服务业供求变动、科技服务业进入壁垒、科技服务业所处产业生命周期和科技服务业产业集群概况这四个方面展开。

一、科技服务业发展供求分析

我国经济社会的不断发展，使得科技服务业发展的外部环境发生了一定的改变，科技服务的供给和需求也受到了一定的影响。一方面，在国家的大力支持下，科技服务供给持续增多。另一方面，经济增长方式转变和人民生活日趋智能化也派生了一定的科技服务需求。此处结合一定的数据，对科技服务业的供给和需求展开分析，初步把握科技服务业发展的内部环境。

（一）行业规模不断扩大，供给进一步增多

在国民经济行业分类中，信息传输、软件和信息技术服务业，租赁和商务服务业，科学研究和技术服务业为科技服务业的主要组成部分。国家统计局发布的统计数据表明，近年来，科技服务业上述三个主要子行业的工业增加值、就业人数和固定资产投资均有一定程度的增多，其中，信息传输、软件和信息技术服务业各项指标如表 1－2 所示，租赁和商务服务业各项指标如表 1－3 所示，科学研究和技术服务业各项指标如表 1－4 所示。

如表 1－1 所示，工业增加值方面，2013 年，信息传输、软件和信息技术服务业的工业增加值为 13 729. 7 亿元，而 2015 年增加到了 18 546. 1 亿元，增幅为 35. 08%，由此可见，近年来，信息传输、软件和信息技术服务业取得了较大的发展。租赁和商务服务业 2013 年的工业增加值为 13 335. 0 亿元，2015 年的工业增加值则为 17 111. 5 亿元，实现了 28. 32% 的增幅。科学研究和技术服务业的工业增加值则是从 2013 年的 11 010. 2 亿元增加到 2015 年的 13 479. 6 亿元，增幅为 22. 43%①。

就业人数方面，信息传输、软件和信息技术服务业 2014 年共有城镇单位就业人员 336. 3 万人，而到了 2016 年，该项指标增加到 364. 1 万人。在同期，该行业城镇单位就业人员的年平均工资也从 100 845 元增加到 122 478 元。租赁和商务服务业，在 2014 年至 2016 年，该行业城镇单位就业人数从 449. 4 万人增加到 488. 4 万人，城镇单位就业人员的平均工资水平也相应地从 67 131 元上升到 76 872 元。同期，科学研究和技术服务业的城镇单位就业人员也出现了一定的增多，从 408. 0 万人上升到 419. 6 万人，实现了 2. 84% 的增幅，而与其对应的城镇单位就业人员年平均工资则是从 82 259 元上升到 96 638 元，涨幅为 17. 48%②。

从固定资产投资来看，2014 年，信息传输、软件和信息技术服务业共投资固定资产 4 110. 0亿元，而该项指标在 2016 年增加到 6 325. 5 亿元，实现了 53. 91% 的巨大增幅；租赁和商务服务业方面，该行业在 2014 年的固定资产投资为 7 965. 2 亿元，而后不断上涨，在 2016 年突破一万亿元，达到 12 341. 9 亿元；对于科学研究和技术服务业，其固定资产投资也在不断增长，从 2014 年的 4 219. 1 亿元上涨到 5 567. 8 亿元，增幅为 31. 97%③。

综上，近几年来，随着科技服务业发展的外部环境发生改变，科技服务业内部也作出了相应的调整。从行业的供给层面上看，科技服务业的行业规模不断扩大，社会供给进一步增多。

---

① 数据来源：中华人民共和国国家统计局编、中国统计出版社出版的《中国统计年鉴 2017》。

② 数据来源：中华人民共和国国家统计局编、中国统计出版社出版的《中国统计年鉴 2015》《中国统计年鉴 2016》及《中国统计年鉴 2017》。

③ 数据来源：中华人民共和国国家统计局编、中国统计出版社出版的《中国统计年鉴 2015》《中国统计年鉴 2016》及《中国统计年鉴 2017》。

表 1-1 2013—2015 年科技服务业工业增加值

	信息传输、软件和信息技术服务业	租赁和商务服务业	科学研究和技术服务业
2013 年	13 729.7	13 335.0	11 010.2
2014 年	15 939.6	15 276.2	12 250.7
2015 年	18 546.1	17 111.5	13 479.6

数据来源：中华人民共和国国家统计局编、中国统计出版社出版的《中国统计年鉴 2017》。

表 1-2 2014—2016 年信息传输、软件和信息技术服务业各项指标

	城镇单位就业人数（万人）	城镇单位就业人员年平均工资（元）	固定资产投资（亿元）	外商投资总额（亿美元）	注册外商投资企业（户）	外商投资合同项目（个）
2014 年	336.3	100 845	4 110.0	700	43 433	981
2015 年	349.9	112 042	5 521.9	1417	42 435	1 311
2016 年	364.1	122 478	6 325.5	1 675	43 239	1 463

数据来源：中华人民共和国国家统计局编、中国统计出版社出版的《中国统计年鉴 2015》《中国统计年鉴 2016》及《中国统计年鉴 2017》。

表 1-3 2014—2016 年租赁和商务服务业各项指标

	城镇单位就业人数（万人）	城镇单位就业人员年平均工资（元）	固定资产投资（亿元）	外商投资总额（亿美元）	注册外商投资企业（户）	外商投资合同项目（个）
2014 年	449.4	67 131	7 965.2	2 628	44 381	3 963
2015 年	474.0	72 489	9 447.9	4 505	50 673	4 465
2016 年	488.4	76 872	12 341.9	5 964	56 401	4 631

数据来源：中华人民共和国国家统计局编、中国统计出版社出版的《中国统计年鉴 2015》《中国统计年鉴 2016》及《中国统计年鉴 2017》。

表 1-4 2014—2016 年科学研究和技术服务业各项指标

	城镇单位就业人数（万人）	城镇单位就业人员年平均工资（元）	固定资产投资（亿元）	外商投资总额（亿美元）	注册外商投资企业（户）	外商投资合同项目（个）
2014 年	408.0	82 259	4 219.1	1 775	20 970	1 611
2015 年	410.6	89 410	4 752.0	2 283	24 064	1 979
2016 年	419.6	96 638	5 567.8	3 118	27 628	2 444

数据来源：中华人民共和国国家统计局编、中国统计出版社出版的《中国统计年鉴 2015》《中国统计年鉴 2016》及《中国统计年鉴 2017》。

（二）供给环境不断改善

科技服务业有着较高的产业附加值，并能通过其自身的辐射作用带动和支撑其他产业的发展。政府和有关部门为支持和鼓励科技服务业的发展，为其提供了一系列的政策优惠和财政支持，并拓宽了科技服务企业的融资渠道，更好地帮助科技服务企业增加供给并提高其所供给的科技服务的质量。现阶段，政府将符合条件的科技服务企业认定为高新技术企业，给予该类科技服务企业较一般企业少10%的税率减免，这可以在一定程度上鼓励企业家从事科技服务，增加科技服务的供给。此外，对于科技服务型企业，国家允许科技服务企业发生的一定范围内的职工教育经费在税前抵扣，并在城镇土地使用税上给予优惠，从事科技服务业的外部环境得以改善。另外，在习近平总书记提出了"一带一路"的合作倡议和打造人类命运共同体的理念以后，世界各国的交流日益增多。相比发达国家，我国科技服务业起步较晚，近年来虽获得了一些发展，但仍存在一些问题，政府及相关部门也不断发文强调要加强科技服务业与海外国家进行开放合作。在我国同世界其他国家交流更为深入，开放程度进一步提高的背景下，科技服务业国际环境不断改善，有利于科技服务业进一步增加供给和提高服务质量。

国家统计局编写的《中国统计年鉴 2017》中的数据表明，近年来，科技服务业的外商投资额和注册的外商投资企业均呈现一定程度的增加。如表 1－2，2016 年，信息传输、软件和信息技术服务业共注册外商投资企业 43 239 户，签订外商投资合同项目 1 463 个，外商投资总额为 1 675 亿美元，相比 2015 年，注册企业增加 804 家，投资项目增加 152 个，投资总额增加 258 亿美元。租赁和商务服务业方面（见表 1－3），注册的外商投资企业从 2015 年的 50 673 户增加到 2016 年的 56 401 户，同期，签订外商投资的合同项目从 4 465个上升到4 631个，外商投资总额 2015 年的 4 505 亿美元增加到 2016 年的 5 964 亿美元。科学研究和技术服务业在这几项指标上也出现了一定的上涨。如表 1－4，2015 年该行业注册的外商投资企业为 24 064 户，而在 2016 年年底则有 27 628 户该行业的企业登记注册，外商投资合同项目也相应地从 1 979 个增加到 2 444 个，投资总额 2 283 亿美元增加到 3 118 亿美元①。

总的来说，在国家的支持下，与科技服务业供给方面相关的国内环境和国外环境均在不断改善。国家的政策指引和经济支持，加之各国交流的增加与深入，新时期科技服务业所供给的服务进一步增多，国外合作得到加强，所供给的服务内容和服务质量也有相应的提升。

（三）产业结构转型升级催生出更多的科技服务需求

目前，我国经济进入新常态和高质量发展阶段，处在重要的战略转型时期，发展科技服务业日益迫切。在新的经济环境下，经济增长的动力将从以往的要素驱动、投资驱动转向创新驱动。经济增长方式的转变和产业结构转型升级的实现，需要科技服务业为其他产业提供相应的科技支撑。此外，新常态下，第三产业消费需求不断增多且逐步成为主体，

① 数据来源：中华人民共和国国家统计局编、中国统计出版社出版社的《中国统计年鉴 2017》。

科技服务业作为现代服务业的重要组成部分，在集聚创新资源，降低企业创新成本与创新风险，加速创新成果转化，推动产业结构转型升级的过程中可谓不可或缺。因此，在当前的经济环境下，科技服务需求也将逐步上升。

产业结构转型升级的背景派生出对不同类别的专业科技服务的新需求。第一，在研究开发及其服务方面，研究开发活动是创新产出的上游，每一项创新产出都需要经历一定的研究开发的过程。为实现产业结构转型升级，国家需进一步加大研究开发的力度，力争有更多的创新产出；支持企业在研发过程中与高校和科研院所展开合作，协同进行研发；支持研究开发服务市场化，借助市场的力量对研发资源进行配置。第二，在技术转移服务方面，国家将不断发展技术交易体系，明确界定技术产权，推动技术成果转移转化。技术交易体系的形成，有利于激励科技人员进行科技创新，达到推动经济增长的效果。第三，在检测认证服务方面，由于全国各地均在积极开展创新活动，创新产出不断增多，因此也有了更多的检测认证服务方面的需求。新时期下，检测认证服务方面还需要实现多个检测认证服务机构在市场上进行公开、平等竞争，确保检测认证的科学性和形成国际化的检测认证标准，力求为实现我国经济高质量发展打下坚实基础。第四，在创业孵化服务方面，在“大众创业、万众创新”的社会发展背景下，构建创业孵化体系能激发社会创业活力，促进社会投资与创业孵化的结合，为新兴产业的形成和培育提供支撑。第五，在知识产权服务方面，发展知识产权服务，可以降低使用与知识产权相关的基础信息的成本，更快实现二次创新，同时更好地保护与创新产出相关的知识产权，提高科技人员进行科技创新的激励。第六，在科技咨询服务方面，科技咨询服务业的发展，将运用现代信息技术，解决科技人员在进行科技创新过程中所遇到的难题，加速科技成果的形成。第七，在科技金融服务方面，将互联网技术与金融业相结合，对现有的投融资担保机制进行一定的改进与完善，可以使得科技型中小企业融资难的问题得到一定的缓解。最后，在科学技术普及服务方面，科学技术的普及可以拓宽科技知识传播途径，减少获取科技知识的搜寻成本，同时让广大青少年了解科技知识，培育新一批的科技人员，助力我国经济转型，实现高质量发展。对于综合科技服务，若科技服务机构能够发展更为综合和全面的科技服务，做到集成化总包，专业化服务外包，培育出一批有实力的科技集成服务商，可以更好地推动我国产业转型升级。

（四）居民生活水平提高，现代信息和科技服务需求增多

近年来，全球经济充满不确定性因素，我国经济发展也进入了新常态。在党中央的坚强领导下，国家推进供给侧结构性改革，以适应并引领经济发展的新常态，我国经济运行也因此实现稳中求进，居民生活水平不断提高。如图 1－3 所示，据国家统计局统计，2014 年，我国居民人均可支配收入为 20 167.1 元，随后国家经济进入了新常态，居民人均可支配收入仍有一定程度的增多。在 2016 年，我国居民的人均可支配收入为 23 821.0 元，较 2014 年增加了 3 653.9 元。国家统计局局长宁吉喆表示，2017 年上半年，我国居民人均可支配收入同比上涨 7.3%，有着良好的上升势头，分别超过同期国内生产总值增速和人均国内生产总值增速 0.4 与 0.9 百分点。居民人均可支配收入增加，人们的温饱问题普遍得到解决，居民的消费观念开始从温饱型消费逐步转换为享受型消费，居民消费支

出也在不断增多。2014 年，我国居民的人均消费支出为 14 491.4 元，此后不断上涨，到 2016 年，该项指标数值为 17 110.7 元。此外，我国居民的恩格尔系数呈现不断下降的趋势。2016 年，我国居民的恩格尔系数为 30.1%。[①] 根据联合国划分的标准，若一国居民恩格尔系数在 20% 到 30% 之间，可认为该国已达到富足的标准。我国居民的恩格尔系数正在不断逼近 30%，居民对美好生活的需求也日益增多，加之各类现代化产业不断发展，居民对各类现代化产品的需求不断增加。互联网日渐普及，人工智能和移动互联网等现代信息技术不断发展，智能手机、智能家电等智能产品不断出现在人们眼前，居民生活日趋信息化和智能化。居民对智能产品的需求，对各智能产业的发展起到了一定的推动作用，同时也要求各智能产业进行进一步的创新，进而派生出相应的科技服务需求。智能产业的创新发展，需要研发服务、知识产权服务、科技咨询服务等专项科技服务的推动。另外，在移动互联网技术兴起与普及的今天，移动支付逐步替代现金支付，居民通过移动终端对自身财富进行管理。因此，与移动互联网相结合的在线理财、金融电子商务等科技金融服务的需求也在不断增多。由此可见，居民对美好生活的向往催生了新的科技服务需求。

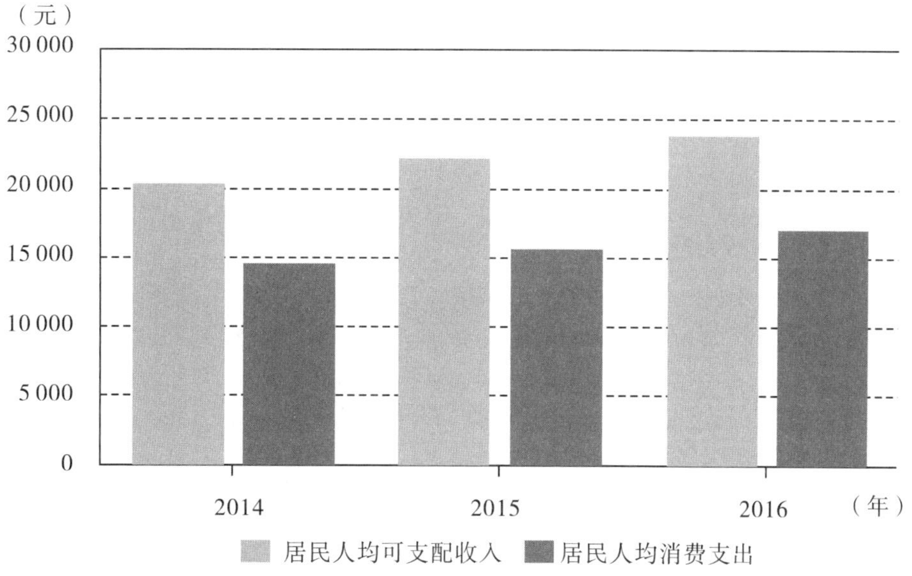

图 1－3　2014—2016 年居民人均可支配收入与居民人均消费支出

数据来源：中华人民共和国国家统计局编、中国统计出版社出版的《中国统计年鉴 2015》《中国统计年鉴 2016》及《中国统计年鉴 2017》。

综上所述，我国经济进入新常态以后，保持高质量的发展需要培育新的经济增长点，转换经济增长方式，推动产业结构转型升级，因此催生了更多的科技服务需求。与此同时，居民对美好生活日益向往，加之可支配收入不断增加，生活愈发信息化和智能化，也需要更多的科技服务作为支撑。

① 数据来源：中华人民共和国国家统计局编、中国统计出版社出版的《中国统计年鉴 2017》。

二、科技服务业进入壁垒

科技服务业的进入壁垒会对科技服务业的市场结构产生一定的影响，过高的进入壁垒不利于科技服务业的市场化改革，使得科技服务企业难以在市场上展开充分的竞争。此处对科技服务业进入壁垒的分析，主要包括政策壁垒、规模经济壁垒、资金壁垒和技术壁垒四个方面。

（一）政策壁垒

民营企业在进入新型的现代服务领域过程中，存在着一定的“限进”情况，有一定的准入门槛，即科技服务企业在进入过程中也面临着一定的政策壁垒。由于科技服务业的发展对我国经济发展具有重要意义，国家在政策上不断给予支持，释放良好的政策信号，同时综合运用金融、财税、产业等政策以支持科技服务业的发展。在我国经济进入重要的战略转型时期的今天，经济的高质量发展和产业的转型升级需要科技服务业的支撑。国家正在不断减少政策的准入限制，以鼓励科技服务业的发展。当前科技服务业的发展尚在成长阶段，各科技服务机构在市场上开展竞争，通过市场配置科技服务行业资源，为其他产业提供科技服务。近年来，国家也在加快政府职能的转变，政府简政放权的信号不断增强，坚持让市场在资源配置中起决定性作用。政府出台的与科技服务业相关的产业政策中也有提到，要放开科技服务市场准入条件，激发市场活力，让各科技服务机构在市场上进行有序的竞争，鼓励科技人员创办科技服务企业，积极引导社会各方资金流向科技服务企业，推动国有科技服务企业改制，对于符合条件的科技服务事业单位，推进此类科技服务事业单位转制，为各类科技服务主体的发展，营造良好公平的市场竞争环境。由此可见，科技服务业企业进入市场，开展科技服务受到的政策阻碍正在不断减少，在科技服务企业的准入方面政府也在逐步放宽，科技服务业政策壁垒正在不断降低。

（二）规模经济壁垒

同大多数的传统产业一样，科技服务业也存在着规模经济。科技服务企业规模扩大的同时，可以通过进行专业化的分工，实现成本的降低。首先，大规模的科技服务企业通过创新科技产品，减少科技服务的固定成本，进行摊销后，科技服务的单位成本也因此下降。其次，通过设立专门的科技服务分支机构，进行专业化的科技服务，促进隐性知识显化，在服务趋于专业化的同时，成本也会有一定程度的降低。最后，大规模的科技服务企业可以通过兼并重组等方式，进一步扩大企业规模，继续推进规模经济效应。然而，由于我国科技服务业发展起步较晚，当前我国科技服务市场仍不够完善，经济的高质量发展和产业转型升级派生出大量的科技服务需求，各科技服务机构提供的供给仍未能满足当前社会上的科技服务需求，存在一定的供需缺口，科技服务的供给仍未达到最大市场容量。科技服务企业在聚集一定的科技服务人才并能达到该市场上的最小经济规模的情况下便可进入科技服务行业，从事各类专业科技服务或综合科技服务。另外，我国科技服务业的发展正处在成长期，市场容量将进一步扩大，故科技服务企业的最小经济规模同该市场的最大市场容量之间的距离仍相对较大。当前科技服务的需求比较旺盛，科技服务企业若能达到最小经济规模，进入现有科技服务市场仍能获得一定的经济利润。因此，从当前科技服务业所处的市场情况来看，科技服务业的规模经济壁垒较低，新的科技服务企业进入该市场仍相对比较容易。

（三）资金壁垒

科技服务业具有人才密集和智力密集的特点，属于知识密集型产业。不同于劳动密集型产业，科技服务业对科技人员等高端人才的需求较多，无须投入大量的劳动力，对劳动力的依赖较低。与资本密集型产业相比，科技服务业对大型设备的投入往往较少，固定资产方面开支低于资本密集型企业。然而，科技服务企业在初创期会面临较大的不确定性，有着较大的经营风险，因此获得融资的难度也相对较高。同时，科技服务行业等知识密集行业的用工成本会高于劳动密集型产业和资本密集型产业。可见对于新进入科技服务业市场的科技服务企业来说，存在着一定的资金壁垒。近年来，国家通过一定的财税政策鼓励科技服务业的发展，将符合条件的科技服务企业视为高新技术企业，给予科技服务企业税收优惠，同时准予在税前扣除一定范围内的职工教育经费。国家在金融方面也给科技服务企业提供了良好的融资环境，鼓励社会资本流向科技服务企业，为科技服务企业提供一定的信贷支持，利用各类专项基金为科技服务行业提供资金支持，鼓励地方成立科技服务专项基金，从各方面拓宽了科技服务企业的融资渠道。综合上述各方面的情况来看，科技服务企业生产过程中的资本密集程度不高，但由于前期存在较大的经营风险且用工成本比资本密集型和劳动密集型企业高，面临着一定的资金壁垒。然而，国家在税收和融资方面给予科技服务企业支持，降低了科技服务企业的融资难度和税收负担，为新的科技服务企业进入市场减少了阻力。因此，科技服务行业发展虽有一定的资金壁垒，但在政府政策支持、财税优惠和融资支持下，资金壁垒正在不断降低。

（四）技术壁垒

科技服务行业生产服务过程中的技术密集程度较高，只有在各类科技人员的支撑下，科技服务企业才能为其他企业提供相关的科技服务和智力支撑。近年来，各类新型技术不断发展，要求科技服务行业不断提高技术水平，以现代技术为基础，进一步创新科技服务，降低各类服务的成本和提高服务的专业化程度。新进入的科技服务企业若不能达到一定的技术标准，则无法良好地开展科技服务从而被排挤出科技服务行业。科技服务企业必须以现代技术为依托，把握当前技术发展的趋势，才能与其他企业展开竞争，继续经营。信息技术的发展，要求在位的科技服务企业创新科技服务模式、丰富服务内容的同时，也向科技服务人才和潜在进入的科技服务企业提出了更高的要求。大数据、云计算等各项现代信息技术的兴起，为科技服务行业提供了新的技术支撑，要求科技服务人员继续学习，努力让自身成为复合型人才；潜在进入的科技服务企业也必须学习不断发展的信息技术，并努力将其和各类科技服务相融合，才能获得竞争优势，在进入科技服务市场后实现良好经营。由此可见，科技服务行业有着较高的技术进入壁垒，只有拥有较好的技术基础和技术学习能力的科技服务企业，才能进入现有科技服务市场，并在当前市场上得以存活和发展。

三、科技服务业生命周期分析

从产业生命周期的角度看，当前，我国科技服务业的发展处于产业生命周期中的成长期。在我国改革开放初期，便有“技术商品化”的概念，这一概念在一定程度上推动着当时的技术市场的发展，也开始出现了中介科技服务，我国早期的科技服务开始萌芽。此后，在1988年，邓小平同志提出了“科学技术是第一生产力”的论断，人们开始意识到科学技术对社会生产和经济发展的重要推动作用，也为科技服务业的发展提供了一个契机。直到1992年国家科委发布《关于加速发展科技咨询、科技信息和技术服务业意见》，科技服务业才首次出现在人们视野中。2002年，科技部印发《关于大力发展科技中介机构的意见》，提出要完善科技服务体系。2007年，《关于加快发展服务业的若干意见》明文提出要发展科技服务业，科技服务业进一步成长。“十二五”期间，国务院和科技部陆续发文强调发展科技服务业的重要意义，同时也指出了我国科技服务业虽有良好的发展势头，但其发展仍存在着专业化程度相对较低、发展环境不够完善、缺乏科技服务高端业态等问题。2014年10月9日，国务院以国发〔2014〕49号印发《关于加快科技服务业发展的若干意见》，科技服务业的发展自此被提上国家政策层面，有了充足的发展保障。可见我国科技服务业的发展尚未成熟，仍处于成长阶段。在科技服务业的成长期，产业发展不确定性因素较少，产业特点也已经比较明显。科技服务机构在市场上展开竞争，经营不善的科技服务企业将被淘汰或兼并进而退出市场。在位的科技服务企业也将进行服务内容、模式等的创新以保持特定的竞争优势。与此同时，在“十三五”期间，对于正处于成长期的科技服务业，国家也继续出台相关文件，给予科技服务业发展良好的政策制度环境，力求加快科技服务业的发展，争取在2020年，能够基本形成覆盖完善的科技服务体系，大幅提高我国科技服务业发展的市场化水平和国际竞争力，让我国科技服务业的科学研究能力和实践能力能够走进世界前列。综上所述，从产业生命周期方面看，科技服务业的发展正处在成长期，发展环境良好，发展前景广阔。

四、科技服务业产业集群分布

传统产业和知识密集型产业的集群往往能推动一个地区创新能力的提升，而资源密集型产业的集群可能会因为资源的相互挤占进而抑制了区域创新。科技服务业属于知识密集型企业，人才智力密集，附加值高且辐射作用强。国家出台的各项与科技服务业发展相关的政策也不断强调科技服务业集聚发展的重要性。科技服务业的集群，可以通过不同企业之间形成创新服务网络、发挥规模经济效应，通过知识溢出和降低交易成本等方式，促使科技服务机构获得竞争优势，进而更好地向前发展。在我国新常态的经济环境下，科技服务业的集群发展可以更好地推动经济增长动力的转换，进一步优化我国经济业态。科技服务业的集群对本地区创新能力的提升已是各界共识，而科技服务业的集群对其他区域的影响，则需视具体情况而定。在区域间科技服务交流较多的情况下，科技服务业的知识溢出可以进一步促进相邻地区的创新能力的提升。若区域间科技服务交流较少，知识流动有较大的阻碍，流动性低，地区科技服务业产业集群对提高其他地区创新能力可能不存在显著作用。此外，由于知识和技术的溢出存在显著的空间递减效应，当两个地区距离较远，且在科技服务业存在相应的产业竞争的情况下，由于科技服务业具有较高的人才吸纳能力，可能因对其他区域人才的吸纳，进而抑制了其他区域的创新。

近年来，我国科技服务业的集群水平正在不断提高，但在空间分布上还存在一定的不均衡性。我国东部科技服务业集群水平最高，中部部分省市也有着较好的集群发展势头，而西部地区科技服务行业的集群发展则相对缓慢，仍处于较低水平。当前，我国科技服务业主要集聚在京津地区、长三角地区，其中北京市和上海市的集群情况最为突出。北京市和上海市有着较多的科技创新资源、较强的城市吸引力和人才吸纳能力，吸引着其余省市的人力资本。众多科技服务人员向北京市和上海市流动，也促使北京市和上海市有着较高的科技服务业集群水平。此外，由于广东省具有较高的经济发展水平，因而派生出大量的科技服务需求，再加上广东省政府在科研经费和教育经费方面的大量投入，对科技服务业产业发展进行合理规划，广东省科技服务业也呈现出较高的集聚水平。广东省有大量的国家级和省级企业孵化器和众多科技服务平台，如广州高新技术开发区、深圳高新技术产业园等高新区也为广东省科技服务业的集群发展打下了坚实的技术基础。在西部地区中，陕西省科技服务发展水平也在不断提高，有较高的技术市场成交额和众多的科技从业人员，科技服务业集群水平在西部地区中相对较高。综上可知，科技服务业产业集群发展可以有效提高一个地区的创新水平，对于我国社会的创新发展有着重要意义。经过多年的发展，我国科技服务业集群水平不断提高，但存在明显的不平衡性，一定程度上制约了科技服务业集群水平的进一步提高。

第三节　科技服务业发展的有利因素和不利因素

一个行业的发展往往受到诸多因素的影响，在对科技服务业发展所处外部宏观环境和行业内部环境进行分析的基础上，对影响科技服务业发展的有利因素和不利因素进行梳理，有利于更好地把握科技服务业的发展态势，更为全面了解新时期科技服务业的发展现状与更好地探索科技服务业的发展路径。

一、有利因素

随着我国经济社会的发展，加之改革的不断深化，科技服务业的发展环境较之前已有改善，存在着一定的利好因素来进一步推动着科技服务业的发展。此处对影响科技服务业发展的有利因素进行梳理，以图更好地把握科技服务业发展的机遇。

（一）国家大力扶持科技服务业的发展

科技服务业在国民经济的地位不断提升，国家为科技服务业发展提供了良好的政策环境的同时，也在财税融资等方面给予了一定的支持，我国科技服务业也因此不断保持着良好的发展势头。具体来说，国家在“十一五”期间明文提出要发展科技服务业。随着金融危机的爆发，世界经济开始面临着较多的不确定性，经济增长乏力，国家进一步意识到发展科技服务业的重要性，如在“十二五”期间出台了大量政策文件要求大力发展科技服务业。随后，我国经济发展进入新常态和高质量发展阶段，“十三五”期间，国家再度发文强调发展科技服务业的重要性，下达了发展各项专业科技服务和综合科技服务的重点任务，给了科技服务业发展大量利好的政策信号。在经济层面，国家利用各项专项基金给予科技服务业发展资金支持，并鼓励地方设立科技服务业专项基金，支持科技服务业的发展。与此同时，国家给予科技服务业发展一定的税收优惠，并不断为科技服务业的发展拓宽融资渠道。鉴于科技服务业人才密集的特点，国家也在积极利用各类人才计划，依托各类科技服务组织和协会，力求培养出一批技术水平高、管理能力强的复合型科技服务人才以支撑科技服务业的发展。由此可见，在国家的大力支持下，当前环境对科技服务业发展十分有利。

（二）良好的宏观经济环境

近年来，我国宏观经济增长的速度虽有一定下降，但经济增长的质量在不断提高。2017 年，我国国内生产总值同比增长 6.9%，国家经济总量也突破了 80 万亿的大关。在党的坚强领导下，我国经济的稳定性、协调性和可持续性已有了明显的增强，对世界经济增长的贡献率也在进一步提升，正处于稳中求进的发展态势中。宏观经济波动较小，科技服务业的发展所面临的不确定性也较低，市场风险下降。科技服务业的进一步发展，在为其他产业提供智力和技术支撑、促进科技创新和科研成果的转化、推动传统产业往高端化发展的同时，也可以提升我国经济发展质量，进而形成良性循环。因此，良好的宏观经济环境是科技服务业发展的一个有利因素。

（三）国际交流不断增多

我国科技服务业起步较晚，与发达国家相比，我国的科技服务体系仍不够完善，科技服务水平与发达国家也有一定差距。早在 20 世纪 20 年代，美国、英国、法国和德国等发达国家出现研发服务机构，发达国家的科技服务业开始萌芽。随着科技服务机构的不断出现，20 世纪 40 年代至 80 年代，发达国家的科技服务业不断成长。在 20 世纪末，发达国家科技服务业逐步走向成熟，并开始形成体系。与发达国家相比，我国在 20 世纪 80 年代才开始有技术商品化的概念，发展也相对缓慢。近年来，我国与世界其他国家展开深度合作，国际交流不断增多，努力构建以合作共赢为核心的新型国际关系，齐心协力打造人类命运共同体。对于科技服务业，国家也鼓励科技服务业“走出去”，通过在海外上市、设立分支机构、跨国兼并等方式，寻求国际合作，以便进一步提升我国科技服务业的发展水平。在开放程度进一步提高的今天，科技服务业也能更好地进行国际交流，向发达国家学习，进而完善我国科技服务业发展体系，弥补科技服务业发展尚存的不足，进行服务模式和服务内容的创新，提高我国科技服务业的发展质量。综上所述，国际交流不断增多的对外环境有利于我国科技服务业的进一步发展。

（四）现代信息网络技术的发展

当前的时代，是互联网的时代，大数据、人工智能等各项现代信息网络技术不断发展，使人们的生活更加美好，企业发展也更具活力。互联网时代到来，信息成为人们生活和社会发展不可缺少的一部分，各项现代信息网络技术的发展让我们能够更好地对信息进行搜集处理和分析应用。现代信息网络技术的发展为科技服务业提供一定的支撑，同时可以推动科技服务业实现成本降低和模式创新，从不同的方面为科技服务业的发展提供技术支撑。大数据通过数据挖掘等方式，对海量数据进行处理，可以对市场上的科技服务需求进行更精准的分析，以便科技服务企业更好地开展各类专业科技服务和综合科技服务。云计算服务通过节省数据存储的物理空间和软硬件成本，可以使科技服务企业的固定成本降低。移动互联网的兴起，有利于推动科技服务从线下转向线上，让人们通过智能移动终端更为便捷地享受各类科技服务。人工智能可运用于探索客户需求，通过人脸识别等方式实现安全监控，知识图谱的运用，完成各类科技服务知识图谱的构建，并通过主动学习的方式，完成标准化的科技服务。

（五）科技服务需求持续增多

我国正处于重要的战略转型时期，国家发展需要培育新的经济增长点和完成产业转型升级。科技服务业在推动我国实现产业升级，实施创新驱动发展战略等方面发挥着重要作用。因此，我国产业转型升级将催生出大量的科技服务需求。另外，我国居民的可支配收入随着经济的发展不断增多，消费支出也不断上涨。国家积极开展脱贫扶贫工作，人们生活日益富足，消费观念逐渐从温饱型消费转向享受型消费，人们对美好生活的需求日益增多，对各类智能产品的需求不断上涨，要求各智能产业能够实现进一步发展，对已有产品进行进一步的改进，不断推陈出新，而智能产业的创新发展，也要求一定的科技服务作为支撑。最后，在李克强总理发出“大众创业、万众创新”的社会号召后，社会各部门积极响应，努力将自身创业设想转变为现实，创新成果不断增多。科技服务业可以为社会创新创业提供一定的咨询服务，作为社会创新创业的智力支撑，故创新创业的增多也会派生出相应的科技服务需求。各方科技服务需求不断增多的情况，要求科技服务业进一步扩大服务供给和提升服务质量，同时也将成为科技服务业持续发展的外部动力，有利于科技服务业更好地向前发展。

二、不利因素

我国科技服务业虽取得了良好的发展，但也存在一些制约因素。此处对影响科技服务业发展的不利因素进行梳理，力求为改善科技服务业发展提供一定的借鉴。

（一）市场化进程缓慢

当前，我国科技服务业产业化发展趋势不断加强，但在逐步市场化的过程中却面临着一定的困境。市场主体发育不健全，在配置科技服务资源过程中，市场的作用仍难以充分体现。首先，在融资机制方面，政府虽为科技服务业发展提供了一定的专项基金，但政府不可能提供科技服务业发展过程所需的所有资金。科技服务业的发展要实现资金充足，需要进一步提高融资机制市场化程度。其次，在科技服务业萌芽之时，我国的经济体制仍为计划经济体制，科技服务机构也因此存在着一定的官办色彩，对政府的依赖性较高，国有科技服务机构的改制相对缓慢。科技服务机构市场化过程缓慢，将对我国科技服务业向其他产业提供智力支撑造成一定影响，使得我国科技服务机构的服务效率较为低下，并且尚未形成科技服务行业自律机制，缺乏完善的质量标准体系，难以同国外高效的科技服务机构在当前市场上展开有效竞争和适应当前社会持续增长的科技服务需要，不利于我国科技服务业的进一步发展。此外，科技中介服务机构的市场化方面也出现了与科技服务机构相类似的问题。科技中介服务机构介于政府与企业之间，其发展对我国科技成果的转化有着重大意义，而我国的科技中介服务机构大多隶属于政府职能部门，与国外高度市场化的科技中介服务机构相比，服务水平仍有一定的差距。科技中介服务机构市场化程度不高，也将在一定程度上制约着我国科技服务业的发展。

（二）市场配套体系尚有不足

我国经济正处在转变经济增长方式的重要时期。受以往粗放型的经济增长方式的影响，现代企业大多仍以较为粗放的发展模式运营，尚未转变发展模式，进而导致企业科技服务社会化的观念尚未确立，大多数企业更愿意依靠自身能力完成各项科技研究工作，开展产品研发，而不愿意借助来自外界的科技服务，缺乏将科技服务专业化外包的观念，这也制约了科技服务业的发展。当前虽有大量政策扶持科技服务业的发展，但政策无法替代市场，不能完全满足科技服务业市场化发展的需要，且缺乏一定的灵活性，科研项目的管理水平也需要进一步提高。上述各项原因导致我国尚未形成完善的市场配套体系，科技服务业市场化发展的各项配套仍有不足，科技服务业的进一步发展也因此受到了一定的影响。

（三）区域发展不平衡

近年来，我国科技服务业发展整体水平不断提高，但仍存在着较明显的区域发展不平衡的情况。我国东部科技服务业的发展水平显著高于中西部，科技服务人才、科技服务机构等资源也呈现往北京、上海等城市集聚的趋势，京津地区和长三角地区也因此有了较高的科技服务发展水平。广东省凭借良好的区位优势、较多的高校资源与科技服务机构和较高的科技发展水平，并在给予科技服务业一定的资金支持的情况下，广东省科技服务业也保持着良好的发展态势。但从长远的角度来看，科技服务发展空间的不平衡性会使科技服务业发展水平较高的地区不断从科技服务发展水平较低的地区吸引人才，将对科技服务业发展较差的地区在创新能力提升、产业转型升级等方面产生一定的抑制作用，也不利于我国科技服务业的整体发展水平的提高。中西部科技服务资源短缺，同时与科技服务业发展程度高的省份的科技服务交流仍不够充分，科技服务业的产业发展也未能良好规划，科技服务业区域发展的差距也将进一步扩大，不利于科技服务业的长远发展。

（四）国际化程度仍相对较低

与发达国家相比，我国科技服务业的发展起步缓慢，在经历了多年的发展以后，仍与国外先进国家的科技服务业存在一定的差距。国内科技服务企业与海外科技服务企业进行国际交流与展开科技合作，有利于推动我国科技服务业的创新发展，实现科技服务水平与国际接轨，与国外科技服务机构形成有效竞争，催生高端的科技服务业态。当前，我国科技服务业的国际化程度不高，服务领域往往限于国内市场。同时，我国科技服务业进一步做大做强，也要求科技服务企业增加国际交流，寻求国际合作，开拓海外市场，进而摆脱国际化程度不高对科技服务业发展的制约。

（五）高端人才短缺

在服务业的经济构成中，人力资本是其最基本的经济要素。我国的国民经济结构中，服务业的占比不断提升，人力资本对我国经济增长推动作用日益加强。与劳动密集型产业和资本密集型产业相比，科技服务业作为知识密集型企业，其发展需要人才尤其是高端的科技人才作为支撑。近年来，科技服务需求不断增多，各类新型科技服务需求不断出现，对科技服务从业人员提出了更高的要求。高端人才是科技服务业发展的关键要素，因此，高技能和管理人才的培养，人才队伍的建设，对科技服务业的发展至关重要。各类现代信息技术的发展，也要求人才能力更为综合，需要更多的复合型科技服务人才来推动科技服务创新发展。我国科技服务业高端人才短缺的现状，使得科技服务业创新发展受到一定的制约。人才这一关键要素的缺乏，也致使科技服务业用工成本的上升，科技服务业发展的负担也因此变重。因此，高端人才的短缺，不利于科技服务业的进一步发展。

（六）自主创新能力仍有一定不足

我国整体科技实力和科技服务能力已有了巨大的进步，科技服务的内容不断丰富，科技服务质量也有了一定的提升。当前我国已经成为世界科技大国，但仍未能成为科技强国。2017 年，习近平总书记在全国科技创新大会中提到，当前我国社会发展已经进入了新的历史起点，要把科技创新放在更为重要的位置，吹响了建设世界科技强国的号角。对传统产业而言，科技服务业作为其发展的科技支撑，在科技咨询、创新成果转化方面均起着重要的作用，对我国建设世界科技强国也至关重要。然而，当前我国科技服务业的自主创新能力不足，科技服务业产业层面创新能力和服务创新水平整体偏低，是我国科技服务业进一步发展的软肋，不利于我国建设世界科技强国。我国科技服务业的发展重视技术引进，但忽略了对技术进行消化吸收与再创新，在一些关键的技术上，我国对国外有着较强的依赖性，科技服务业的实力与发达国家仍有较大差距。自主创新能力的不足，也导致我国科技服务业难以“走出去”，无法与国外科技服务机构在国内市场和国际市场展开良好竞争，不利于国内科技服务企业在科技服务市场上的生存与发展，科技服务业实现服务模式和内容创新，也因此受到了一定的阻碍。

（七）专业化程度相对较低

我国经济发展进入高质量发展阶段以后，要求各产业往高端化的方向发展，进行专业化分工，提升专业化程度，以适应经济高质量发展的需要。当前，我国科技服务业发展的专业化程度仍相对较低。专业化的分工是每一个产业实现创新，往高端方向发展的必然需求。只有进行专业化的分工，才能更好地做到成本的降低和服务模式的创新。国家提出了发展各类专业科技服务的重点任务，也体现了国家对科技服务业发展实现专业化分工、提升专业化程度的要求。科技服务业发展实现专业化分工以后，各类专项科技服务得以发展，也有利于发展综合的科技服务，更好地调动全社会的科技创新要素，为其他产业的创新发展提供更为有力的科技支撑，提高区域创新能力。当前科技服务业专业化程度不高的问题，使得科技服务业同现代产业存在一定程度的脱节，科研成果无法和现代产业进行深度融合，科技服务业无法有效驱动现代化产业加快发展和实现优化升级。因此，科技服务业专业化程度不高制约着科技服务业往高端化、集成化的方向发展，难以适应高质量发展阶段和产业转型升级对科技服务业提出的要求。

第二章 发达国家科技服务业发展模式借鉴

科技服务业属于第三产业，是世界经济技术不断发展和产业分工细化的产物，是现代服务业的核心。科技服务业的发展始于19世纪中叶，在这一期间，以咨询机构为代表的科技服务机构在英法美德等发达国家出现并得到发展。20世纪40年代后期，第三次科技革命出现，信息技术得到飞速发展，科技成为一种重要的生产要素，推动了科技服务业的迅速发展。进入21世纪以后，社会分工不断细化，科技服务活动从传统的研发科研活动中分离出来，科技服务业的新型业态不断涌现，成为各国经济发展中的重点产业。本章将以各自有着独特科技服务业发展模式的美国、德国、日本以及以色列为例，充分分析各国的科技服务业发展模式并从中借鉴，为我国的科技服务业发展建言献策。

第一节 美国：市场化发展模式

美国是当今世界经济最发达的国家，其国内生产总值无论在总量还是人均方面，都居于世界前列。美国是一个实行自由市场经济的国家，其经济体系具有资本主义和混合经济的双重特征。在这个经济体系内，微观经济决策主要由企业和私营机构自己做出，政府在国内经济生活中的角色较为次要；但是，联邦以及各级地方政府在美国国内生产总值的占比接近40%，对美国的经济发展起着不可忽视的作用。有发达的工业作为基础，美国成为最早出现科技服务的国家之一，随着时间的推移和经济技术的不断进步，已经形成了具有美国特色的多层次科技服务业发展模式。所谓多层次是指不同的社会主体在科技服务业的发展中扮演着不同的角色，形成了政府、企业、高校相互协作的市场化发展模式。

一、政府创造良好的发展环境

在21世纪伊始，美国布什政府发布的总统预算中就明确划定了政府在产业发展中的职责，政府主要负责为企业发展提供外部保障，创造适合产业发展的市场氛围。与此相对应，企业是市场活动的主体，每个产业从开始的培育到后期的财富创造都由企业、机构或者私人来完成。科技服务业作为一个新兴产业，在其发展过程中美国政府也一直坚持上述原则，只从环境保障、供需等方面实施一些有利于企业发展的措施，充分发挥企业的市场主体地位。具体来说，政府通过投入大量科研经费、大力培育科技中介机构和创造良好的制度环境等措施，促进企业技术创新活动的开展，从而推动美国科技服务业的健康发展。

（一）投入大量科研经费

“二战”时美国政府组织的“曼哈顿工程”是美国科学进步的“熔炉”。当时的美国政府投入了巨额资金，汇集了全世界最优秀的科学家参与此工程。战后，美国政府在科技研发中继续保持高额投入，其研发支出投入量一直居于全球领先地位。根据世界银行的统计数据，2016 年美国研发支出 5.203 千亿美元，是世界第一大科研投入国，并且是位居世界第二投入国——中国（2.313 千亿美元）的两倍多。

表 2-1　2016 年主要国家科研投入

	GDP（万亿美元）	研发支出占 GDP 的比例（%）	研发支出（千亿美元）
美国	18.624	2.79	5.203
中国	11.199	2.07	2.313
日本	4.940	3.28	1.622
德国	3.478	2.88	1.000
以色列	0.318	4.25	0.135

数据来源：世界银行“世界发展指标”（WDI）数据库。

（二）设立非营利科技中介机构

科技中介机构是科技服务业发展的重要组成部分，在促进科技成果转化、提高科技创新能力等方面发挥着重要作用。在美国，国家设立的科技中介机构数量虽然并不多，却发挥了非常大的作用。其中，最具代表性的就是美国的国家技术转让中心和小企业发展中心。

美国商务部下属的国家技术转让中心是美国国会于 1989 年设立的。此前，美国国会就如何处理政府资助的上百亿美元的科研成果进行了多年辩论，国家技术转让中心的成立解决了这一问题。其主要任务是搭建联邦政府资助的国家实验室、大学以及私人研究机构与工业界联系的平台，以使科研成果尽快商品化，促进美国经济快速发展并为美国人创造更多就业机会。同时，国家技术转让中心也向非政府资助的社会各行业（大小公司乃至个人）提供技术成果转让服务。

美国的小企业发展中心是美国政府设立的专门为小企业提供服务的机构。其经费主要由美国联邦政府和各州政府提供，分支机构遍布美国，全美共计有 57 个州中心和 950 个分中心。小企业发展中心的服务内容包含了企业发展运营过程中的各个方面，为企业提供包括设立、管理、贸易等全方位的咨询服务，帮助了很多小企业走向成功，成为促进美国科技成果转换、经济飞速发展的重要力量。

（三）建立健全的法律制度

美国是一个典型的法治国家，各类法案在经济社会中占据重要地位。完善的法律体系为发展科技服务业提供了良好的制度环境。其中，对科技创新的立法保护在科技服务业的发展过程中起到了重要作用。

美国是世界上最早实行知识产权制度的国家之一，1789 年生效的《美利坚合众国宪法》是世界上第一部对科技创新进行保护的宪法。此后，美国制定的《专利法》《联邦商标法》等相关法律法规均受到宪法的影响。1976 年美国国会通过了《国家科学技术政策、组织和重点法》，该法案恢复了早前被尼克松总统关闭了的科学技术政策办公室，明确了美国的科技发展准则。1980 年颁布了《史蒂文森—威德勒技术创新法》，开始鼓励政府实验室的科研成果向民间企业转移。1996 年对《史蒂文森—威德勒技术创新法》进行了修改，并改称为《1996 年美国联邦技术转让法》。修改后的法案明确规定技术转让是国家实验室的一项正式任务，每个实验室应将预算的 0.5% 用于技术转让工作。该法案同时还对其他有利于技术转移的行为进行激励，例如授权所有联邦实验室与工业界进行长期合作；政府出资搭建有利于各联邦实验室联系的通讯网；国家实验室科研成果的技术转让费归各实验室所有而无须上缴国库，技术发明者也可以得到约占技术转让费 15% 的奖励等。以《1996 年美国联邦技术转让法》作为基础，美国的技术转让工作得到了前所未有的发展，以美国航空航天工业应用中心、联邦实验室联盟情报交换站、管理技术研究院等为代表的技术转让机构相继建立，大大改善了中间转化环节薄弱的问题，加速了技术转移。1982 年，美国政府制定了《中小企业技术革命促进法》，这一法案对政府的科研经费使用做了明确规定，为中小企业的科技创新提供了经费补助，增强了中小企业的研发动力。以上各种法律的出台都为美国的科技创新营造了良好的制度环境。

除了科技创新立法，美国的人才培养制度为科技服务业的发展做出的贡献也不容忽视。从 20 世纪中期开始，美国相继出台了《国防教育法》《美国 2000 年教育战略》《为 21 世纪而教育美国人》等法律政策，这些法案均支持美国国内教育的发展和人才的培育，国家在其指导下投入大量教育经费，大大提高了小学的入学率和加快了中等教育的普及速度，对培养美国科技人才也产生了巨大作用。同时，美国国会还在 1990 年颁布了《移民法》，该法鼓励各类专业技术人才移民美国，吸引了大量人才，仅从 1960 年至 2013 年美国就有 72 名移民科学家获得诺贝尔奖。奥巴马总统在任期间，曾使用行政手段推出两项移民新规，一是允许 H1B 工作签证持有者的配偶在等待绿卡审批过程中在美国工作；二是更新现有法规，让来自一些国家的专业人士更便于在美国就业并永久居留。

二、企业发挥市场主体作用

美国科技服务业的一大特色是充分发挥企业的市场主体作用。作为市场经济活动的主要参与者，企业是科学技术进步的重要力量，是美国科技服务业发展过程中的重要组成部分。美国的科技服务企业主要由高科技孵化器、技术咨询和技术成果评估企业，以及特定领域的专业服务机构组成。

（一）高科技孵化器

高科技孵化器在初创的科技型企业的发展过程中发挥着重要作用，是专门为高科技中小型企业提供服务的机构。通常来说，高科技孵化器在专用技术和社会资源方面都具有远超一般企业的独特优势。比如，大部分孵化器都可以为企业提供办公空间和其他必要的基础设施，使创业者能够全身心投入到企业发展和创新研发中，促进科技创新成果转化。部分孵化器还可以为企业提供咨询和投融资服务，大大降低了科技型企业的创业风险和创业成本。作为科技服务业发展过程中的重要一环，高科技孵化器在推动高新技术产业发展、繁荣市场经济、营造创新氛围等方面发挥了重要作用。

美国是世界孵化器的发展地，早期的孵化器是由政府资助成立的，这使得孵化器在为企业提供最基本的办公场地的同时，还兼具代理部分政府职能的性质。孵化器在美国真正的高速发展源于20世纪90年代互联网的快速发展和风险资本的涌现。在这一时期，私人企业管理的孵化器大量出现，并使得市场化运作成为美国孵化器发展的重要特征。孵化器不再仅仅是为企业提供办公空间的场所，而更多地成为具备投资、咨询和人才培养等多功能的服务企业，其服务的范围和内容都大幅度扩张，开始了系统化运作，成为创业孵化集团。例如，位于硅谷的 Y Combinator 是美国最具价值的创业孵化器之一，它主要提供初创企业扶植服务，同时还凭借其独具特色的校友网络为创业者提供交流和互相帮助的平台。经过发展的创业孵化集团兼具传统孵化器、风险投资公司和多元化经营控股企业的特点，使得研发、融资和管理等多个过程在孵化器内一体化发展，是21世纪科技服务业飞速发展的重要代表。

（二）技术咨询和技术成果评估企业

技术咨询和技术成果评估企业作为美国科技中介服务体系中的重要一环，一般都不是独立存在的。因为仅仅靠提供技术和信息咨询、科技成果评估等中介业务是很难得到足够的资金来维持企业运行的。所以，在美国的技术咨询和技术成果评估企业主要是作为大的咨询公司、风险投资公司和律所的咨询部门存在。在这种模式下，企业在提供咨询和成果评估业务的基础上，还可以与母公司的业务范围相结合，为创业者提供包括风险投资和法律咨询等在内的更全面的服务。

（三）专业服务机构

随着科技服务业的发展，社会对专业服务的需求越来越大，为客户或消费者提供某一领域的特殊服务的专业服务机构在美国出现。这些服务机构凭借其在某一领域的专业知识和技能，针对客户企业在创新发展过程中所面临的问题向企业提供更加专业细致的服务。比如说，人力资源服务机构为创新企业提供了更加专业化和高素质的人力资源。专门为高技术创业型公司寻找合适人才的机构和公司遍布硅谷，这些公司利用其多年来积累的专业资源，可以高效、迅速地在全球范围内选拔人才，大大减少了相关企业在人力资源方面投入的时间和精力。专业的人力资源服务机构的存在使得来自全世界的优秀人才聚集在硅谷，大大促进了知识的流动，这是硅谷能成为全球范围内最具影响力的高科技产业区的关键因素。

三、高校加入市场化发展行列

美国拥有世界上最发达的高等教育，世界大学前100强排名中美国的大学占50%以上。在20世纪30年代，麻省理工学院就针对学校教师参与企业活动进行了规定，即教师可以在每周工作日内的任意一天去企业从事咨询工作或参与其他活动，这被称为“五分之一原则”，这一原则几乎已经被美国所有大学接受。同时，美国高校普遍允许学生既可全日制上课，也可半日制上课；也允许学生休学创业一段时间以后再回校复课学习。这些制度使得高校与企业深度合作，全方位助推了美国高校参与科技服务业的发展进程。经过几十年的发展，美国高校对科技服务业发展的贡献越来越大，参与其中的方式也越来越多样化，其中最为典型的就是校企合作、校办企业和专利入股这三种方式。

（一）校企合作

校企合作是美国高校参与科技服务业发展的最常用模式。这种模式使得高校和企业实现优势互补，一方面可以使得高校的科学研究更具有实用性和方向性，并获得更多的经费；另一方面使得企业可以更快接触到最新的研究成果和高技术人才。

三角研究园是美国最具代表性的校企合作平台，该研究园地理位置十分优越，周围有杜克大学、北卡罗来纳州立大学和北卡罗来纳大学教堂山分校三所高校。其中，北卡微电子中心是三角研究园中最著名的微电子技术研究与教育中心。三所大学的学生以及工业、企业的研究员均可在这里从事研究工作。中心作为一个平台，让学生与研究员充分交流思想、互相学习经验。企业来的研发人员通过在中心参与研究学习获得了更高的研究能力，企业带来的实际研发经验也有利于高校师生提高自身学术水平，并使得校内的科学研究更具有实用性，加速了科研能力向生产力的转化。

在人才培养方面，以通用电气、微软为代表的企业积极参与北卡微电子中心的合作建设计划。这些企业通过设立奖学金项目、提供创业基金等形式，缓解中心的人才培养压力，保障培养的能力要求。项目有了资金支持，学生的学习动力更加充足，积极进行创新活动。在学习交流的过程中，学生们体会到了科研的艰辛与不易，同时增加了阅历，开阔了视野，拓展了人脉，提升了自我，为未来的就业打下了坚实的基础。同时企业在合作过程中充分挖掘有利于自身发展的潜在人才资源，储备优秀的员工。

（二）校办企业

美国是大学校办企业的发祥地，也是目前世界上大学校办企业发展最快、最多的国家。大量校办企业在美国拥有教学、科研和生产三位一体的研发基地，为美国的科技服务业发展做出了重大贡献。其中最为著名的校办企业是斯坦福大学副校长特曼教授于1951年创办的斯坦福研究园。斯坦福研究园是一个集研究、开发、生产与销售于一体的工业园，是美国第一家大学校办企业。它依靠斯坦福大学雄厚的知识、技术和人才资源，吸引了各种类型的企业、机构入园，研究领域主要涉及电子、航天、生物技术及计算机软件与硬件等。在斯坦福研究园中，工程师们除了进行日常的研发工作，工作之余还能够享受大学提供的高等继续教育机会，接受最前沿的专业知识教育，提高了项目完成效率，形成了良性循环。另外，斯坦福大学鼓励本校教师和毕业生在园区内自主创业，在服务园区经济的同时，也节省了毕业生求职的人力物力。如惠普公司的创始人威廉·惠特利与戴维·帕卡德就是斯坦福大学的毕业生，同时也是硅谷最早的创业者之一。经过几十年的发展，斯坦福研究园获得了巨大的成功，孵化出了一大批在全世界具有广泛影响力的企业和产业，并迅速地影响到园区周围地区高技术工业的发展，在圣塔克拉拉谷形成了长约 48 公里、宽约 16 公里的狭长地带，成为世界规模最大、企业分布最密集的电子工业区——硅谷。

（三）专利入股

专业入股一般是指高校、风险投资公司与经营管理人员共同组成新公司，高校以技术专利的形式入股。在这种方式下，高校只要凭借专利就可以拥有公司股份，而无须承担任何经济风险。如果公司盈利，则按股份比例分配利润；如果出现亏损，学校也不会受到牵连。例如，美国哥伦比亚大学的 Eletro - optical - Sciences 公司就是以这种方式创办的，在分享利润时，公司经营者和风险投资公司分获 40%，大学可以获得 20%。在这 20% 中，13% 分配给技术发明人和相关院系，剩余的 7% 上缴学校。这一方式使得学校得以回归科研，专心进行科学研发和人才培养，成为高校参与美国科技服务业发展的另一重要方式。

第二节　德国：半政府主导、市场化发展模式

德国是世界第四大经济体，经济高度发达，2016 年的国内生产总值达 3.36 万亿美元，位居欧洲第一。以强大的经济实力为后盾，德国的科技水平始终保持在世界前列，是欧洲最大的技术拥有国和出口国。在科技服务业方面，1856 年成立的德国工程师协会是世界上最早的提供科技服务的组织。在此后的一百多年里，德国也一直紧跟世界科技服务业的发展步伐，是科技服务业发展的典型国家之一。实行社会市场经济是德国经济的显著特点，所谓社会市场经济是指在资本主义私有制基础上的自由竞争的市场经济与国家的适度干预相结合的经济模式。受这一经济特点的影响，德国的科技服务业发展呈现半政府主导、半市场化的发展模式，即科技服务业在政府和市场的共同作用下发展。

一、发展模式简介

德国是一个尊崇科学自治理念的国家。基于长久以来形成的经济自由主义传统，国家通常不会对特定的产业部门或技术进行直接的研发补贴，而是会让企业自主选择其研发活动的目标，国家对科技活动的支持主要表现在对企业研发活动的税负减免、对企业聘用研发人员的资助、对技术创新转让和技术咨询的支持上。德国政府出台法律法规、推出多种举措大力促进科技研发并资助科技成果实现商业化转移，对知识产权和科研成果予以积极的保护。联邦与各州的议会及政府负责制定执行与教育、技术和创新相关的政策及实施细则，并负责创新外部环境的建设。

在研发投入方面，德国联邦以及各州政府主要给那些具有重大意义的、私人企业无法介入的领域提供支持，社会上大部分的应用研究开发经费主要由企业投入。德国联邦政府发布的《2016 联邦研究与创新报告》中的数据显示，德国年度研发总投入达到 839 亿欧元，接近德国 GDP 的 3%。而在其中，各类企业的研发投入额达 570 亿欧元，远超政府在其中的投入额，占到总研发投入的三分之二。

在人才培养方面，德国十分注重职业教育，并形成了独特的“双元制”职业教育模

式。在这一模式下，学校与企业充分合作，以培养学生的能力为主要目标，在课程设置、课程内容、课程实施和课程评价等方面均以市场为导向，与就业岗位的需求密切配合，主要培养学生的就业、择业和创业能力。企业在教育体制中发挥重大作用，向学校提供与所培训的职业紧密相关的实际生产岗位和培训场所，而且制定详细的实习教学计划，配备经验丰富、受过良好职业训练并富有责任感的专职实训教师，承担职业教育的大部分费用。例如，史太白大学是德国史太白经济促进基金会下设的著名私立大学。它通过系统性的“双元制”高等教育体制，将理论与商业实践相结合，培养技术转移人才。史太白大学注重培养人的创新能力、企业家精神和富民强国的社会责任感，通过人在技术转移中的关键作用，把技术导入产业实现商业价值。史太白大学整合专家资源，成为连接产学研和政府机构的公共平台。除企业外，德国政府在高校发展中也发挥了重要作用。德国最近提出了两项新的高校资助计划——“创新型高校计划”和“青年学者促进计划”。“创新型高校计划”主要着眼于中小规模高校，突出应用科技大学与区域经济紧密相连的特点，将其知识和研究成果服务于社会经济，项目总费用达5.5亿欧元。“青年学者促进计划”主要是为德国高校学生创设更好的学术环境，并使他们的学习生涯具有更强的计划性和针对性，以便为经济、科学、管理等各领域培养更多优秀的青年人才。

在高科技园区开发方面，政府的政策导向性非常明显，先期往往营造环境，进行投资引导，强化投入撬动，然后逐步吸引社会力量及资本投入，最终实现市场化运作。在Adlershof园区，各级政府没有直接参与园区投资，只是向园区企业提供优惠与扶持政策，从而招揽投资者或创业者。比如引入欧盟结构基金，促进园区的基础设施建设等。在德国柏林凤凰创新园区，柏林市政府先期投入960万欧元建设创新中心，之后引入PPP模式，交由民营资本园区管理公司来经营管理，重点对入园的初创企业提供研发创新、贷款协助、咨询服务、教育培训等方面的帮助，同时推进园区内大中小企业间的合作。

二、科技中介组织成为科技服务业发展亮点

在科技服务业的发展过程中，政府和市场共同发挥促进作用，而没有主导性力量的存在。这种发展模式使得德国的科技服务机构有了充分的自由发展空间，同时也使得市场对于高效的技术转移体系的需求旺盛，从而使得大力发展科技中介组织成为德国发展科技服务业最显著的特征。

德国的科技转移服务机构数量众多，类型多种多样，其中最具代表性的就是德国技术转移中心、史太白技术转移中心和弗朗霍夫协会。这三家机构在定位和服务侧重点上有明显的不同：德国技术转移中心是国家级的公共技术转移信息平台，提供最基本的技术供需、专利等的信息查询和简单的咨询服务；史太白技术转移中心则完全市场化运作，其服务内容除了基础的技术转移服务外，还涉及企业管理运营方面的服务；弗朗霍夫协会则是以民办、公助和非营利为特征，直接为德国各中小企业提供技术创新和研发的服务。

（一）德国技术转移中心

德国技术转移中心是全国性的组织，它在各个州都设有分中心，服务对象主要是中小

型科技企业。其运行经费主要由政府的科技基金和各行业企业在工商协会缴纳的会费组成，因而具有非营利性。其主要功能包括以下四点。第一，中介服务。技术转移中心为技术交易的供需双方提供免费中介服务，并且在提供服务的基础上将各方的信息输入中心数据库，搭建网络交易平台。第二，信息服务。作为国家级的技术中介服务组织，德国技术转移中心具有发达的信息网络优势，可以帮助企业查询国内外的专利信息和科研成果，并提供丰富的专利申请信息。第三，咨询服务。分布在各个州的分中心分别负责向各州企业提供技术咨询服务，为企业的创新行为提供支持。第四，学习服务。技术转移中心为了促进地区企业的交流学习，经常组织各种类型的学术交流会和科技成果展示会。除此之外，各州的技术转移中心还具有引导本地区产业和科技发展的前瞻研究责任，它引导企业和科研院所在有发展前景的地区进行科学创新研究，并为企业和研发机构提供各方面的帮助，比如技术转移中心经常从政府机构、科技基金会和国际组织中为企业争取创新资金资助。

（二）史太白技术转移中心

史太白技术转移中心是德国最大的技术转移服务机构，它是由德国技术转移的先驱费迪南德·冯·史太白于1868年成立的。作为政府、学术界和工业界之间联系的桥梁，史太白技术转移中心充分利用德国政府的支持和企业共同创新，定位于技术转移服务职能。它力求参与到技术创新过程的各个阶段，充分考虑顾客的不同需求，为各种类型的顾客提供全方位、个性化的服务。史太白技术转移中心目前已经在50多个国家设立常设机构，拥有850多家技术转移中心，形成了技术转移的人才、技术、资金的全产业链。

作为一个多功能的技术转移机构，史太白技术转移中心向企业提供的服务多种多样，主要有咨询服务、研究开发、国际技术转移和人力资源培训这四大类。

（1）咨询服务。史太白技术转移中心向企业提供的咨询服务是以其强大而又完备的专家网络为基础的，它能够根据客户的具体需求迅速而又具有弹性地做出反应，并找到具体领域的专家予以咨询。咨询的内容和形式分为：一定时限免费服务的一般咨询、由特定领域专家提供服务的专家咨询、为企业进行全面管理策划的管理咨询、对项目进行可行性的评估和提供专家报告。其中，一般咨询提供的免费服务为中心创造了大量用户，是中心实质性项目的主要机会来源。

（2）研究开发。史太白技术转移中心通常向企业提供以下科技服务：新产品、新工艺和新系统的样机开发、测试、专利申请和生产实施等；此外史太白技术转移中心还提供现有工艺、程序和产品的工业技术优化改进的服务。作为研究与企业界之间的中介，史太白技术转移中心有一大批在各个领域具有广泛经验的技术专家，可以直接向企业提供第一手的高新技术，协助企业完成技术创新。同时，对于有特殊研发需求的客户，史太白技术转移中心也可以安排客户直接与研究院所和工业合伙人进行合作。

（3）国际技术转移。由于在世界各地的多个国家设有分中心，史太白技术转移中心可以利用其国际化信息网络向各分中心顾客提供国内外技术项目信息，构建跨区域、国界的国际技术转移平台。在这一方面，史太白技术转移中心的客户主要是科技型中小企业，以史太白技术转移中心作为平台，这些企业得以成功进入未来有增长前景的国际市场，获得前所未有的发展机遇。此外，史太白技术转移中心既与金融上可靠的风险协作合伙人保持联系，也与前沿研究、商务机构等国际网络建立联系。

（4）人力资源培训。除了传统的中介类服务以外，史太白技术转移中心提供的人力资源培训服务也是中心的一大特色。培训服务主要包括两大领域：一是涉及前沿技术的专业知识，二是企业管理运营经验。针对专业知识领域，史太白技术转移中心主要通过举办技术研讨会、专业领域信息对话来促进交流沟通、通报最新的技术知识。在其他领域，史太白技术转移中心主要是通过课堂培训的方式向企业管理者传授管理经验。

（三）弗朗霍夫协会

弗朗霍夫协会是具有德国特色的民办、公助的不以营利为目的的科研机构。所谓“民办”是指其在法律上不隶属于任何政府部门，是独立的科研机构。其“公助”表现为政府向协会提供最基本的运行经费，并且政府资助的科研项目优先提供给协会下属的各个研究所。而“不以营利为目的”是指协会虽然可以开展有收入的科研活动，但在活动过程中取得的收入只能用于科研活动的再发展，而非投资人和协会职员的收入分配。上述特征使得弗朗霍夫协会享有政府提供的税收优惠和其他方面的优惠政策。

自 1949 年成立至今，弗朗霍夫协会已经成长为德国甚至欧洲最大的应用科学研究中心，协会下设的研究所分布在德国各地，研究领域涉及微电子、信息通信和生命科学等各个方面。科研经费在各个研究所之间的分配依据上一年度各研究所创造的收入比例，这使得各研究所之间相互竞争、共同进步，让弗朗霍夫协会一直处于德国科技研发前沿。同时，对于有些涉及多学科交叉的研究，不同研究所会成立联合研发小组，通过协会内部的密切合作满足顾客需求。

研发能够高效转化的科研成果是弗朗霍夫协会的一贯宗旨，为了达到这一目的，协会与企业联系十分密切。在研发活动开始之前，协会就与企业签订了包含科研预算和预期的研究成果在内的事前合同。合同中涉及了研发过程中可能出现的各种问题，同时也对科研成果的知识产权问题进行了约定，使得协会能够根据企业的具体需求进行研发工作，让科研成果能够迅速投入市场。对于那些不具备独立研发能力的中小企业而言，弗朗霍夫协会的事前合同减轻了委托研发的不确定性风险，使得不同类型的企业都可以从协会中获得符合企业需求的科研成果和解决方案，让协会多年来积累的研发经验和高素质的研发团队成为德国科技型中小企业发展的坚实后盾。

第三节　日本：政府直接干预的发展模式

日本四面环海，国土面积仅 377 972. 28 平方公里，比我国云南省的面积还要小。除煤炭、天然气、硫黄等极少数矿产资源外，其他工业生产所需的主要原料、燃料等都要从海外进口。“二战”后，日本经济受损严重，面临恢复国民经济和赶超发达国家的双重压力。在美国的扶持和帮助下，日本的经济才逐渐恢复。但日本在经济恢复过程中，并没有照搬美国的市场经济发展模式，而是选择了政府对经济进行干预与调节的经济发展方式。这是因为英美等发达国家的市场经济模式已经发展了上百年，如果日本要从头开始发展市场经济，则赶超无望，会长时间落后于英美等国。日本在战后选择的政府与市场合力发展经济的方式使得日本经济发展大获成功，极大地缩短了日本的工业化进程，其国内生产总值于1968年一跃成为世界第二位，并在几十年间一直保持着10%左右的发展速度，被称为“亚洲奇迹”。

正是由于日本多年以来的政府干预经济模式，在科技服务业的发展过程中，日本也带有相当多的政府色彩。与其他国家的以市场化发展为主不同，从为科技服务业的发展制定发展战略，到投入巨额资金支持，再到直接参与，日本政府在科技服务业的发展过程中起着主导作用，形成了政府直接干预的科技服务业发展模式。

一、政府政策保障科技服务业健康发展

政府作为国家管理机关，承担着维护社会稳定和促进经济发展等重大责任。随着时代的进步和经济的发展，社会生活越来越复杂，法治社会成为人们共同的期许。在这种情况下，产业发展过程中对政府政策的需求也越来越大。在政府直接干预经济的发展模式下，日本的政府政策对于科技服务业发展的影响尤为突出。

（一）产权立法

在科技服务业的发展过程中，对于知识产权的保护至关重要，只有尊重、保护知识产权，才能使科研人员和企业保持创新热情，促进科技服务业不断发展。日本政府于2002年7月开始实施“知识产权立国战略”，相继颁布了《知识产权战略大纲》和《知识产权基本法》，提出从创造、活用、保护三个战略以及人才基础和实施体制等方面抢占市场竞争制高点。在确立了知识产权的战略地位后，日本政府在2003年又成立了知识产权战略本部，由首相亲自担任部长，并推出《知识产权战略推进计划》，包括知识产权创造、应用、人才培养、提高国民意识和发展多媒体素材产业五大部分共207项具体措施，建立健全了日本的知识产权体系。

在上述政策框架下，日本形成了从审查到应用的全方位知识产权保护政策。首先，日本建立了方便高效的专利审查制度，专利审查标准与国际接轨，在审查速度和审查质量方面都达到了世界领先水平。其次，日本加强了对侵权的惩罚力度，严厉取缔盗版，强化损失赔偿制度。再次，日本大力保护以高新技术领域为代表的重要科研成果的知识产权。最后，日本政府加强知识产权领域的国际合作，积极利用WTO争端解决机制，鼓励企业获得国外知识产权。这些政策刺激了日本的专利申请积极性，根据世界知识产权组织的数据，日本2016年专利申请数超过了45 200，仅次于美国。

（二）人才政策

人才是科技创新的基础，日本政府秉持“化育英才，所以兴邦”的育人理念，一方面深化国内教育体制改革，实行“官产学”合作教育制度，另一方面通过人才吸引政策，弥补国内创新科技领域的不足之处，形成了一套适应驱动创新的科技人才发展机制。

日本2003年的《科技白皮书》对日本科技人才进行了详细的划分：专业技术人才、经营管理人才、科技成果转化人才、科技普及人才和技能型人才。从这一划分中可以看出

日本对科技研究成果的实用性十分看重，即重视创新成果的转化。实际上，早在 20 世纪 80 年代日本政府就提出了“教育不仅是获取知识和信息的途径，而应当重视对知识和技能的运用”这一理念，并在 2004 年发布的《科学技术基本计划》中将独创性人才定义为“将研究开发与生产经营进行战略统合的人才”。正因为对科技成果实用性的看重，日本形成了“官产学”合作的教育机制，由政府牵头，企业与高校合作培养应用创新人才。

为了提高创新人才的数量和质量，日本在加大培养国内人才力度的同时，打破了传统思想的束缚，努力吸引国际优秀科技创新人才。其主要方式是利用高收入和良好的生活条件吸引国外人才到日本开展科研活动。首先，日本修改了移民法与出入境相关条例，为科技人才进入日本提供便利。其次，日本大大改善了海外人才在医疗和子女教育方面面临的困难，还通过科技人才资格国际互认制度和国际间养老金互补制度解决具有移民意向的科技人才的后顾之忧。最后，日本为了激励留学生继续留在日本从事科研，还通过《特别研究员制度》为其提供便利。但是，科研人员的移民面临着家庭、经济等各方面的问题，过多的引入也会对政府造成资源与经费方面的负担。基于此，日本政府在吸引人才到国内开展科研活动之外，也通过包括购买或资助国外实验室、在国外设立研发机构、在国外设立奖学金等方式，充分利用海外人才资源。

（三）保护国内产业

在新兴产业发展过程中，外国资本的大量涌入会给流入国带来资本、技术和先进的管理经验，但同时也会带来限制性竞争和垄断。由于国外大公司有着品牌优势、产品优势、广告竞争优势以及强大的市场势力，日本政府认为，国外资本的大量涌入会挤占国内市场，形成较高的行业进入壁垒，从而不利于本国新兴产业的健康发展。为此，日本政府通常会制定一系列保护措施，以避免国外企业的冲击。在科技服务业的发展初期，日本政府利用《放松法》等一系列法案限制外国资本在日本直接投资，保护本国企业占有的国内市场，大力推动企业积极引进、消化、吸收国外资金和先进的技术。到了 2013 年，科技服务业的发展逐渐走上正轨，日本政府为了吸引投资和国外的人才，为本国经济注入活力，又出台了《国家战略投资法案》减少对外资的限制。由此可见，日本政府虽然在国内产业发展的不同阶段采取不同的对外政策，但其实质都是为了保护国内科技服务业的健康发展而根据产业发展特点采取的具有时代特点的保护措施。

二、政府投入资金发展科技服务业

近年来，日本政府一直实行财政紧缩政策，但对科技的投入有增无减。据世界银行的统计数据，日本科技投入总量及占 GDP 的比重总体上一直呈上升趋势，2016 年达到了 3.28%，超过了美德等发达国家，位居世界前列。除少数大企业外，科技服务型企业通常规模较小，发展资金难免不足，日本政府通过财政补贴、税收优惠和贷款优惠等方式为企业发展助力。

（一）财政补贴

财政补贴是日本政府常用的为科技服务型企业提供资金帮助的方式。政府对发展到一定阶段的企业提供财政补贴与补助，以弥补企业发展初期出现的生产者价格与市场价格的差额。其主要方式为政府自身对小微型科技服务企业的创新活动提供直接投资，或者设立研发补助金以满足小微型企业的研发需求。例如，为了提高小微型科技服务企业的国际竞争力，政府对企业海外调研、国际差旅费以及专利申请费进行补贴，对在国外申请专利的企业还提供额外的特别补贴。此外，日本地方政府还设立了利息补贴制度，为微型科技服务企业提供地方性财政贴息。

（二）税收优惠

税收优惠是政府通过税收体系进行的支出，是政府为了达到特定的发展目标而通常采取的干预经济的手段。日本政府十分注重对技术研发企业的税收优惠，制定了特别折旧政策，用以刺激企业的研发行为。该政策规定，技术创新企业在购买设备后，每年都可以按照一定比例获得资产税减免。同时，对于从事科技创新项目的企业，可按照加提55%的特别折旧率计提折旧。在所得税方面，日本政府对实力较弱的小型企业按28%的税率征收企业所得税，并按照中小企业的研发投入费用减少6%的企业所得税。对于积极进行产学研合作的企业，政府还规定无论企业是与高校、科研机构合作研发还是委托研发，都可以按照一定比例抵扣企业所得税，这一比例一般是特别科研开发项目经费的6%。为加快科技成果转化，日本政府还对企业输出的技术转让收入的18%免征所得税。

税收优惠政策大大减少了科技服务企业的运营成本，减轻了它们的运营压力，使其可以将更多资金和精力放在企业的发展中。

（三）融资支持

在日本，为中小企业提供融资服务的政府机构种类繁多，其中包括了工商组合中内公库、国民金融公库、中小企业投资扶持株式会社、中小企业金融公库以及中小企业信用保险公库等多个机构。这些机构不仅可以向中小型科技企业提供低于市场利率的贷款，还可以为企业提供贷款担保。对于初创企业，这些机构可提供无须抵押和担保的贷款。

对于用知识产权做担保的科技型企业，日本的政策性银行为其提供了高额度、长期限的抵押贷款。知识产权价值是判断融资金额的重要指标，企业一般可以获得知识产权评估价值的50%以上的贷款额度，单笔额度最高可达到五亿日元。在贷款期限方面，日本以中长期贷款为主，除一般情况下的4~5年，企业还可根据实际情况申请展期。这充分满足了资金投入大、投入周期长的科技研发及相关企业的实际需求，为其健康发展提供了充足的资金保障。

三、政府直接参与科技服务业发展

（一）提供行政指导

行政指导是日本特有的政府干预经济的手段，它不同于行政命令，不具有强制性，而是采取指导、劝告的方式，引导企业服从政府的指导，从而达到干预经济发展的目的。在科技服务业的发展初期，日本通过发表政府优先发展的产业目录和国有企业的先行引导，诱使市场选择政府想要发展的行业，并对其发展过程进行监督干预，从而使得科技服务业在日本得以发展壮大。

以科技金融的发展为例。日本的金融体系对贷款的抵押担保物有所要求，但对于初创科技企业而言，传统的抵押担保物无法获取，使得这些科技创新企业难以获取外部资金支持。日本的政策性银行最开始使用专利权对缺乏传统抵押担保物的科技型企业进行融资支持，在政策性银行的带领下，日本的民间金融机构也开始对拥有知识产权的科技企业进行融资支持，大大促进了日本科技金融的发展。

（二）参与企业创新活动

在从科技研发创造到科技成果转化等科技服务业发展的各个环节，日本政府除了为企业的创新发展提供制度环境、资金支持之外，还会在必要的时候对企业行为进行组织协调，直接参与企业的创新过程，为企业提供各种服务。

在研究开发服务方面，日本政府组建了专门的科技情报中心，广泛搜集世界各国的科技信息，并对信息进行分类、加工，提供给有需要的企业及相关科研机构。除情报中心外，日本政府还与美德等发达国家组成信息战略联盟，在科技信息方面展开全方位的国际合作。在科技成果转化方面，日本政府在大学等科研机构中设立专门的知识产权、专利中介等部门，以便利科学技术的顺利转让。对于利用科技转移成果成立的小微企业，日本政府设立了科技服务公共平台，让行业相似的小微企业利用平台相互交流、互相学习，充分发挥信息溢出效应，促进科技生态系统健康发展。

（三）直接提供科技服务

日本有大量的政府委托服务机构，这些机构大多是日本政府法人委托的，是行使部分政府职能的一种科技服务业组织机构。在其中，最为著名的就是日本科学技术振兴机构。日本科学技术振兴机构是独立的行政法人，它以科技创新为目标，为从基础研究到应用研究的全面研发和技术转移提供服务，同时开展科技情报搜集和科学技术普及服务。

日本科学技术振兴机构的运作模式主要有委托开发和开发斡旋两种。所谓委托开发是指机构筛选对国民经济发展有利但民间企业难以独立开发的科研项目，经由专家审议认定之后，委托相关企业进行应用开发。而开发斡旋是指成立新技术斡旋委员会，为优秀科研成果持有者挑选合作企业，协助其签订合作合同，并监督执行情况，提供技术转移服务。此外，日本科学技术振兴机构还提供专利申请代理服务，对应用性强的专利技术提供及时的知识产权保护。

同时，为了促进高校科研成果产品化、产业化，日本政府科学厅创办了“高科技市场”。以挑选所在地区高校中能够转化为产品的高科技成果，对有关成果产品化的研究提供资助；为有关科研人员代申请专利；协助创办风险企业等。

第四节　以色列：以高校为中心的发展模式

以色列国土面积狭小，约60%的国土被荒漠覆盖，自然环境恶劣。2016年其人口总数仅855万，尚不及同时期我国北京人口总数的一半。然而，以色列2016年的人均GDP达37 293美元，人均风险投资位列世界第一。其在美国纳斯达克上市公司的数量也仅次于美国和中国，位居世界第三位。如此的发展奇迹，与以色列的“科技立国”理念是分不开的。

从1948年宣布独立至今，短短70年间，以色列就从一个战火纷飞的国度成长为现如今与美国硅谷齐名的全球创新中心。其中科技服务业为以色列的科技创新发展做出的贡献不容忽视。而以色列科技服务业的发展模式，也是充满以色列特色的产学研相结合的发展模式。传统的产学研相结合，是指在科技服务业的发展过程中，企业、学校和科研机构之间在功能与资源优势上的协同与集成化，是产业发展过程中上下游的对接与耦合。而在以色列的科技服务业的发展过程中，高校同时扮演了企业、学校和科研机构这三种角色，成为以色列科技服务业发展过程中的关键一环。

一、高校成为以色列科技服务业的发展中心

在以色列，高校通常承担了教学和科研双重任务，除了教书育人和授予学位之外，以色列的高校承担了各学科的基础研究任务，多所学校都拥有诺贝尔奖获奖者，科研能力和效率都十分突出。同时，高校与企业联系十分密切，著名高校几乎都拥有自己的科技转移机构或者孵化器，在一定程度上扮演了企业的角色。在产学研融于一体的发展模式中，高校成为以色列科技服务业的发展中心。

（一）人才培养独具特色

在以色列，高等教育机构由四个各具特色又相辅相成的部分构成。第一种是大学，以色列的大学数量很少，但都是世界闻名的高等学府。例如，以色列理工学院是世界最著名的工科院校之一，被誉为“以色列的麻省理工”，迄今为止有三名学院教授获得诺贝尔奖。第二种是地区性学院，这些学院大多由各大学建立，旨在为住所远离大学的学生提供便利。这种学院一般由高等教育理事会提供教学大纲，由主办大学提供学术上的支持，相当于大学在各地区的分校。第三种是开放性大学，这些大学的办学方式灵活，学生主要通过远程方式进行自学，学校考试后授予相应学位。其中的特拉维夫开放大学，甚至专门为那些没有拿到高中毕业证的中学生设立了特别专业，使其可以获得数学学士学位。第四种是国外大学，此类学校一般是国外大学在以色列的分校，是国外教育理念与以色列当地资源相结合的产物，对以色列的高等教育发展也产生了不可忽视的作用。这四种构成一起组成了以色列独具特色的高等教育体系，使得各种类型的学生都能受到合适的教育，从而提高了国民素质，为科技服务业的发展打下了良好的基础。

（二）十分注重科技研发

作为科技服务业的发展中心，以色列的高校在培养大量人才的同时兼顾科研。据统计，以色列的高校承担了全国 30% 以上的科技研发工作，约有 21% 的本科生和 50% 的博士生在校内从事研发工作。在高校的研发过程中，特别注重实用性和创新性，对于研发项目的实际应用价值十分看重，这也为以色列高校科技成果转化打下了良好的基础。

（三）提供全方位科技服务

以色列是世界上高校科技创新成果转化最成功的国家之一，这与以色列高校注重与产业界的联系和融合是分不开的。在以色列的著名高校旁，往往聚集着诸多企业，在大学周边形成了高科技园区。这些企业与高校的联系十分密切，一方面，学校利用企业资源进行研究工作，帮助学生在学习理论知识的同时进行充分实践；另一方面，高校为企业提供诸多具有市场价值的新技术和新产品，促进企业的发展。其中，魏茨曼科学研究院所属的魏茨曼科学工业园、特拉维夫大学与特拉维夫市合办的阿蒂迪姆科学园、希伯来大学所属的哈尔瞿茨维姆科学工业园等都已成为国家高科技产业的摇篮。

除此之外，几乎所有的以色列高校都有自己的科技转移机构或者孵化器，这些机构可以提供包括检验检测认证、市场运作、知识产权以及法律在内的全方位科技服务，它们通过转让、入股等方式保证创新技术的长期收益，每年都可以将上百件学校科研人员的创新成果进行及时转化，实现项目的技术转换效益，所得的资金又流回到高校与科研人员手中，促进了新一轮的研发创新。例如，拉模特公司是特拉维夫大学于 1973 年成立的独资子公司，该公司作为特拉维夫大学的技术专业机构，专门负责推动学校科研成果商业化。希伯来大学成立的伊瑟姆研究开发公司专门负责管理学校的专利，向潜在的商业伙伴推荐学校的科技创新成果和新技术，催生新创科技企业，并在这些企业的起步阶段向其提供管理协助，对促进学校科研成果的商业化起到了重要作用。

二、多因素助推以色列高校发展

以色列高校在科技服务业发展中的独特地位，是由多方面的因素共同形成的。其中，政府的大力支持、社会各界的广泛参与和高素质的学生队伍成为以色列高等教育发展过程中的亮点。

（一）政府大力支持高校科技创新

一个国家教育环境的好坏与政府是分不开的。在以色列，政府支持高校创新，在资金、法律政策等方面给予了大力支持。

在资金方面，从 20 世纪 70 年代开始，以色列就对国家教育方针进行调整，加大对高等教育的支持力度。几十年间，以色列的教育投入仅次于国防预算，政府对高校创新教育的投入占国内生产总值的比重一直在 8% 以上，其投入在发达国家中也位于前列。在《2017—2022 年高等教育发展规划》中，以色列政府计划大幅度增加高等教育教学和科研投入，拿出 20 亿谢克尔增加高校科研创新的预算。

在法律政策方面，以色列通过立法全面推进教育的发展。在建国第二年，以色列就颁布了《义务教育法》，规定不管性别、民族，每个人都有受教育的权利，大大提高了以色列的儿童入学率。1953 年，以色列又颁布了《国家教育法》，解决了一直以来政党干预教育的问题，保证了教育的健康有序发展。上述两部法律的颁布使得基础教育在以色列大范围普及，大大提高了以色列的人口素质，为高等教育的发展打下了牢固的基础。其后，专门针对高等教育的立法——《高等教育理事会法》颁布，该法律对以色列高等教育理事会的权限、责任和组成等方面都做了详细规定。理事会是高等教育的监管机构，其职能是促进以色列的高等教育发展，发展科学研究，代表国家对高等院校进行评估并批准其成立，促进各个高等教育机构之间的合作与共同发展，赋予被批准的高校授予学位的权利，就高校的开办和维护发放许可证，就高校在科研领域的改进提出意见。但是，理事会不能干涉高校的内部事务，给予了高校行政和学术自由。

（二）社会各界参与以色列高校建设

以色列的高等学校虽然是政府拨款的教育机构，但政府每年的投入仅占学校支出的六成左右，剩余部分都是由学校自行筹措的教育基金补足。重视教育是犹太文化的历史传统，成功的商业人士、社会组织和海外犹太人为以色列的高校发展捐献资金的事情十分常见。同时，以色列的高校还与海外科研组织有着密切联系，高校通过科研立项从海外科研项目中获取了大量经费，特拉维夫大学仅 2003 年一年就从欧洲可持续研究合作框架协议项目中获取了 300 万欧元的经费。

作为一个拥有大量移民的国家，大批高技术移民给以色列高等教育发展做出的贡献不容忽视。这些移民大多是过去居住在苏联的犹太人，他们在移民前多数从事技术密集型行业。被以色列移民吸收部认定为科学家或专业技术人员身份的犹太移民超过 13 万人。在定居以色列后，部分高学历移民进入高校，极大地补充了以色列的高校教师队伍。

（三）高素质的学生队伍

前文已经提到，基础教育的普及使得以色列的人口素质大大提高。除此之外，由于特殊的政治历史环境，以色列的兵役制度对其高校学生素质的提高也发挥了重要的作用。在中等教育结束以后，以色列学生通常要进入国防军服役。服役期间，士兵不仅要进行军事训练，还会对军事设备、仪器进行操作，学习包括无线电、信息技术和生物科技等现代军事知识。体力训练锻炼了学生的吃苦耐劳精神，现代军事知识的学习也为学生进入学校后的知识学习打下基础。服完兵役后，学生的心智更加成熟，知识储备更加丰富，在接受新知识和新挑战方面也更加得心应手。

据统计，几乎每一个以色列的大学生在校期间都曾参与过企业项目或者自主创业。学生的高素质，不仅使得以色列高等教育成果丰硕，也为以色列的科技发展输送了大量人才，对科技服务业的发展有着积极作用。

第五节　探寻中国特色科技服务业发展模式

世界各国由于历史、经济、文化等各种因素的异质性，科技服务业的发展模式也不尽相同，具有明显的国别特色。比如，作为一个实行自由市场经济的国家，美国选择了在科技服务业的发展过程中依旧遵循市场化发展的模式；日本由于特殊的经济历史原因，采取了政府直接干预的科技服务业发展模式。而我国自改革开放以来，一直实行社会主义市场经济，即让市场在社会主义国家宏观调控下对资源配置起决定性作用的经济体制，这是明显区别于上述资本主义国家的一大特色。基于我国经济体制的特殊性，在讨论科技服务业的发展模式时，直接照搬其他国家的模式是不可取的，而应该在借鉴其优秀经验的同时，探寻有中国特色的科技服务业发展模式。

在典型发达国家的科技服务业发展模式分析中可以看出，如何处理政府与市场的关系尤为关键。习近平总书记曾指出，“使市场在资源配置中起决定性作用和更好发挥政府作用，二者是有机统一的，不是相互否定的，不能把二者割裂开来、对立起来”，而是要“学会正确运用‘看不见的手’和‘看得见的手’”。在我国，市场在资源配置中起决定性作用，而政府则起着保持宏观经济稳定、加强和优化公共服务、保障公平竞争、加强市场监管、维护市场秩序、推动可持续发展、促进共同富裕、弥补市场失灵等关键作用。基于此，我国的科技服务业发展也必须将市场和政府的作用结合起来，实行多维协同的科技服务业发展模式。

一、市场在科技服务业的发展中起决定性作用

科技服务业是现代服务业的重要组成部分，是向全社会各行业提供服务的产业，产业特点使得科技服务业的快速发展及科技服务能力的提升离不开市场化运作。企业作为市场中产品和服务的供给者和生产要素的需求者，必须担负起科技服务业发展主体的作用。借鉴美德等发达国家经验，我国的科技服务企业需要打破部门化壁垒，加强交流合作，促进科技服务企业集团化、集聚化发展。

具体来说，具有丰富研发经验和创新识别能力的科技研发企业可以从单一的研发职能向科技服务与科技投融资相结合的复合型经营模式转变。这些企业可以利用自身的科技专业能力，搭建投融资平台，评估科技创新企业的融资需求，一方面整合合作生态圈资源，另一方面进行债券或股权投资，从而实现企业自身壮大和带动相关产业发展的双赢。科技服务业作为一个以技术和知识为服务手段的产业，由于集聚而产生的知识溢出和网络资源是企业发展的珍贵资源。各企业可以通过进入专门的科技园区或者集聚在大型企业周边，与邻近企业进行合作竞争，使企业在节约经营成本的同时更加便捷地进行技术创新和获取信息，从而提高生产效率、获得外部经济。

科技服务企业通过向顾客提供各种类型的服务获得收益，因而企业必须时刻关注顾客对企业的满意程度，要重点关注顾客的需求特性和变化趋势，分析顾客对服务的新需求，

从战略高度去实现顾客的价值创造，满足顾客需求。首先，企业需要的具体服务内容往往会随着国家以及各地方出台的各类政策的变动而变动，科技服务企业要具有充分的敏感度，时刻关注市场环境的变化，适应顾客需求的变化。其次，每一顾客都有其各自的特征，针对不同特征的顾客提供不同服务是科技服务企业经营成功的关键。比如，高新技术企业认定就有研发投入、高新技术产品收入、研发人员、知识产权、科技成果转化等方面的要求。科技服务不仅要帮助企业厘清现有的存量资源，还要帮助它们补齐短板，规范并提升公司内部管理。对于专利数量不足的企业要帮助企业申报专利，对于人才缺乏的企业要帮助企业物色招聘有用人才，甚至还要帮助企业制定发展战略规划，提供专业化的管理建议。

由于国外的科技服务产业发展较早，市场比较成熟，我国的科技服务企业在专注发展的同时，要积极借鉴发达国家先进企业的发展经验，加强国际合作，大力开拓国际市场。比如，科技中介服务机构可以与国外机构合作建立科技信息网络，构建跨区域、国界的国际技术转移平台。具有国际竞争力的其他科技服务企业也应该积极参与到国际市场中，提供跨国科技服务，提升企业的国际影响力。

二、更好地发挥政府作用

市场的自发调节具有自发性、盲目性和滞后性，这在科技服务业的发展过程中也是存在的。由于市场参与主体的趋利性，我国的科技服务业发展存在着自主创新能力缺乏、行业分布不均和区域发展不平衡等问题。这些问题的存在仅仅依靠市场是无法解决的，需要靠政府“看得见的手”来进行调节。

造成自主创新能力缺乏的原因主要是科技与经济结合问题尚未根本解决，研发成果难以转化为实际的经济利益，研发主体动力不足。而这一现象主要是由于我国大量的科研机构独立于企业之外，形成了科技与经济长期分离的局面。对于这一问题，首先，各级政府应积极引导，通过实施融资支持、税收减免等措施，大力支持企业建立自己的科研机构，尽快承担科技成果转化主体的重任，搞好科技成果的转化。其次，政府有关部门应尽快制订有效的产业技术政策及科技成果转化政策，促使科研机构、高等院校等研发主体建立健全技术转移工作体系和机制，在研发主体与市场之间建立有效联动机制。

科技服务业行业分布不均主要体现在科技服务体系不健全，研发服务、创业孵化服务和科技金融服务等门类发展较为迅速，但检验检测认证服务、科技知识产权服务、技术转移服务和科学技术普及服务等的发展仍不够，使得科技服务业支撑能力明显不足，难以实现飞跃。对此，政府应当在充分调研的基础上出台相应产业的激励措施，鼓励市场主体进入发展不足的行业。对于那些投入较大的部门，政府部门应借鉴发达国家经验，由国家率先投入，为后入企业提供发展平台。

区域发展不平衡是我国经济发展过程中一直存在的问题，经济发达、人才资源丰富的东部沿海地区的科技服务业发展明显领先于西部内陆地区。对于这一问题我们要辩证地看待。首先，由于我国的科技服务业发展起步较晚，本身就落后于西方发达国家，对于有着科技服务业发展基础的沿海地区，我们必须要鼓励产业先行发展，争取使得一部分省市的科技服务业发展水平尽快赶上发达国家。其次，在沿海大力发展科技服务业的过程中，内陆地区的科技服务业发展也要逐步推进，通过承接沿海地区产业转移、大力引进人才等方式，以先发展带动后发展，逐步解决区域发展不平衡的问题。

第三章　科技服务业发展政策支持体系

作为现代服务业的核心内容之一，科技服务业是科技与服务业的交叉点，在推动产业转型升级、带动新型产业发展、促进国民经济发展方面都发挥了重要的作用，已经成为支撑国民经济可持续发展的战略性产业。政策作为国家和地方政府引导国家产业发展方向、推动产业结构升级及促使国民经济健康可持续发展的手段，是推动科技服务业发展、为其营造良好发展环境必不可少的一部分，相关政策和法律体系的创新与完善对科技服务业有着至关重要的影响。

第一节　发达国家科技服务业政策支持体系

科技服务业从诞生至今已有一百多年的历史，最初起源于西方。而随着改革开放的逐渐深入与我国经济结构的不断调整，随着我国高新技术产业的萌芽与兴起，科技服务业才逐渐在我国产生和发展起来。因此在相关的政策法规的建立上，发达国家相较我国而言更加完善并具有借鉴意义。当今世界发达国家中，目前政策主要有三种不同的引导方向：一是以美国为代表的以营造环境为主的政策体系；二是以日本为代表的以对企业的直接支持为主的政策体系；三是以德国为代表的以政策领导为主并将前两者相结合的政策体系。

一、美国

作为一个市场经济体制成熟的国家，美国科技服务业的政策体系主要是在以市场机制为主导的背景下，政府通过立法或者制定各项税收金融等扶植政策为科技发展提供良好的政策环境，同时通过对基础建设和各类科技平台的搭建，为行业的发展创造外部环境。

（一）以各类计划为载体，推动科技服务业发展

美国政府通过出台各类创新发展计划，为国内企业尤其是中小企业营造创新的文化氛围，并不断促进政府、企业和科研机构之间的创新活动，如小企业创新研究计划、小企业技术转移资助计划、技术伙伴计划、制造业推广合作计划等。

（二）税收扶植政策

美国政府通过制定相关税收政策，在为科技服务业的发展减小阻力的同时，鼓励和引导中小金融机构、信用担保机构、风险投资机构等金融企业为科技服务业提供资金支持，鼓励风险投资进入科技服务业。如 1981 年美国推出的《经济复兴税法》，法案对研发支出提供优惠，若企业当年研究开发支出超过前三年平均值，对其增加部分可给予 25% 的税收

减免。同时该法案还规定，企业捐赠给大学的仪器设备可作为慈善捐款给予税收减免等。1986 年，美国通过新的减免税法规对产品创新类的投资给予了 20% 的税款减免优惠等。

（三）融资支持政策

美国政府为风险投资业制定了一系列扶植政策，对风险投资的发展起到了极大的推动作用，通过风险投资解决了许多科技企业的融资问题。在相关法律法规方面，美国在 1992 年颁布的《小企业股权投资促进法》，给小企业投资公司以融资支持。在财税政策方面，美国政府为风险投资提供一定政府资助和信贷担保，鼓励风险投资对处于初创期的科技企业进行投资，通过设立"小企业风险研究基金"等方式，向风险投资者提供无偿资助。政府还为小企业投资公司提供 3 倍于其自身资本的资金，用于支持其向科技型中小企业投资。风险投资业正是在这些税收优惠政策的推动下得到快速发展，使其在投资时具有更高的风险承受能力，更愿意投资那些具有高风险高收益特征的科技企业。美国还通过政府有限采购高科技产品来支持高科技企业的发展，从而促进风险投资和科技企业有效对接。这一措施刺激了高科技成果的产业化发展，鼓励了风险投资加大对科技企业的支持力度。

（四）人才引进、培养和激励政策

美国作为世界上最强大的经济体，其通过世界上最发达的科技环境以及人力资源开发管理系统吸引着来自世界各地的杰出人才，这些人才往往成为美国科技服务业发展的中坚力量。而美国政府也通过出台一系列留学政策和留学生奖学金制度，为这些来自不同国家和地区的人才营造了公平的竞争和就业环境，充分保障了他们的权益，其中比较广为人知的包括《富布莱特计划》《国际教育法》和《共同教育和文化交流》等。同时，美国的科技服务机构每一年都会投入大量金额用于内部人才培训，以充分满足不停变化的市场需求。正是通过这一系列的人才政策和措施，美国得以吸收来自世界各地的杰出人才，这不仅为美国提供了充足的科技人才储备，同时大大促进了美国科技服务业的发展。

（五）建立各类科技服务网络

美国政府建立了多个科技服务网络，其中包括政府独立组建的官方机构和与民间合作组建的各类联盟和协会。政府组建的官方机构包括两类，一类是以美国小企业管理局为主的，主要通过各类担保和贷款计划帮助企业获取融资；另一类是以小企业发展中心、退休工商领袖服务团和商务信息中心等组织为主，主要为企业提供各类如技术、信息、咨询等服务，以帮助他们获取政府采购合同。政府与民间合作组建的中介机构主要是帮助高新企业争取资金、寻找商业合作伙伴、提高管理水平和推动新科技产品尽快入市等。同时政府部分科技经济发展规划和措施的策划、科技项目的凭证管理等工作都会有这类机构参与，如加州技术投资合作项目的评审推荐工作就由旧金山湾区科技联盟负责。

二、日本

与美国不同，日本科技服务业的发展方向主要由政府而非市场选择，同时政府也会引领产业的发展速度和规模。因此我们将这种政府在产业发展的各个领域均有干预的发展方式概括为政府主导型。

（一）科技创新政策

“二战”后，为了尽快恢复经济发展，日本政府加大了对科学研究的扶持。除了直接对相关创新活动进行投资，政府还与各相关机构设立了研发补助金以解决部分创新研发活动资金短缺的问题。1996 年，为了推动“科技创新兴国”战略，日本政府颁布了《科学技术基本法》，这项法律明确了政府的主导作用和服务职能。之后，日本还相继出台了《研发力强化法》《创新型技术战略》《环境技术创新计划》来从政策上给予创新巨大的支持。

（二）税收融资政策

为了保证经济资源向高新技术产业和中小企业倾斜，保证中小企业的资金供应，日本也相继颁发了多项法律法规。如《中小企业基本法》明确规定：政府为实施有关中小企业的措施，应采取法制上、财政上以及金融上的必要措施；国家应巩固政府金融机构功能、充实信用保证，指导推动民间金融机构对中小企业的投资，确保中小企业的资金供应。随后颁布的《中小企业现代化促进法》也表示：鼓励企业进入新的风险产业领域，鼓励中小企业基于技术合作进行合并和重组；政府为实施中小企业现代化提供必要的资金或融资担保。同时为了给中小企业从银行等金融机构获得贷款提供贷款担保，政府设立了专门的担保机构，如信用保证协会、中小企业信用保险公库和风险基金等，并建立了完善的信用制度，通过提供无抵押保险、普通保险、海外保险、环境设施保险等信用保险，帮助科技服务企业解决了融资难的重大问题①。

（三）人才激励政策

1985 年，日本国会通过并颁布了《人才派遣法》。在知识经济的条件下，企业生产经营方式对专业技术人才的需要更为多样性，也更为动态化，因此日本依照该项法律设立了许多人才派遣公司，汇集了众多领域的人才，可根据中小企业的需要，及时派出相应的专业人才。1998 年，日本颁布了《大学等技术转让促进法》，极大地促进了高校技术成果的转化，提高了高校技术成果转化率。其中规定，将政府研究机构研究开发出的技术以很优惠的条件向中小企业转让，并指导中小企业进行商品化开发，进而弥补中小企业科研开发力量不足的难题，并使其成为激励科技服务从业人员创新的重要措施。除此之外，这部法规还提出了许多人力资源相关的政策，其中包括“中途录用”“产学官合作”“临时租借”、聘请国外年轻的科学家等多种措施，为企业提供充足的人才保障，加强企业的科技情报服务能力。通过这些人力资源相关的法律法规和政策，政府不仅为科技服务业的发展提供了人才储备，同时也极大地提高了产业自身的发展水平②。

---

① 王璐玲. 发达国家科技服务业政策法规比较［C］. //全国标准化优秀论文选集. 2011.

② 宁凌，李家道. 美日英科技服务业激励政策的比较分析及启示［J］. 科技管理研究，2011（10）.

（四）设立科学城、技术城

这是由日本中央政府、地方政府支持建立的高科技园区，区内大多建有孵化器、技术中心和信息中心，园区吸引了大量高科技企业入驻，并为行业内或相关领域企业提供良好环境和各种全面有效的服务，这极大地促进了经济的发展。

三、德国

科技实力排名位列于美国和日本之后的德国，也已经形成了较为成熟的科技服务业产业体系。众多的行业协会和各种技术转移中心组成了德国的科技服务业网络，而其服务对象主要是作为德国经济中间力量的中小企业，因此又产生了大量的科技中介需求，加大了科技服务在社会各个领域的覆盖。而政府主要通过制定多项优惠政策和设立相关机构组织，在促进本国科技服务业的发展中起了引导作用。

（一）中小企业创新研发政策

中小企业是德国经济发展的重要力量，尤其在德国的工业产值中发挥着巨大的作用。由于中小企业经济实力相对较弱，难以承担巨大的研发成本，因此德国政府为鼓励企业积极进行研发和创新活动，提出了以 ZIM 项目为核心的多项政策措施来提高中小企业在创新方面的竞争力。

（二）中小企业融资支持政策

由于中小企业经济实力相对较差，在一般条件下融资相对困难，且抵押贷款较大，对企业要求更为严格。所以为了保证中小企业的创新融资，同时减少商业银行的投资风险，德国政府通过德国复兴信贷银行为中小企业的创新活动提供长期低息贷款，这正是政府为中小企业融资专门设立的 EPR 项目。

（三）咨询政策

德国政府鼓励中小企业接受外部创新咨询服务。企业可以通过各种相关咨询服务来更好地适应当前所处的经济环境以及日益加快的技术更新速度，避免在竞争中被淘汰。如促进创新管理项目正是德国政府为了帮助新联邦州的中小企业接受创新咨询服务而采取的促进措施。德国政府指定了 20 余家咨询机构为该项目的授权机构。在与符合条件的中小企业签订咨询合同后，相关机构就可以向政府申请合同额 45% ~55% 的补贴。咨询服务的内容包含了帮助企业解决发展和技术创新中遇到的一系列难题，不仅可以为中小企业明确发展方向，同时也降低了其创新带来的风险。据统计，德国每年约有 430 个咨询合同成功申请补贴，每年政府为此提供约 250 万欧元补贴。此外，很多全国范围内促进企业接受咨询的项目中也有对中小企业的优惠措施，如促进企业节约原料和提高能效项目、各种企业培训班和企业经验交流项目（TOP）等。

四、英国

尽管英国是世界上诺贝尔奖获得者人数仅次于美国的国家，但是由于政府对研究领域的长期不干涉，导致英国在科技转化和创新上落后于美、日等国，科技服务业的发展水平也相对落后于美国。为此，英国政府采取了一系列科技服务业的激励政策，如全面私有化和撤销管制规定等，并加大了在相关政策中的参与力度。与此同时，社会上也形成了一些相关的科技中介组织，这些社会力量为英国科技服务业的发展发挥了重要作用。

（一）技术转移政策

英国政府在意识到其工业衰退的原因后，采取了一系列措施推动技术转移鼓励合作研究计划。为了提高大学与企业开展合作的积极性，英国政府提出以下举措：

（1）通过设立专项资金加强大学与企业的互动。英格兰高等教育基金管理委员对大学知识的转化能力十分重视，其设立了高教创新基金，以此来支持大学知识研究成果的商业化。

（2）推动学术界和产业界进行联合创新。2012 年英国政府通过投资 3 亿英镑设立了研究伙伴投资基金，计划推出 20 个投资项目，以此加强横跨学术界和产业界的科研基础建设。

（3）支持基于知识基础的企业和学术机构之间形成伙伴关系。英国创新署通过制定知识转移伙伴计划，将伙伴人员作为媒介的方式，为伙伴研究机构向伙伴企业转移知识、技术等提供资金帮助。

（二）中小企业创新研发政策

为了刺激企业主导的创新行为，英国政府于 2007 年成立了创新署，其主要职能是为企业提供创新资助并协调各方资源。创新署自成立以来已经联合其他机构投资了 30 亿英镑用于设立创新项目，而其经费中有六成用于支持资助中小企业创新活动。在创新署的领导和协调下，英国政府推出了一系列如技术与创新中心、Smart 项目、合作研发项目、创新券计划、小企业研究项目等直接资助企业创新的政策工具。

（三）税收减免政策

为了促进中小企业的创新活动，英国政府对中小企业给予了一定的税收减免。英国政府规定，对中小企业创新研发产生的经费给予 150% 的减免。而自 2011 年 4 月起，政府对中小企业研发经费的税收减免幅度增至 200%，并从 2012 年 4 月开始再提高至 225%。

（四）金融支持政策

除了税收政策的支持，英国政府还专门设立了创新投资基金来帮助那些具有潜力和资质的创新型企业和技术型企业进行创新活动，其主要资助领域侧重于数字、生命科学、低碳技术和先进制造业等。同时，政府还为中小企业推出了融资担保计划，由政府为企业融资做担保，减轻了中小企业创新活动中资金不足的负担。

（五）人才吸引政策

英国政府也出台了多项吸引人才的政策。其中包括与沃尔夫基金会及皇家学会的合作，每年提供400万英镑来帮助研究单位招聘50名来自世界各地的顶尖科技人才，提高英国在全球人才市场上吸引优秀人才的能力。与此同时，政府通过拨款增加了每个博士生的补贴金额，仅2000年至2003年，博士生的津贴就提高了2 200英镑，以此吸引更多人才到英国来。而且近年来英国政府调整了对外来移民的工作许可证制度，放宽了对国外技术型人才的移民限制。

第二节　发达国家的重点专项政策

一、小企业创新研究计划——美国

（一）小企业创新计划的出台和修订

20世纪80年代后，中小企业开始崛起，美国政府也将目光转向了中小企业。而越来越多针对中小企业研究的开展挖掘了其在创新效率和周期方面的优势，同时也发现了中小企业因存在难以承受创新风险和成本的劣势，其优势难以转化为现实的生产力。而由政府主导资助中小企业创新的美国小企业创新研究计划就是在此背景下出台的。

1982年，美国出台的《小企业创新开发法》规定，预算超过1亿美元的联邦机构必须留出预算的0.2%用于小企业创新研究计划。在计划执行的第一年，美国政府各部门对小企业创新研究计划资助总额为4 500万美元。在计划执行到第6年时，资助经费比例由0.2%增长到1.25%。1992年，美国国会又制定了《小企业研究与发展促进法》，并根据此法案进一步扩展和改进了小企业创新研究计划，延长了计划的执行时间并提高了政府各部门的资助比例，从1.25%增长到2.5%。2000年美国国会又通过《小企业再授权法》，再次将该计划延长至2008年9月，并且更加强调支持技术的市场化。

（二）小企业创新研究计划的流程

小企业创新研究计划的第一项程序是招标。各部委每年选取几个科研问题向公众公开招标，由各中小型企业竞争。其中申请该计划的企业必须符合以下条件：必须是美国公民拥有的、独立的企业；必须是以营利为目的的企业；首席研究员必须是申请企业的员工；申请企业的员工不得超过500人。

小企业创新研究计划的第二项程序是评估。各部委在收到项目招标书后，交于本项目研究领域5位最权威的专家从企业质量、创新程度、技术含量和市场潜力四个方面进行评估。这些专家在业内享有很高荣誉，但没有报酬。专家们必须签字声明与受评估项目没有经济利益关联。

小企业创新研究计划的第三项程序是注资。这个程序主要分三个阶段进行，并且在前一个阶段完成后，经过专家小组评估才能进入下一个阶段。

（1）阶段一：可行性研究阶段。这一阶段主要是帮助受资助企业进行基础研究，确立技术构想和商业预期，本阶段的资助资金最高可达 10 万美元，为期半年。

（2）阶段二：产品定型阶段。本阶段周期通常为两年，资助力度可达 75 万美元。资金主要用于支持更广泛的研究与开发（Research and Development，简称 R&D）活动以及研究这些 R&D 成果的科技价值和产业化可行性。值得注意的是小企业创新研究计划规定第一阶段与第二阶段之间必须有 6 个月的间隔期，其间企业没有任何政府资助，这就需要企业拓展其他资金来源。

（3）阶段三：产品推广和商业化阶段。该阶段的企业入选只具有名誉性，小企业创新研究计划一般不再对进入该阶段的企业进行资助。本阶段受资助企业往往从原资助机构的政府采购计划、私人投资者或者是资本市场寻找资金。实践中，各个机构已经发展了很多途径来推动这种商业转化。

（三）小企业创新研究计划的优点与不足

小企业创新研究计划因为其健全的项目管理机制、良好的资金保障和对资金使用效率的注重，大大推动了美国科技的发展与科技成果的转化，进一步增强了美国在世界范围内的竞争优势。但是小企业创新研究计划并非完美无缺，其本身还存在着一定局限。例如，与庞大的需求相比，小企业创新研究计划经费十分有限，每年仅有 1% ~2% 的小型制造业和高新技术企业能从该项目中收益；另外，小企业创新研究计划项目都是由出资部门设立，申请企业不能自由选择科研计划，很大程度上会限制企业的发展，错过一些具有良好前景的高技术项目。

二、《科学技术基本法》——日本

《科学技术基本法》是日本政府为科技创新营造环境和条件而设立的一项法律政策。同时日本政府还通过制定科学技术振兴计划来确保本国的科学技术振兴有计划、有步骤、有重点。这充分表明了日本政府对本国科技振兴的重视。《科学技术基本法》所涉猎的内容广且具体，操作性强，从颁布法令、制定政策到实施计划、经费支持，再到效果评估，都通过制定 1996—2000 年连续 3 期的“科学技术基本计划”迅速落实和推广。其中主要提出了两个基本要点：一是增加政府对研发的投入力度，二是推动促进大学和研究机构的科学技术成果向企业进行转移。

日本内阁 2016 年发布的《第五期科学技术基本计划（2016—2020）》提出，日本政府未来 5 年将确保研发投资规模，力求官民研发支出总额占 GDP 比例的 4% 以上，其中政府研发投资占 GDP 的比例达到 1%（按 GDP 名义增长率年均 3.3% 计算，日本政府 5 年研发投资总额约为 26 万亿日元，约合 1.45 万亿人民币）。为此，日本政府大力推行了四大政策措施。

（一）以制造业为核心创造新价值和新服务

在美国提出并实施“先进制造伙伴计划”、德国发布“工业 4.0”、中国出台《中国制造2025》、世界迎来第四次产业革命的大变革时代背景下，日本以制造业为核心，在因特网和物联网的基础上，灵活运用通信技术，打造世界领先的“超智能社会（5.0社会）”，不断创造新价值和新服务。

为了尽快实现超智能社会，日本政府将优先推进《科技创新综合战略2015》中确定的11个系统的建设工作：能源价值链优化系统、地球环境信息平台、高效基础设施的维护管理更新系统、防抗自然灾害的社会系统、高速道路交通系统、新型制造系统、综合型材料开发系统、地方治理系统、工作流程管理系统、智能食物链系统以及智能生产系统。日本将通过加强官产学研合作，建立共同的超智能社会服务平台，实现各个服务系统和业务系统之间的互通协作。

此外，日本政府将不断完善知识产权和国际标准化战略，推动网络安全、物联网系统构建、大数据解析、人工智能等服务平台，建设必不可少的共性技术研发。

（二）积极应对经济和社会发展面临的挑战

为了及早解决日本国内及全球面临的经济和社会发展挑战，日本政府预先选定了要通过科技创新解决的13个重点政策课题，并提出解决各课题的关键工作和技术性问题。其中，旨在实现可持续增长和区域社会自律性发展目标的7个重点政策课题包括：保障能源稳定供应和提高能源利用效率；确保资源稳定并达到循环利用；保证食品稳定供应；形成世界最尖端的医疗技术，建立健康长寿社会；建设城市和区域可持续发展的社会基础；延长高效高性能基础设施使用寿命的对策；提升制造业的竞争力。

旨在确保国家和国民安全安心与实现富裕高质量生活的4个重点政策课题包括：应对自然灾害；保证食品安全、生活环境及卫生条件；确保网络安全；解决国家安全保障相关问题。

旨在应对全球性挑战和为世界发展做出贡献的2个重点政策课题包括：应对全球性气候变化和应对生物多样性挑战。此外，日本政府将从长远发展角度出发，继续大力发展支撑海洋、空间等重要前沿领域开发、利用和管理的一系列科学技术，不断巩固日本发展的科技基础，提升产业竞争力，解决各种社会经济问题。

（三）强化科技创新的基础实力

在加强人力资源建设方面，日本将采取一系列措施：明确青年研究人员的职业发展道路，对应职业发展不同阶段，营造能够充分发挥青年研究人员的才能和创意的环境，例如对大学高级研究人员采用年薪制，增加面向青年研究人员的终身制岗位，积极引进“不升迁即离开”制度，2020年前，增加10%（约4.4万人）的大学青年教员（40岁以下），使得青年教员数量占大学教员总数的比例达30%；培养和确保科技创新所需要的多样化人才，通过确定职业发展道路以及与大学和产业界加强互动，推进研究生院的教育改革，培养下一代科技创新人才；激发女性研究人员的活力，增加女性研究人员的录用比例，2020年前，在自然科学领域实现女性研究人员占比达到30%；加大对赴海外研修的研究人员的支持力度，同时吸引和留住外国优秀人才，构建国际研究网络，促进跨领域、跨部门的人才流动。

在夯实知识基础方面：大力推进学术研究和基础研究及相关改革，例如实施科研经费改革、强化战略性基础研究、加强跨学科和跨领域研究、推进国际共同研究、打造世界顶尖研究基地；推进共性技术研发，战略性地加强设施设备和信息基础，建立开放科学的推进体制，促进公共资助研究成果的共享共用。力争在 2020 年前，在增加日本科技论文发表总量的同时，日本论文在世界被引频次排名前 10% 的论文中，数量占比达到 10%。

在推进研究资金改革方面：日本政府将同时推进基础性经费和公募型资金的改革，特别是针对国立大学，一体化推进体制改革与政府研究资金制度改革，实现最优政策组合，提高大学的运营效率和效果；公募型资金制度改革旨在提高竞争性研究资金的使用效率，具体措施包括对所有竞争性研究资金项目进行梳理、统一各部门竞争性研究资金的使用规定、促进研究仪器的共用共享；整体推进国立大学改革和研究资金制度改革，重新分配和评估国立大学和公共研究机构的运营费交付金（相当于我国的事业费）。

（四）构建人才、知识和资金的良性循环体系

日本政府将通过加强产学研合作和调动风险投资企业的积极性，消除人才、知识和资金之间存在的障碍，实现良性循环，积极构建创造新价值的创新体系。具体包括：强化推进开放创新的体制框架，例如完善企业、大学和公共研究机构的推进体制，促进人才流动，形成人才、知识和资金的集聚效应，目标是 2020 年前，实现企业、大学和公共研究机构的跨部门研究人员流动数量增加 20%，特别是大学向企业和公共研究机构的研究人员流动数量增加一倍，与此同时，大学和国立研发法人机构从企业获得的共同研究资金数量增加 50%；大力发展敢于挑战新事业的中小企业和风险投资企业，例如培养企业家，在创业和企业成长各个阶段提供适当的支持，增加发行新股，鼓励企业并购；灵活利用国际知识产权和标准化战略；重新审视和调整创新创造相关制度，例如重新审视新产品和新服务相关制度，改革信息通信技术相关知识产权制度；构建有利于“地方创造”的创新体系，激活地方企业，充分发挥地方特色和优势；把握全球需求先机，战略性推进国际共同研究与交流，拓展创新创造机会，推进社会包容性的可持续创新。

三、中小企业核心创新计划（ZIM 项目）——德国

2008 年 7 月，德国联邦经济部将以前实施的相关中小企业创新资助政策进行整合，并推出中小企业核心创新计划（ZIM 项目）。中小企业核心创新计划，是德国政府促进中小企业创新最主要的措施，也是覆盖范围最广的一项措施。该项目专门为需要新产品开发或者工艺、技术服务的改进提供资金支持，以达到持续提高中小企业创新能力和竞争力的效果。中小企业核心创新计划项目主要分三条线来展开资助，分别面向单家企业（ZIM-SOLO）、价值链合作体（ZIM-KOOP）和小型组织合作体（ZIM-NEMO）。

（一）ZIM-SOLO

指面向单家中小企业的产品开发或技术创新过程开展资助。资助额度根据地域、企业规模不同，相当于申请项目研发投入的 35% ~50%（每一项目资助额控制在 35 万欧元以内）。

（二）ZIM－KOOP

指面向中小企业或中小企业与大学、科研机构合作开展的产品开发或技术创新过程开展资助。资助额度根据地域、企业规模不同，相当于申请项目研发投入的35%～50%（每一项目资助额控制在35万欧元以内）；部分中小企业和研究机构合作项目支持力度可达100%（每一项目资助额控制在17.5万欧元以内）。

（三）ZIM－NEMO

指面向至少6家中小企业或科研机构组成的创新网络的产品开发或技术创新行动开展资助。资助对象为：申报项目的人员成本、购自第三方的采购成本（不超过总成本25%）、其他成本。采取分期资助方式，首期最高资助至全部项目成本的90%（每一项目资助额不超过15万欧元）；第二期的第1、2、3年最高可资助至全部成本的70%、50%、30%。单一网络的资助额最高不超过35万欧元。

该项目并没有终止。经过重新定义，其全新的计划纲领已于2015年再次公布，一直持续到2019年。相比较2008年的计划，新版计划更加鼓励跨国创新合作，有国外合作伙伴参与的ZIM项目，申请人将获得常规资助资金10%以上，最多不超过55%的额外奖励。

四、知识转移伙伴计划（KTP计划）——英国

知识转移伙伴计划（Knowledge Transfer Partnerships，简称KTP计划）是英国贸易与工业部在2003年开始设立的，它是由教研公司计划和院校与企业界的合作伙伴计划合并而来。其中教研公司计划是1975年英国贸易与工业部设立的，主要目的是让企业能够更充分地利用知识库单位的资源。院校与企业界的合作伙伴计划是从1996年开始试运行的，其知识库单位主要依托继续教育机构。

知识转移伙伴计划由企业、知识库单位和计划联系人三方组成，其中知识库单位主要为高校、研究所和继续教育机构，而计划联系人一般则由知识库单位的高校研究生担任，与高校等知识库单位签订劳动协议，在企业工作。该计划主要遵循以下流程：首先由企业提出自己对某项技术或者研发需求，然后向当地的知识转移伙伴计划协调机构咨询哪些知识库单位可以协助自己完成相关技术研发或相关项目，然后企业与选中的知识库单位进行协商并达成协议，最终向相关部门提交知识转移伙伴计划项目资助申请书进行审核批准。其中每个项目可招收一个或多个联系人，而知识库单位会派出专家经常性地到企业指导联系人开展相关科研工作，政府会对项目进行为期1～3年的部分资助（不足部分企业提供）。图3－1是知识转移伙伴计划的运行架构。

英国贸易与工业部每年都对知识转移伙伴计划的执行情况进行总结，并对优秀项目以及项目参与者进行评奖。从最近几年的年度报告可以看出，该计划通过将联系人置身于企业，有力地推动了知识库单位知识、技术和成果的转移和转化，提高了企业的研发能力，解决了它们的技术问题。同时，对研究生而言，由于实际参与了企业的研发，他们的水平和能力也提高了。

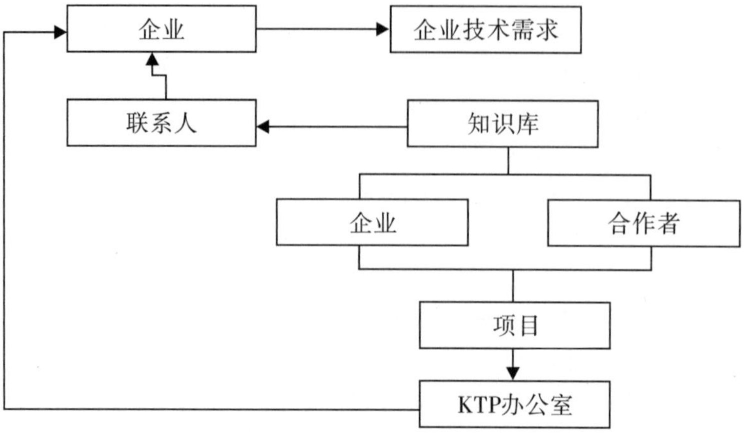

图3－1　知识转移伙伴计划的运行架构

第三节　国内发达地区科技服务业政策支持体系

20世纪80年代以来，在创新驱动的战略背景下，我国的科技服务业有了飞跃式的发展，已经成为支撑我国产业结构优化升级的关键。在2014年，国务院通过印发《关于加快科技服务业发展的若干意见》首次对科技服务业做出全面部署。作为国内科技服务业领先的省市，北京、上海、江苏等地区的科技服务业都是以政府为主导，政府在产业的发展中均扮演着关键性的角色。

一、北京市

北京聚集了我国最主要的科技资源，科技服务业发展规模和服务能力处于全国前列，起着示范作用。在20世纪80年代后，市政府颁布了多项与科技服务业相关的法律法规和政策，营造了良好的发展科技服务业的政策氛围。同时政府积极探索体制机制和立法创新，使其推出的各项政策法规能与时俱进，让科技服务业能在有效的引导和监督下得以发展。具体来看，自1998年起，北京市政府先后制定了50多部扶持科技服务业的政策法规和20多项配套政策，如《“科技北京”行动计划（2009—2012年）》等。

在2017年12月20日，北京市政府又出台了《北京市加快科技创新发展科技服务业的指导意见》，这份文件从各个角度对北京市的科技服务业进行深入部署，为今后几年北京市科技服务业的发展奠定了良好的政策基础。

（一）政策规划主要内容

1. 加快发展科技金融服务业

（1）完善创业投资和天使投资的引导机制。首先要积极引导社会资金流向创新创业和高新技术企业，对国有资本所参与的相关投资项目要建立一套完善的进入退出机制，并匹配相应的绩效评价体系。其次要对创业投资和天使投资给予一定的税收优惠政策，支持各类资本设立风投基金，并将资金投向高新技术产业。

（2）推动金融科技产品创新。鼓励金融机构积极探索多渠道的新型融资服务，如股权质押贷款、科技保险、产业链融资等，对第三方支付、众筹和互联网保险等科技金融新模式给予鼓励和支持。

（3）健全科技金融中介服务体系。支持国内外专业中介服务机构发展，如登记结算机构、资产评估机构、会计师事务所等，同时对搭建科技金融服务平台的机构给予支持和鼓励。

（4）鼓励金融领域科技创新。推动大数据、云计算等技术在互联网征信、风险控制、精准营销等方面的应用。支持人工智能等新技术广泛应用于支付、清算、保险等业务。积极开展互联网金融安全技术研究。

2. 壮大提升工程技术服务业

加强工程技术服务领域技术创新，积极发展高铁、核电、电力、能源等工程技术服务，打造知名服务品牌。

（1）推进工程技术服务领域技术创新。突破各个重大科技项目的关键技术和核心工艺等方面存在的技术难题，加强云计算、互联网、物联网、大数据等技术在各领域的研发应用，提升智能化水平。

（2）推动工程技术服务标准制订。支持企业联合高校、科研机构，积极参与工程技术服务领域国际标准、国家标准、行业标准制（修）订工作。支持在高铁、核电等领域开展国际标准制订工作。

（3）支持工程技术服务企业开拓国际市场。支持有能力的企业承接国际工程技术服务外包业务，积极开展对重点领域的境外投资业务和承包工作。借助相关信息平台发布国内外相关政策和投资环境等市场信息。

3. 做优做强研发服务业

围绕创新链完善研发服务链，积极培育研发外包服务业，支持各类新型研发机构和研发型企业发展。

（1）释放高校和科研机构创新研发活力。鼓励各高校和科研机构增加同企业间的沟通，通过承接企业横向课题、建立产业联盟、参与企业研发活动等方式为企业提供研发服务，支持高校和科研机构人员在企业兼职从事研发活动。

（2）重点培育一批研发型企业。支持和鼓励相关企业设立研发机构，参与国家重点实验室、技术创新中心等国家重点科研机构的建设，并建立相关产业创新中心和企业培育库，加大对高新技术企业的培育力度。

4. 积极发展创业孵化服务业

通过发展专业化创业孵化服务，引导创业孵化机构为高新技术企业创新提供支撑，推动创业孵化服务与实体经济紧密结合。

（1）强化面向高新技术产业的创业孵化服务。支持创业孵化机构围绕高精尖产业领域，聚焦前沿技术创新，建立完善“硬科技”创业项目发现、筛选、评价、培育和推进机制，促进项目孵化以及成果转化落地。

（2）促进创新创业服务生态系统升级。积极支持北京众创空间联盟、北京创业孵育协会、中关村创业生态发展促进会等社会组织发展，加强创业孵化服务资源整合，促进共享空间，降低企业创业成本，提高创新创业效率。

（3）积极融入全球创业孵化服务网络。鼓励创业孵化机构与其他国家开展合作，在海外建设孵化园区。利用疏解腾退空间，建设国际化专业孵化器集聚区，吸引国外知名创业孵化机构和高端创业项目在京落地，引入国外创业孵化的先进管理理念和经验模式。

（4）加大政策集成支持力度。落实国家有关政策，鼓励专业技术人员兼职、离职、创业，专业技术人员离岗期间，可保留相应的人事关系、基本工资待遇和社保相关待遇。进一步推动落实科技企业孵化器、大学科技园免征房产税和城镇土地使用税等优惠政策，探索将创投孵化器等新型孵化器纳入科技企业孵化器管理服务体系，并享受相应扶持政策。

5. 大力发展科技咨询服务业

积极发展各类专业化咨询业务，包括战略咨询、信息咨询、管理咨询等。

（1）提高科技咨询服务能力。支持科技咨询机构在科研项目管理、科技创新信息管理、科技园区管理、科技专业化会展服务、国际人才引进与培养等方面开展专业服务。支持科技咨询机构开展数据存储、分析、挖掘和可视化技术研究，加强行业数据库、知识库建设，探索运用新技术、新方法、新模型发展新型咨询业务。开展科技咨询专业服务平台应用示范，支持新型高端知识服务平台建设。

（2）扩大科技咨询行业影响力。支持科技咨询龙头企业开拓服务市场，加强宣传推介，塑造知名品牌；依托龙头企业，在战略咨询、管理咨询等领域推动形成国内科技咨询服务高地。充分发挥北京科技咨询业协会等行业组织的作用，整合行业服务资源，开展服务规范和标准制定工作，开拓服务市场，打造行业品牌，提升行业整体竞争力。

（二）政策保障措施

1. 加强组织领导

健全相关工作协调机制。政府有关部门加强沟通，密切协作，形成合力，共同推动科技服务业发展壮大。各区政府结合区域发展定位和产业特点，细化政策措施，完善工作机制，做好土地、人才等方面配套支持，为科技服务业发展营造良好环境。

2. 加大资金支持

加强市、区统筹，通过财政补贴、以奖代补、政府购买服务、贷款风险补偿等方式支持科技服务领域共性关键技术研发和公共服务平台建设。通过各类基金大力吸引社会资本参与到对科技服务企业的投资中，建立多元化资金投入体系，引导各类金融机构和资本市场支持科技服务业的发展。

3. 强化人才支撑

依托“海聚工程”“高聚工程”“科技北京百名领军人才”“科技新星”等人才计划，加大对科技服务领域优秀杰出人才的引进、培养和使用力度。推动科技服务国际化人才培训基地建设，与国际知名机构联合开展人才培养。

4. 做好监测分析

通过对相关科技服务业统计指标监测体系的完善，加强对行业的统计和监测。按照国家科技服务业统计分类标准，开展测算方法研究，准确把握行业发展现状。加强与智库机构的合作，开展科技服务业发展新技术、新模式、新趋势研究分析。

二、江苏省

科技服务业居于全国前列的江苏省已经形成了一套较完善的体系架构。从 2000 年以来，江苏省出台了多项政策推动科技服务行业的发展。而在 2015 年江苏省政府所出台的《加快科技服务业发展实施方案》中，进一步规划了全省未来五年的科技服务业发展方向，这对了解江苏省科技服务业的政策体系以及对广东省科技服务业的政策体系构建都具有十分重要的参考和借鉴意义。

（一）政策规划主要内容

1. 推动研发设计服务

以强化知识和技术密集型服务为重点，推动研发设计服务产业链向高端环节延伸。支持高校院所加强重点实验室等基础研究平台建设，发展未来网络试验设施、超算中心等重大科技基础设施，瞄准国际前沿提供前瞻性研发服务。支持江苏省产业技术研究院以及与国内外高校院所共建的新型研发机构，加强产业共性技术研究及其服务。引导支持大中型企业的研发机构独立运行，并积极为行业提供集成化研发服务。推动重大科研基础设施和大型科研仪器等公共研发资源开放共享。

2. 推动创业孵化服务

以构建完善的创业孵化服务生态系统为重点，着力延展“创业苗圃—孵化器—加速器”孵化服务链条。围绕新能源、新材料、物联网、大数据、生物医药、高端软件等战略性新兴产业及新兴业态，建设高水平的专业孵化器。加快推进新型孵化服务机构建设。支持龙头企业、投资机构、高校院所等领办或参股创办孵化器，引导国有孵化器建立市场化的运行管理机制，鼓励混合所有制孵化器建设。探索互联网新型孵化方式，推广“创投 + 孵化”模式。支持苏南国家自主创新示范区科技创新创业云服务平台建设。鼓励支持大学生、科技人员、留学归国人员等各类人才积极参与创新创业。

3. 推动技术转移服务

以加速科技创新要素顺畅流动为重点，推动技术转移服务平台化、市场化和体系化发展。建设技术信息交互平台，引导其面向地方、企业、高校院所、社会中介机构提供开放服务。推进国家技术转移苏南中心以及各类产学研合作智能对接平台、国际技术转移服务网络平台等建设。积极拓展高校技术转移中心及地方成果转化服务中心功能。大力支持中科院在我省实施的各类科技服务网络计划。建立各类科技服务业协同创新中心和技术转移联盟，帮助解决产业发展中遇到的各类关键性问题。完善产权交易市场，支持中小企业进行产权交易。

4. 推动科技金融服务

以推进“首投”“首贷”“首保”为重点，构建新型科技金融服务体系。围绕建立健全银行、证券、保险、创投及各类社会资本支持创新创业的投融资机制，推进科技支行、科技保险支公司、科技小额贷款公司等新型科技金融机构建设，创新科技金融服务模式，丰富科技金融产品；加快搭建科技金融信息服务平台，并支持商业银行建设公共服务平台；鼓励地方设立科技金融服务专项资金，依托科技金融合作创新示范区、创业投资集聚区、科技金融服务中心等开展科技金融服务创新探索。通过天使投资的引导作用，吸引海内外资金投向江苏省各类科技创新型初创企业。进一步扩大科技贷款风险补偿资金池，引导银行业金融机构支持中小微科技企业首次贷款。开展科技保险风险补偿试点，开发科技型企业履约贷款保证保险、产品质量险、产品责任险等产品，引导企业利用科技保险分担风险、推进自主创新。引导支持互联网支付、网络信贷、股权众筹融资等互联网金融服务中小微企业发展。

5. 推动知识产权服务

以形成知识产权全链条服务为重点，构建集信息服务、确权维权、管理咨询、布局策划、转化运营于一体的知识产权服务体系。突出知识产权信息传播和利用、确权受理和审查、成果展示和交易等关键环节，加强知识产权公共服务、运营和交易平台建设。支持知识产权服务机构开展知识产权运营、保险、托管、质押融资等新型业务，深度介入科技型企业、高校院所、新型研发机构创新全过程，推动形成以知识产权为纽带的研发、交易、产业化、投融资等的市场化机制。推进国家知识产权局专利局专利审查协作江苏中心、国家知识产权局区域专利信息服务（南京）中心等的建设，提升南京、苏州、镇江等地的知识产权服务业集聚发展实验区建设水平，促进知识产权服务业规模化、专业化发展。

6. 推动科技咨询服务

以战略规划、政策研究、产业分析、企业咨询等为重点，提升科技咨询服务整体水平。面向全省创新型企业提供各类咨询服务，包括管理咨询、企业创新咨询、产业技术战略咨询、科技评估和招投标等服务，满足高新技术企业的各类需求。立足江苏省工程咨询服务较强优势，加强资源集成，着力发展工程技术成套咨询服务。支持科技服务机构应用移动互联网、云平台等信息手段，面向市场开展科技培训、企业知识库建设等服务。支持科技发展战略咨询、产业创新研究机构开展国际国内交流合作，在数据分析、政策研究等领域打造国内外知名的专业化高端科技智库。

7. 加大科学技术的普及力度

以推动科普服务活动常态化、品牌化为重点，提高科普公共服务水平。推进纸质出版、网站、移动终端等多渠道全媒体科学传播，开展地铁、公交、学校、医院、商厦等公共场所的科普信息化，加强科普文章、视频、微电影、动漫等形式的科普作品创作。办好全国科普日、科技活动周等主题科普活动，创新活动形式，丰富活动内容。深入实施基层科普行动计划，推动科普工作重心下移。办好青少年科技创新大赛、青少年高校科学营等活动，着力提升青少年科学素养。推动各地加快建设现代化、有特色的科普场馆，鼓励企业、社会组织和个人参与建设科普基础设施。

（二）政策保障措施

1. 培育壮大科技服务主体

培育科技服务骨干机构。支持科技服务机构开展技术研发，加强科技服务工具、服务模式和服务产品创新，鼓励骨干服务机构制定相关科技服务标准。支持研发设计、创业孵化、技术转移、知识产权服务等领域的服务机构规模化发展，打造一批连锁型、平台型科技服务集团。支持龙头骨干机构通过兼并、重组和上市等途径做优做强，不断拓展国内外服务市场。

扶持科技服务小巨人机构发展。鼓励各类科技企业孵化器建设创客空间，放宽住所登记条件，实行"一址多照"和集群注册，支持科技服务小微机构创业。引导科技金融服务向科技服务中小微机构倾斜，支持科技服务中小微机构向高成长模式转型。加大集成支持力度，培育一批成长速度快、发展潜力大、服务市场占比高的科技服务小巨人机构。

支持服务主体创新服务模式。引导服务主体运用互联网、移动互联网、大数据、云计算等技术，推进"互联网+科技服务"融合发展，实现科技服务由线下服务向线下线上相结合转变，催生科技服务新模式新业态。支持建设云制造、移动医疗服务、互联网教育、智慧交通、农业电子商务等新型科技服务平台，促进科技服务跨领域发展。推动科技服务业与传统制造业有机融合，加快发展制造服务业。

2. 推进科技服务示范区建设

加快建设苏州自主创新广场、常州科教城等科技服务示范区，集聚更多科技服务骨干机构，构建贯通产业上下游的科技服务链，拓展服务功能，打造服务品牌，在科技服务业发展中发挥示范带动作用。支持科技服务骨干机构组建科技服务业联盟，开展跨领域融合、跨区域合作，发展全链条科技服务，形成集成化总包、专业化分包的综合科技服务模式。支持省级以上高新区建设科技服务特色基地，发展特色科技服务业。推动将苏南自主创新示范区内有条件的国家高新区纳入国家科技服务业区域试点范围。鼓励有条件的科技园区开展科技服务行业区域应用试点。

3. 加大财税支持力度

江苏省现代服务业专项引导资金对符合条件的科技服务业项目给予大力支持。江苏省创新能力建设计划项目、重点研发计划项目及政策引导类计划项目等，强化对科技服务标准研发、服务机构能力建设、科技公共服务平台和科技服务示范区建设等的支持。创新财政支持方式，完善科技创新券制度，激发企业采购科技服务的积极性；推进政府购买公共科技服务，促进科技服务业加快发展。认真落实科技服务业税收优惠政策，对认定为高新技术企业、技术先进型服务企业的科技服务机构，减按15%的税率征收企业所得税；其职工教育经费支出不超过工资薪金总额8%的部分，准予在计算应纳税所得额时扣除。加快落实国家大学科技园和科技企业孵化器的房产税、城镇土地使用税、营业税减免政策。根据财政部、国家税务总局、科技部《关于完善研究开发费用税前加计扣除政策的通知》（财税〔2015〕119号）要求，落实好科技服务费用税前加计扣除政策。逐步实现科技服务企业用水、用电、用气与工业企业同价。

4. 加强人才培育

围绕科技服务业重点发展领域，将科技服务人才纳入相关各类人才计划，加快培养引进高层次科技服务人才，特别是懂技术、懂市场、懂管理的复合型人才。借鉴国内外知名猎头公司的专业化引才手段，引进一批具有较强的市场意识、战略执行、经营管理和开拓创新能力的优秀职业经理人。加强科技服务业学科专业建设，鼓励高校根据地方产业需求设置科技服务业相关学科专业，加强产学研联合，培养符合市场需求的实践型科技服务人才。引导行业协会建立和完善技术经纪人、科技咨询师、评估师、信息分析师等人才培训和职业资格认定体系。

5. 拓宽融资渠道

建立多元化的资金投入体系，拓宽科技服务机构的融资渠道，引导银行信贷、创业投资、资本市场等加大对科技服务机构的支持，鼓励保险、担保机构为科技服务机构提供相关融资服务，支持科技服务机构上市融资和再融资以及到全国中小企业股份转让系统挂牌，支持符合条件的科技服务机构通过发行企业债券、公司债券、非金融债务融资工具等方式扩大融资。鼓励支持民营资本发展科技服务业，引导社会资本参与国有科技服务机构改制，促进股权多元化改造。

6. 深化开放合作

支持科技服务机构“走出去、引进来”。鼓励龙头骨干企业通过海外并购、联合运营、独立设置研发机构等方式，整合国际高端科技服务资源，拓展国际科技服务市场。鼓励有条件的科技服务机构在海外建立分支机构，提供联合研发、技术转移、知识产权、产品推广等服务。吸引技术研发、技术转移、知识产权、创业孵化、科技金融服务等领域的国际知名科技服务机构在江苏省设立分支机构或开展科技服务合作。引导外资企业在江苏省建立研发机构，开展产品设计、研发等高附加值创新活动，扩大技术溢出效应。

7. 强化基础支撑

优化市场环境。建立健全科技服务业标准体系，完善科技服务质量体系标准、管理标准和资质标准，加强分类指导，促进科技服务业规范化发展。发挥产业技术联盟、行业协会等第三方行业组织作用，建立社会化服务机构评价体系。加强科技服务机构信用建设，建立科技服务机构及其从业人员的信用记录和披露制度，完善科技服务机构信用信息管理系统。构建统一开放、竞争有序的科技服务市场体系，为各类科技服务主体营造平等参与、公平竞争的市场环境。加快建立科技报告制度，着力推动科技计划项目实施进展、科学数据等向社会开放。加强宣传和舆论引导，大力宣传发展科技服务业的重要意义，加大对优秀科技服务机构、成果和品牌的宣传力度，形成支持科技服务业发展的良好氛围。加强统计监测，建立健全科技服务业统计调查制度，定期发布相关情况，引导科技服务业持续健康发展。

第四节 政策启示及建议

近年来，我国经济已进入增长阶段转换期，服务业在经济增长中的比重不断提升。而科技服务业作为服务业与高新技术结合的产物，也越来越受到国家的重视。我国提出的国家创新驱动发展战略、科技部印发的《“十三五”现代服务业科技创新专项规划》的通知、各地区纷纷响应所提出的发展规划，都表明了国家对科技服务业发展的重视程度。虽然目前政府已经出台了多项政策对科技服务业的发展给予各方面的支持，但是在政策支持体系上我国与发达国家相比仍然具有较大的差距，而国内不同地区政策体系的成熟度也具有较大的差距。因此，由以上国外发达国家和国内地区科技服务业的政策体系内容，我们可以得到以下几个启示和相关建议。

一、完善相关政策的制定

尽管各个国家和地区的政策背景和环境都不尽相同，但是促进科技服务业的政策体系一般包含了以下几个方面的政策：

（一）创新发展政策

无论是美国的小企业创新研究计划，还是日本的《科学技术基本法》、德国的 ZIM 项目、英国的 KTP 计划、北京市对研发企业的重点扶植、江苏省的研发设计服务等，都是为了提高企业或是人们的创新研发能力发展，因为科技创新不仅是发展科技服务业的基础，更是建设创新型国家不可或缺的重要因素。因此国内外发达地区都将创新政策摆在了一个的核心位置。尽管我国已经出台了一系列政策推动国内的技术开发与创新能力的发展，但目前我国研发经费占 GDP 的比重仍不高，2017 年为 2.12%，距离发达国家整体水平（平均为 2.4%）还有一定的差距。未来我国研发投入还需不断加强，提升国家原始创新能力，为国家科技服务业的发展提供原动力。政府可以通过完善创新激励政策，或者加大财政科技的直接投入力度，对优先发展项目和重点投资项目给予更多的支持，同时鼓励各级政府设立科技服务业发展基金，探索地方配套资金投入机制，构建省市县的科技计划项目联动机制，形成合力，放大财政支持效果。

（二）金融支持政策

任何一个产业的发展都离不开资金的支持，而金融作为为其他行业提供融资渠道的一个领域，必然是在产业的发展中处于一个十分重要的地位。因此各地区政府通过给予科技服务业以各类投资或融资方面的支持，帮助这些处于成长中的企业更容易获取各类资金来进行研发或自身运营，通过营造一个良好的金融环境来推动科技服务业的发展。尽管我国部分地区已经开始建立相关的政策措施，但是大多数地区依旧没有意识到金融业的支持对科技服务业发展的重要性。政府可以通过加强与银行、担保机构和创投机构等多方间的合作，加快对我国科技服务机构投融资担保体系的建设，采取无偿资助、贴息、贷款担保、知识产权抵押等多种融资方式，建立和完善政府、企业及社会共同投资的多元化融资体系，同时鼓励和支持风险投资机构参与科技项目的产业化。

（三）税收优惠政策

相较于金融支持政策直接给予行业内的企业以资金支持，税收优惠政策是从税收方面对企业进行费用减免，帮助他们解决税收负担，间接为他们提供资金支持。在税收优惠政策的支持上面，我国已经有了较为完整的政策体系支持，但是我们仍然可以通过借鉴发达地区的模式，探索更为完善的税收优惠政策体系。包括规范中小企业创新的税收标准，清理税收中不合理的收费项目；降低总体税率，扩大税基，建立“低率广征，轻税重罚”的模式。同时可以借鉴我国香港地区政府做法，鼓励企业进军欠发达地区开拓市场，对这类企业给予税收减免等鼓励措施。

（四）人才培养吸引政策

高层次的复合型人才对各地区科技服务业的发展都是必不可少的，从政策上看，任何一个科技服务业较为发达的地区都拥有较为完备的人才支持和培育体系。对相关领域人才的培养和吸引可以提高本地的知识技术水平，同时知识的外溢效应也可以为该地区培养更多的人才，逐步提高整个区域科技服务业的整体水平，拉动地区的产业发展。我国可以通过以下三个方面来制定人才政策：一是制定中长期科技服务人才发展战略规划。优先培养高层次创新科技人才，构建科技人才储备系统，同时加强各地人才发展和人才交流合作。二是扩大科技人才培养途径。依托生产力促进中心和科技园区等中介机构，开展专业技能培训、专题讲座、行业资讯研讨等活动，强化实践教育，倡导企业承担人才实践与历练的社会责任。三是吸引高端人才。通过政策吸引高端人才和海外人士来华开展科技服务工作，完善人才奖励机制，同时要建立人才保障机制，协调和解决科技人才队伍建设中的重大事项。

二、不同地区政策发展方向

以上不同国家地区所采取的不同产业发展方式和政策既有共性又有各自的特点。而这些特点不仅与各个地区的经济发展水平相关，同时还与其文化、历史背景等方面息息相关。而对于我国来说，不同地区有着各自不同的发展特色，因此我们需要因地制宜，根据不同特征的地区提出不同的发展建议，这样才能让政策发挥其最大的效应。从以上发达地区的政策体系看，我们发现主要有以下几种类型：

（一）具有技术支撑的发达地区

大学是许多国家和地区研究力量的主要来源，而一个地区的大学尤其是顶尖大学的数量对一个地区的研发水平有着至关重要的影响。从国外发达国家来看，如英、美两国，已经掌握了世界上顶尖的知识水平，其诺贝尔奖获得者人数更是全世界排名前两位。而从国内发达地区来看，北京和上海聚集了全国大部分的顶尖大学，其科研实力在全国来说也是毋庸置疑。对于这类的发达地区，政策的主要引导方向应该是将技术成果转化为商品，使技术真正应用到社会上，切实推动地区科技服务业的发展。我国可以通过建立各类技术转移中心，为各类企业和学校之间的技术转移搭建桥梁，同时促进研发机构同企业之间的交流合作，建立相关合作网络，促进知识的交流和转移。而国内高校聚集的地区，如广东省、四川省、湖北省等地区均可以参考该方向进行科技服务业发展政策的制定。

（二）技术支撑不足的欠发达地区

尽管发达地区在科技创新和人才吸引能力方面较欠发达地区有得天独厚的优势，但是这并不代表科技服务业在欠发达地区无法发展。对于这类地区来说，要发展科技服务业，首先要提高地区的科技创新水平，培养创新意识，为产业的发展提供创新动力。而从各发达国家和地区的发展历史可知，中小型企业的创新效率和周期远远优于大企业。因此对于这类欠发达地区，政策的主要引导方向应该是从各方面支持中小企业创新，减少企业创新中面临的阻碍，促进本地中小企业的创新发展，这样才能从根本上解决发展科技服务业动力缺失的问题。政府可以通过以下三种方式来发展这些地区的中小企业：一是构建中小企业社会化服务体系。建立并完善以社会各类服务组织为基础，以省级中小企业服务机构为龙头，科技服务机构为骨干，覆盖全国的中小企业社会化服务网络。同时可以构建中小企业法律服务体系，完善知识产权制度，引导中小企业逐步迈进法制化的轨道。二是构建中小企业与科技服务机构双赢的合作机制。探讨政府购买服务管理模式，以政府购买服务和科技计划项目为抓手，建立两者之间的合作协议和机制。三是通过各类税收融资政策减轻中小企业负担，为中小企业发展提供资金和融资渠道。这对于我国大部分地区的科技服务业政策支持体系的制定具有一定的借鉴意义。

第四章　广东省科技服务业发展现状和前景

2014 年 10 月 9 日，国务院发布了《关于加快科技服务业发展的若干意见》（国发〔2014〕49 号），提出将深入实施创新驱动发展战略，目标到 2020 年基本实现覆盖科技创新全链条的科技服务体系构建。

近年来，在国家顶层设计的支持和引领下，广东省科技服务业的发展环境正积极改善，服务规模不断壮大，服务内容逐渐丰富，科技服务业正以年产值增长率 20% 的速度迅猛发展，科技创新驶入发展“快车道”。因此，本章将就广东省科技服务业发展现状和前景展开深入讨论。

第一节　广东省科技服务业发展现状

广东省委、省政府在科技服务业发展方面始终给予高度重视，2012 年就曾出台《广东省人民政府办公厅关于促进科技服务业发展的若干意见》，是我国首个省级层面出台的促进科技服务业发展的指导意见，将科技服务业的发展作为建设创新型广东、推动产业转型升级的重要抓手，深入贯彻实施创新驱动发展战略。

自 2016 年起，广东省科技工作已由深入谋划布局转入全面推进落实阶段。广东省科技厅披露的数据显示，全省科技综合实力和自主创新能力正稳步提升。《中国区域创新能力评价报告（2017）》表明，广东省区域创新能力综合排名首次超越江苏省，排名全国第一，打破了连续 9 年位居第二的僵局，跻身创新型省份；科技投入产出保持稳定增长，2017 年广东省研究与开发（R&D）经费支出占全省地区生产总值（GDP）的比重预计达 2.65%，研究与开发人员突破 70 万人，规模保持全国第一，发明专利申请量和 PCT 国际专利申请量同比增长均居全国首位；关键核心技术不断获得突破，2017 年技术自给率和科技进步贡献率预计达到 72.5% 和 68%。2012—2017 年是广东省科技服务业迅猛发展的 5 年，广东省的国家级重点实验室从 2012 年的 19 家增加到 2017 年的 26 家（如表 4 - 1 所示），省级重点实验室从 218 家增加到 306 家；2017 年，全省国家高新技术企业总量预计达 3.3 万家左右，是 2012 年的 5 倍，总量位居全国第一；高企入库培育企业累计达 1.6 万家，培育了一大批像大疆、柔宇科技、优必选等“独角兽企业”和高成长型高新技术企业。广东省正初步构建起开放型区域创新体系，以创新为主要引领和支撑的经济体系和发展模式正加速形成，为建设创新型国家不断提供新鲜经验和成功范例。

表 4-1　广东省国家级重点实验室名单（2016）

重点实验室名称	依托单位
有害生物控制与资源利用国家重点实验室	中山大学
华南肿瘤学国家重点实验室	中山大学
眼科学国家重点实验室	中山大学
光电材料与技术国家重点实验室	中山大学
制浆造纸工程国家重点实验室	华南理工大学
发光材料与器件国家重点实验室	华南理工大学
亚热带建筑科学国家重点实验室	华南理工大学
亚热带农业生物资源保护与利用国家重点实验室	华南农业大学、广西大学
呼吸疾病国家重点实验室	广州医科大学
同位素地球化学国家重点实验室	中国科学院广州地球化学研究所
有机地球化学国家重点实验室	中国科学院广州地球化学研究所
热带海洋环境国家重点实验室	中国科学院南海海洋研究所
农业基因组学国家重点实验室	深圳华大基因研究院
工业产品环境适应性国家重点实验室	中国电器科学研究院有限公司
无线通信接入技术国家重点实验室	华为技术有限公司
畜禽育种国家重点实验室	广东省农业科学院畜牧研究所
稀有金属分离及综合利用国家重点实验室	广州有色金属研究院
移动网络和移动多媒体技术国家重点实验室	中兴通讯股份有限公司
超材料电磁调制技术国家重点实验室	深圳光启高等理工研究院
废旧塑料资源高效开发及高质利用国家重点实验室	金发科技股份有限公司
抗感染新药研发国家重点实验室	广东东阳光药业有限公司
空调设备及系统运行节能国家重点实验室	珠海格力电器股份有限公司
新型电子元器件关键材料与工艺国家重点实验室	广东风华高新科技股份有限公司
直流输电技术国家重点实验室	南方电网科技研究院有限责任公司
“器官衰竭防治”省部共建国家重点实验室	南方医科大学
华南应用微生物省部共建国家重点实验室	广东省微生物研究所

数据来源：广东科技统计网站，http：//www.sts.gd.cn。

尽管成果喜人，但我们也必须清醒地认识到，广东省科技服务业发展仍存在薄弱环节和一些深层次问题，如缺乏明确有效的管理体制和规范，制约科技创新的思想观点和体制机制障碍仍然存在；人才队伍建设较为滞后，高层次人才缺乏；技术创新区域发展不平衡，国际化程度不高等。

本章基于近年来广东省科技服务业发展的相关动态，对广东省科技服务业发展的现状特点、存在的问题进行了探讨，并就广东省专业科技服务和综合科技服务的重点领域，帮助读者从宏观上把握广东省科技服务业的发展现状及前景。

一、广东省科技服务业发展现状特点

（一）顶层设计助推产业发展

近年来，广东省出台了一系列支持科技服务业发展、全面深化科技体制改革的政策文件，旨在推动广东省科技产业发展，实现产业转型升级，建设创新型广东。2012 年出台的《广东省人民政府办公厅关于促进科技服务业发展的若干意见》，是我国首个省级层面出台的促进科技服务业发展的指导意见。2014 年 6 月，省政府出台《关于全面深化科技体制改革加快创新驱动发展的决定》，提出要推动科技服务业创新发展，完善技术创新服务体系，提升科技成果转化能力。2015 年 2 月，广东省政府又正式发布实施《广东省人民政府关于加快科技创新的若干政策意见》（简称“粤 12 条”），该文件对于促进科技创新具有较强的普惠性和指导性，在全国率先实施企业研发准备金制度等重大创新举措，为创新驱动发展提供有力的政策保障。2015—2017 年广东省科技创新主要政策法规如表 4 – 2 所示。

广东省已然形成以政府顶层设计为指引、系列细化政策措施为抓手，全方位、多层次的科技创新政策体系，聚焦于高新技术企业培育、标杆企业重点服务、企业研发投入引导、科技金融融合、新型研发机构建设、孵化器和众创空间建设、人才集聚等。近年来，通过以超常规的手段推动各项政策法规贯彻实施，政策“组合拳”已初见成效，全省高新技术企业发展实现重大突破，孵化器数量、面积和服务能力全国领先，科技金融发展态势良好，高层次创新人才和团队加速集聚，全省科技服务业创新发展迈入“快车道”。

表 4 – 2　2015—2017 年广东省科技创新主要政策法规

发文日期	文件	文号
2015 年 1 月 26 日	广东省人民政府办公厅关于印发《珠江西岸先进装备制造产业带布局和项目规划（2015—2020 年）》的通知	粤府办〔2015〕5 号
2015 年 2 月 15 日	广东省人民政府关于加快科技创新的若干政策意见	粤府〔2015〕1 号
2015 年 2 月 15 日	关于印发《关于科技创新券后补助试行方案》的通知	粤科规财字〔2015〕20 号
2015 年 2 月 15 日	关于印发《广东省科学技术厅　广东省财政厅关于科技企业孵化器创业投资及信贷风险补偿资金试行细则》的通知	粤科规财字〔2015〕21 号
2015 年 3 月 6 日	广东省财政厅　广东省科学技术厅关于印发《广东省激励企业研究开发财政补助试行方案》的通知	粤财工〔2015〕59 号

（续上表）

发文日期	文件	文号
2015 年 3 月 30 日	广东省科学技术厅 广东省财政厅关于科技企业孵化器后补助试行办法	粤科高字〔2015〕37 号
2015 年 5 月 12 日	关于印发《关于创新产品与服务远期约定政府购买试行办法》的通知	粤财教〔2015〕91 号
2015 年 5 月 21 日	关于支持新型研发机构发展的试行办法	粤科产学研字〔2015〕69 号
2015 年 7 月 3 日	广东省人民政府关于创新完善中小微企业投融资机制的若干意见	粤府〔2015〕66 号
2015 年 8 月 24 日	广东省人力资源和社会保障厅 广东省科学技术厅关于进一步改革科技人员职称评价的若干意见	粤人社规〔2015〕4 号
2015 年 8 月 31 日	广东省人民政府关于取消非行政许可审批事项的决定	粤府〔2015〕86 号
2015 年 9 月 12 日	广东省人民政府关于贯彻落实《中国制造 2025》的实施意见	粤府〔2015〕89 号
2015 年 9 月 14 日	关于印发《广东省科学技术奖励专项资金管理办法》的通知	粤财教〔2015〕348 号
2015 年 9 月 23 日	广东省“互联网＋”行动计划（2015—2020 年）	粤府办〔2015〕53 号
2015 年 9 月 24 日	广东省人民政府关于印发广东省深入实施知识产权战略推动创新驱动发展行动计划的通知	粤府函〔2015〕266 号
2015 年 10 月 30 日	关于印发《广东省科学技术厅 广东省财政厅关于科技企业孵化器后补助试行办法》的通知	粤科高字〔2015〕37 号
2015 年 11 月 13 日	广东省人民政府关于印发《广东省推进文化创意和设计服务与相关产业融合发展行动计划（2015—2020 年）》的通知	粤府函〔2015〕314 号
2015 年 11 月 20 日	广东省人民政府办公厅关于深化高校科研体制机制改革的实施意见	粤府办〔2015〕58 号
2015 年 12 月 18 日	广东省人民政府促进大型科学仪器设施开放共享的实施意见	粤府函〔2015〕347 号
2016 年 1 月 14 日	广东省人民政府办公厅关于印发《广东省创新驱动发展工作考核实施办法》的通知	粤办函〔2016〕10 号

（续上表）

发文日期	文件	文号
2016 年 2 月 28 日	广东省人民政府关于印发深化广东省级财政科技计划（专项、基金等）管理改革实施方案的通知	粤府〔2016〕14 号
2016 年 3 月 10 日	广东省人民政府关于大力推进大众创业万众创新的实施意见	粤府〔2016〕20 号
2016 年 3 月 28 日	广东省人民政府关于印发实施《粤港合作框架协议》2016 年重点工作	粤府函〔2016〕85 号
2016 年 3 月 31 日	广东省人民代表大会常务委员会关于修改《广东省自主创新促进条例》的决定	（第 53 号）
2016 年 4 月 1 日	广东省人民政府关于印发《珠三角国家自主创新示范区建设实施方案（2016—2020 年）》的通知	粤府〔2016〕31 号
2016 年 4 月 29 日	广东省科学技术厅关于印发《广东省科学技术厅关于加强专业镇创新发展工作的指导意见》的通知	粤科产学研字〔2016〕54 号
2016 年 5 月 20 日	广东省人民政府办公厅关于印发广东省工业企业创新驱动发展工作方案（2016—2018 年）的通知	粤府办〔2016〕46 号
2016 年 6 月 2 日	广东省人民政府办公厅关于知识产权服务创新驱动发展的若干意见	粤府办〔2016〕49 号
2016 年 6 月 14 日	广东省人民政府办公厅关于金融服务创新驱动发展的若干意见	粤府办〔2016〕57 号
2016 年 6 月 24 日	广东省人民政府办公厅关于印发广东省全民科学素质行动计划纲要实施方案（2016—2020 年）的通知	粤府办〔2016〕64 号
2016 年 6 月 27 日	广东省人民政府办公厅关于加快众创空间发展服务实体经济转型升级的实施意见	粤府办〔2016〕69 号
2016 年 8 月 24 日	广东省科学技术厅关于印发《关于进一步提升我省科技企业孵化器质量水平的工作方案》的通知	粤科高字〔2016〕127 号
2016 年 9 月 13 日	广东省科学技术厅关于印发《广东省科学技术厅关于推进协同创新加快专业镇发展的实施意见》的通知	粤科产学研字〔2016〕138 号
2016 年 9 月 13 日	广东省人民政府办公厅关于深入推进科技特派员制度的实施意见	粤府办〔2016〕101 号
2016 年 10 月 11 日	广东省人民政府办公厅关于印发广东省建设大众创业万众创新示范基地实施方案的通知	粤府办〔2016〕108 号
2016 年 11 月 2 日	广东省人民政府关于印发广东省科技创新平台体系建设方案的通知	粤府函〔2016〕363 号

（续上表）

发文日期	文件	文号
2016 年 11 月 8 日	广东省人民政府办公厅关于进一步促进科技成果转移转化的实施意见	粤府办〔2016〕118 号
2016 年 12 月 1 日	广东省促进科技成果转化条例	（第 71 号）
2017 年 5 月 17 日	广东省人民政府关于印发广东省加快促进创业投资持续健康发展实施方案的通知	粤府〔2017〕62 号
2017 年 6 月 5 日	广东省科学技术厅关于印发《广东省科学技术厅关于新型研发机构管理的暂行办法》的通知	粤科产学研字〔2017〕69 号

资料来源：深圳市科技创新委员会网站，http：//www. szsti. gov. cn。

（二）高新区量质齐增，高新技术企业大幅增长

高新技术产业开发区是指在一些技术、知识密集的大中城市和沿海地区建立的专门发展高新技术的产业开发区。2017 年底，科技部发布了《2017 年度国家高新区评价（试行）》的结果，广东省 11 家国家高新区排名均实现提升（汕头高新区因新升级为国家级故未参与评比），如表 4 – 3 所示。评价结果显示，广东省高新区集聚创新资源能力、整体创新效能具有较大提升。

表 4 – 3　2017 年度广东省国家高新区排名

所在城市	名称	2016 年排名	2017 年排名
深圳	深圳高新技术产业开发区	4	2
广州	广州高新技术产业开发区	12	10
东莞	东莞松山湖高新技术产业开发区	26	23
珠海	珠海高新技术产业开发区	25	24
佛山	佛山高新技术产业开发区	38	29
中山	中山火炬高新技术产业开发区	44	38
惠州	惠州仲恺高新技术产业开发区	53	46
江门	江门国家高新技术产业开发区	71	64
肇庆	肇庆高新技术产业开发区	97	96
清远	清远高新技术产业开发区	112	110
河源	河源市高新技术开发区	141	130

资料来源：广东科技统计网站，http：//www. sts. gd. cn。

从财政科技投入来看，深圳、广州、惠州等多个高新区管委会的财政支出中对科技的

投入额远超全国平均水平。深圳高新区投入额达到92.4亿元，超过北京中关村，位居全国第一；从企业研发投入来看，2016年深圳高新区企业万元销售收入中R&D经费支出达到512.4元，位居全国第二。珠海和广州高新区该指标排名分别位列全国第三和第六位。显然，有力的创新投入在一定程度上保障了全省高新区可持续性发展。

同时，2017年23家省级以上高新区共实现营业总收入3.25万亿元，同比增长11.5%；工业总产值2.84万亿元，同比增长15.6%；出口6 636.27亿元，增长5.6%；净利润2 479.29亿元，增长19.8%。

此外，高水平创新创业平台有力支撑了产业技术创新与成果转化。广东省有6家国家高新区国家级孵化器，数量超过全国平均水平；广州高新区共有国家高新区国家级孵化器19家，位列全国第三；广州高新区拥有国家级研发机构数为144家，位列全国第五；佛山高新区拥有64家，位列全国第十三。同时，广东省高新区知识产权创造能力也处于全国领先水平，深圳、广州、珠海3家高新区当年新增的知识产权数（含注册商标）均进入全国前十。

随着创新驱动发展战略的贯彻落实，广东省组织实施了高新技术企业培育、企业技术改造、孵化育成体系建设等“八大举措”，配套实施广东高新区创新发展战略提升行动，推动高新区形成新的集聚效应和增长动力，紧紧抓住高新技术企业培育这一关键要点，高标准地开展了高新技术企业认定和培育工作，全省2016年新增高新技术企业8 814家，总量达19 463家，进入培育库的企业约7 500家，累计培育企业超过1.1万家，拥有华为、中兴、腾讯、比亚迪、大疆创新、金发科技等一大批具有国际竞争力的科技龙头企业。2010—2016年广东省高新技术企业数如图4－1所示。一批高新技术企业挂牌上市，形成广东省上市科技企业的梯队军团，2016年全省新三板挂牌企业累计超过1 500家，总量居全国第一，其中科技型企业占比近80%。据统计，2017年全省23家省级以上高新区实现营业总收入预计达3.4万亿元，同比增长15%。

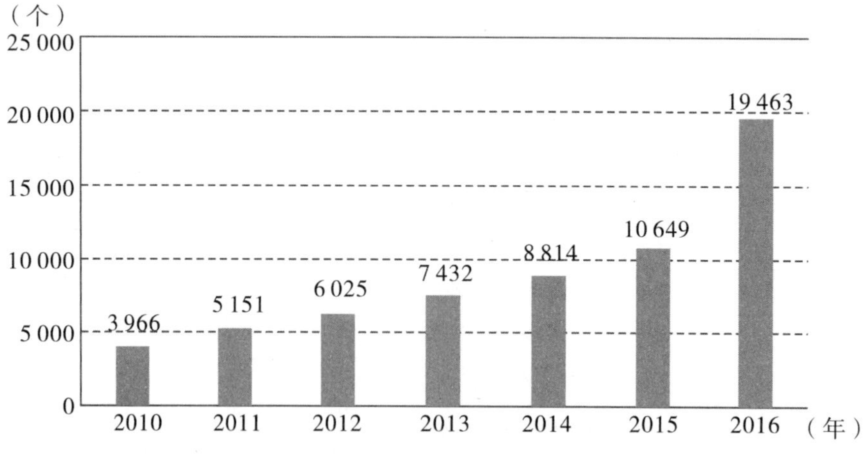

图4－1　广东省高新技术企业数（2010—2016）

此外，2017年12月25日，广东省出台了《广深科技创新走廊规划》，广州、深圳的龙头带动作用愈发凸显，“1+1+7”的区域创新格局逐步形成。以广州市为例，对于高新技术企业培育，广州市政府分层分类精准扶持，市区联动，举办高新技术企业认定宣讲培训会16场，2 600多家企业近4 000人参加。深入挖掘，筛选出5 000多家潜在企业精准服务、重点培育。全年推荐申请高新技术企业认定企业8 025家，是2015年（823家）的10倍、2016年（3 935家）的2倍；新增科技创新企业4万家，总数突破16.9万家；净增高新技术企业超过4 000家，总数超过8 700家，在2016年实现突破的基础上再上新台阶（2015年净增263家，总数1 919家；2016年净增2 820家，总数4 739家），连续两年呈爆发式增长，净增量仅次于北京。

（三）新型研发机构进入快速发展期

研发服务业属于科技服务业的一项重要分支，主要是以知识或技术提供技术开发、产品开发等相关服务。近年来，研发服务业发展非常迅速，尤其是市场经济下，商机稍纵即逝，企业为提高研发效率、缩短科技成果应用化进程，往往将内部不符合经济效益规律的研发活动外包给研发服务企业。

根据《2016年广东省科技经费投入公报》显示，广东省R&D经费投入保持稳定增长，投入力度进一步加大。2016年，广东省共投入R&D经费2 035.14亿元，比2015年增加236.97亿元，增长率13.2%；R&D经费占广东省地区生产总值（GDP）的比例为2.56%，相比2015年增长了0.09%。

根据活动类型来划分，广东省2016年用于基础研究的经费投入为86.02亿元，相比上年增长了58.7%；应用研究经费164.50亿元，相比上年下降了0.3%；试验发展经费1 784.62亿元，相比上年增长13.0%。近5年R&D经费细则如表4－4所示。

表4－4　广东省R&D经费情况（2012—2016年）

	R&D经费（亿元）	基础研究经费	应用研究经费	试验发展经费	R&D经费/广东省生产总值（%）	R&D人员人均R&D经费（万元）
2012	1 236.15	32.45	88.78	1 114.95	2.17	25.11
2013	1 443.45	33.82	102.77	1 306.86	2.32	28.77
2014	1 605.45	42.77	126.38	1 436.30	2.37	31.69
2015	1 798.17	54.21	165	1 578.96	2.47	35.84
2016	2 035.14	86.02	164.50	1 784.62	2.56	39.47

根据单位类型来划分，工业企业R&D经费投入1 676.27亿元，相比上年增长了10.2%；重点建筑业和服务业企业R&D经费投入147.76亿元，相比上年增长了131.7%；高等院校R&D经费投入108.08亿元，增长了71.6%；科研院所投入73.74亿元，增长了15.3%；其他企事业单位投入27.39亿元。

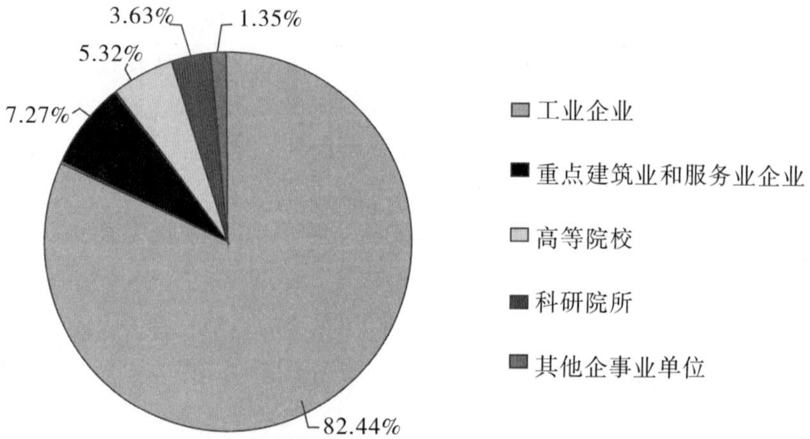

图 4－2　按单位类型划分的广东省 R&D 经费投入（2016）

根据区域来划分，珠三角地区 R&D 经费为 1 931. 77 亿元，占全省总量的 94. 9%，东翼、西翼、山区 R&D 经费共占 5. 1%。R&D 经费超过 40 亿元的地区依次有深圳、广州、佛山、东莞、中山、惠州、珠海和江门，共 1 909. 76 亿元，占全省总量的 93. 9%。显然，珠三角地区与粤东西北地区研发服务业发展非常不均衡。粤东西北在 R&D 经费投入上均存在很大差距。

表 4－5　2016 年广东省各市 R&D 经费情况

市	R&D 经费（亿元）	R&D 经费占 GDP 比重（%）
广州	457. 46	2. 34
深圳	842. 97	4. 32
珠海	55. 23	2. 48
汕头	14. 83	0. 71
佛山	200. 39	2. 32
韶关	13. 21	1. 08
河源	2. 52	0. 28
梅州	2. 91	0. 28
惠州	69. 88	2. 05
汕尾	6. 02	0. 73
东莞	164. 83	2. 41
中山	75. 97	2. 37
江门	43. 03	1. 78
阳江	9. 38	0. 74
湛江	9. 82	0. 38

（续上表）

市	R&D 经费（亿元）	R&D 经费占 GDP 比重（%）
茂名	16. 15	0. 61
肇庆	22. 02	1. 06
清远	6. 23	0. 45
潮州	6. 4	0. 65
揭阳	11. 96	0. 60
云浮	3. 94	0. 51

表 4－6　2016 年广东省各经济区域 R&D 经费情况

经济区域	R&D 经费（亿元）	R&D 经费占 GDP 比重（%）
珠三角	1 931. 77	2. 85
东翼	39. 20	0. 67
西翼	35. 35	0. 54
山区	28. 82	0. 54

近年来，作为研发服务业的重要组成部分的新型研发机构得到了较大的发展。新型研发机构，通常是指多元化投资机制、多样化模式组建、以市场需求为导向、企业化管理运作、具有可持续发展能力、产学研协同创新的混合所有制形式的创新组织，在一定程度上打破了传统研发机构体制机制僵化，无法适应产业发展和创新驱动需求的弊病。

广东省新型研发机构发展起步较早。1996 年 12 月，清华大学和深圳市政府就曾合作建立深圳清华大学研究院，揭开了广东省新型研发机构建设的序幕。如今广东省新型研发机构数量有了较大提升，分布结构趋于合理化。截至 2017 年底，广东经省政府批准认定的新型研发机构已达 219 家，数量超过全省科研机构的 1/3。其中，珠三角地区共有 191 家，占总数的 87. 2%，近 3 年粤东西北新型研发机构数量占比分别为 8. 9%、10. 6%、12. 8%，呈现逐步上升趋势。广东省新型研发机构数量前 5 名城市依次是广州、深圳、佛山、东莞、珠海，新型研发机构地市覆盖率为 95%，仅梅州市无新型研发机构。汕头作为粤东西北地区拥有新型研发机构数量最多的地市，全省排名第七。逐渐形成以广州、深圳为龙头，其他地市联合跟进的发展格局，有力地支撑了珠三角地区经济社会发展。

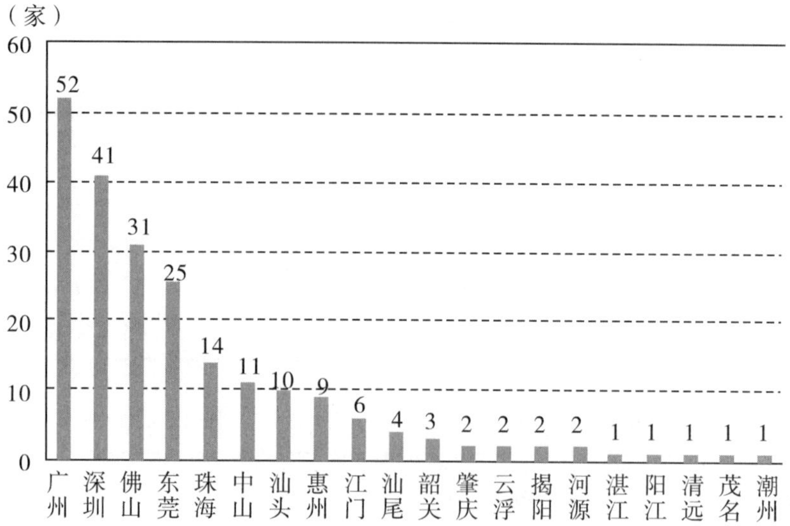

图4-3　广东省各城市新型研发机构数量（2017）

资料来源：广东科技统计网站，http：//www. sts. gd. cn。

从组建方分布来看，新型研发机构主要类型为院校与政府共建型和企业自建型，这两种类型机构占比高达60%。

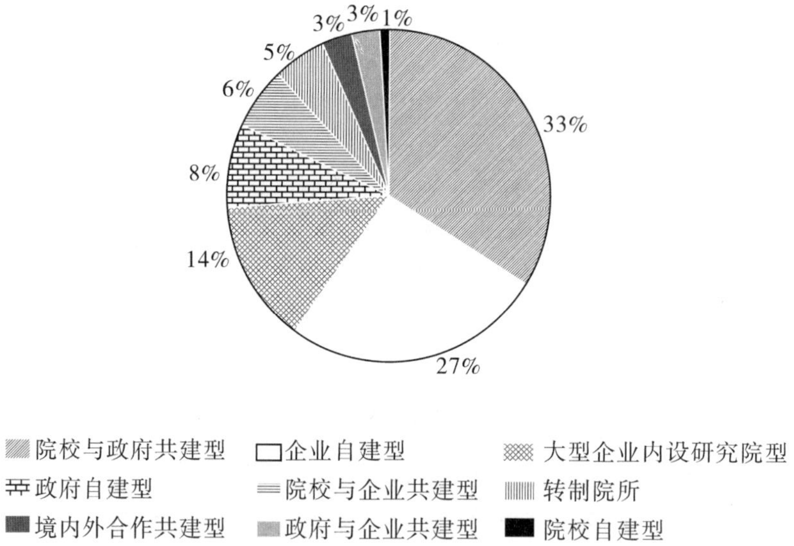

图4-4　广东省新型研发机构按组建方式分类（2017）

数据来源：广东科技统计网站，http：//www. sts. gd. cn。

2017年广东省新型研发机构办公面积达227万平方米，平均每家机构场地面积超1万平方米。科研仪器设备原价总值达108亿元，平均每家机构0. 5亿元。创新平台数不断增加，2017年，新型研发机构拥有国家级、省级创新平台数660个，平均每家拥有3个，近

3 年创新平台总数稳步增长，增长率约为 35.4%。

通过新型研发机构建设，广东省已经集聚了一批高层次创新人才。2017 年底，新型研发机构共有研发人员达 3 万余人，近 3 年年均增长 27.9%，平均每家机构从事研发工作的人数预计超过 140 人，形成了具备强大创新能力的研发团队。

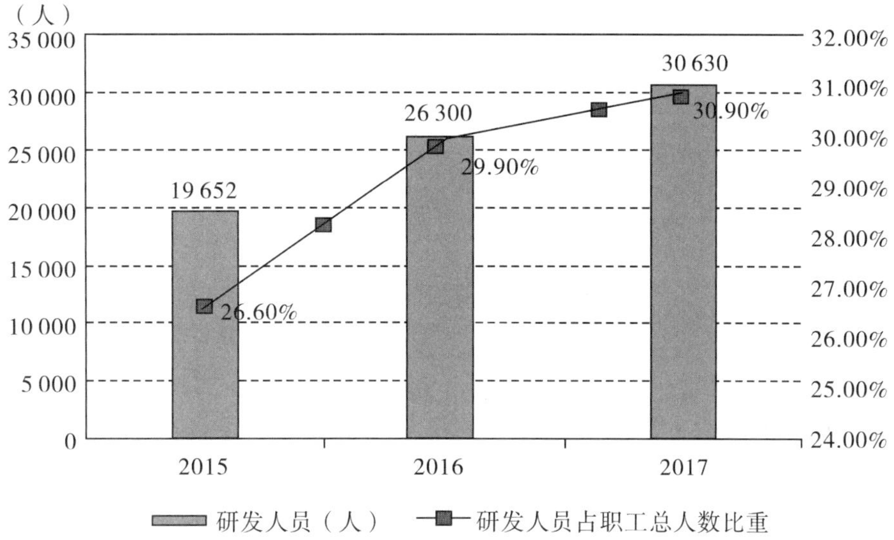

图 4－5　广东省研发人员数（2015—2017 年）

资料来源：广东科技统计网站，http：//www. sts. gd. cn。

广东新型研发机构研发产出能力得到大幅提升。2017 年新型研发机构有效发明专利拥有量达 8 454 件，近三年增长率约为 36%，平均每家机构有效发明专利拥有量达到 38 件。发表论文数预计达 6 994 篇，年均增长率约为 31.6%，平均每家机构 31 篇；同时，广东新型研发机构的成果转化能力也在不断增强。据统计数据显示，近三年，新型研发机构成果转化收入和技术服务收入不断增加，2017 年预计达到 614.5 亿元，平均每家机构达到 2.8 亿元；机构总收入预计达到 1 015 亿元，平均每家机构达到 4.6 亿元，近三年总收入增长率达到 45.7%，可持续造血能力不断强化。

显然，新型研发机构逐渐成为广东创新发展的新业态，有效推动创新资源和创新成果在当地集聚，创新能力显著增强。

（四）创业孵化育成体系不断完善

近年来，广东省主要依托高校、科研机构、大型企业、投资机构、社会组织等建设专业孵化器、加速器，鼓励综合性孵化器、加速器向专业化发展。支持引进外资和民间资本参与国有孵化器、加速器建设。积极鼓励有条件的地区建设布局异地、海外孵化器。大力发展创客空间、创业咖啡、创新工场等新型创业孵化平台，建设一批以科技成果转移转化为主要内容的专业化众创空间。探索发展众创、众筹、众包、众扶等“互联网＋”创新创业新模式。吸引集聚国际创新创业资源，在珠三角国家自主创新示范区建设国际化创业服务机构。建设一批面向港澳台和国际人才的众创空间、创业学院，搭建中国大陆及港澳台创新创业交流服务平台。

2017 年，为推动广东省创业孵化基地建设向更高水平迈进，发挥示范引领作用，确立广州高新区黄花岗科技园创意大道园区创新创业（孵化）基地等 10 家基地为“广东省创业孵化示范基地”，如表 4－7 所示。

表 4－7　2017 年度广东省创业孵化示范基地名单

所在城市	名称
广州	广州高新区黄花岗科技园创意大道园区创新创业（孵化）基地
	华南农业大学创新创业孵化基地
汕头	汕头市电商（五维）创业孵化基地
佛山	佛山天安科技创业孵化器有限公司创业孵化基地
	广工大数控装备协同创新研究院创业孵化基地
梅州	兴宁市电商示范基地（兴宁市技工学校）
东莞	东莞松山湖国际机器人产业基地
中山	中山市美居产业园
茂名	茂名高新区圆梦园创业孵化基地
清远	清远市华炬创业孵化基地

资料来源：广东省人力资源和社会保障厅网站，http：//www. gdhrss. gov. cn。

科技企业孵化育成体系逐步完善。在孵化器财政奖补政策的推动下，2016 年全省科技企业孵化器总量达 634 家，跃居全国第一，提前实现倍增计划，其中国家级孵化器达 83 家，在孵企业超过 2. 6 万家；2017 年全省科技企业孵化器预计达 690 家，在孵企业超过 2. 7 万家，新增毕业企业超 1 500 家，吸纳就业人数超 26 万人。众创空间达 500 家，其中 178 家纳入国家级孵化器管理体系，数量居全国第一。逐步建立“众创空间—孵化器—加速器”的全孵化链条，实现对企业全成长周期服务。

以广州市为例，孵化育成载体量质显著提升。2017 年，众创空间、孵化器分别达 164 家（国家级 53 家）、261 家（国家级 26 家），孵化面积 909 万平方米，优秀国家级孵化器数量连续三年居全国前列，孵化育成能力显著增强。广州市实施了靶向扶持，以孵化企业上市（挂牌）、高新技术企业认定、创业导师培养等为导向，给予众创空间、孵化器针对性奖励和补贴，引导其提升孵化服务能力和水平。2017 年第 6 届中国创新创业大赛广州赛区 12 家冠军企业中，10 家来自孵化器。在 IAB、NEM 领域涌现了达安医疗健康、冠昊生命与健康、华南新材料等一批专业孵化器。达安医疗健康产业专业孵化器以其独特的三链融合（企业链、创新链、资金链）模式，整合并开放内部资源平台，聚集生物医药企业逾 200 家，其中高新技术企业超过 20 家，新三板挂牌企业 9 家，创业板上市企业 1 家，进入 IPO 企业 10 家。

（五）高水平大学建设步伐加快

大学是科技的第一生产力以及人才资源的关键耦合点，高水平大学建设更是广东省创新驱动发展战略的重要支撑。2015 年 4 月，广东省率先启动高水平大学、高水平理工科大学（简称“双高”）建设，以“双高”对接国家“双一流”大学建设，加速输出高水平人才、成果和新型研发机构。广东省“双高”建设入选名单如表 4 -8 所示。

表 4 -8 广东省“双高”建设名单

	高校名称	建设项目
重点建设高校（7 所）	中山大学	
	华南理工大学	
	暨南大学	
	华南师范大学	
	华南农业大学	
	南方医科大学	
	广东工业大学	
重点学科建设项目（18 项）	广州中医药大学（3 项）	中医学；中西医结合；中药学
	广东外语外贸大学（2 项）	面向国际语言服务的外国语言文学创新体系建设；服务 21 世纪海上丝绸之路重大战略需求的经管学科融合创新体系建设
	汕头大学（3 项）	化学与材料学；感染性疾病研究与防治；绿色海洋产业技术学科群
	广东海洋大学（2 项）	基于南海现代渔业可持续发展的水产学科建设； 面向南海海洋变化与灾害预警的海洋科学学科建设
	广州大学（3 项）	土木与建筑学科群；数学与信息科学学科群；区域水环境安全与水生态保护学科群
	广州医科大学（2 项）	临床医学（呼吸病学）；基础医学（免疫学）
	深圳大学（3 项）	光电技术与材料学科群；智能信息处理学科群；特区经济与中国道路学科群
高水平理工科大学建设高校（7 所）	华南理工大学	
	广东工业大学	
	南方科技大学	
	佛山科学技术学院	
	东莞理工学院	
	广东石油化工学院	
	五邑大学	

资料来源：广东省教育厅网站，http：//www. gdhed. edu. cn。

经过第一轮高水平大学建设，广东省各高校已取得初步成果，学科实力和科研水平大幅提升。截至2018年1月，全省已有13所高校60个学科入围ESI（Essential Science Indicators）全球排名前1%，其中7所高校进入国内高校百强，学科总数较2015年1月增加25个，增长率71%，创历史新高。目前，广东两所高校共有6个全球前1%的学科，标志其已经达到国际顶尖水平，它们分别是中山大学的化学、临床医学，华南理工大学的工程科学、材料科学、化学和农业科学。

此外，在国家自然科学基金委员会公布的2017年第一批项目评审结果中，广东37所高校2 700多个项目获资助，资助金额达12.3亿元。同时，中山大学、华南理工大学、暨南大学等9所高校的立项数均进入全国高校百强。

表4-9 入选“2017年国家自然科学基金立项数全国百强”的9所广东高校

立项数全国排位	单位名称	资助项数	资助金额（万元）
2	中山大学	829	41 067.85
23	深圳大学	266	10 310.07
28	南方医科大学	239	10 467.2
30	华南理工大学	225	12 786.05
31	暨南大学	219	8 710
69	广州医科大学	131	4 786.66
79	广东工业大学	124	5 498.6
82	华南农业大学	121	5 520.77
98	南方科技大学	91	4 360

资料来源：广东省教育厅网站，http：//www.gdhed.edu.cn。

其中，暨南大学通过成功实施“工科振兴计划”等，优势学科稳步增长，新兴学科强势提升，立项排名由2015年的第73位、2016年的第53位，跃居至2017年的第31位，实现了项目高速增长的三级跳。显然，高水平大学建设作为一项长期战略任务，只要坚定不移地推进，必将培养出一批拔尖创新型人才，催生一系列高水平科研成果，构建出真正高效的科技成果转化体系。

（六）自主核心技术持续性攻关

当前，广东社会经济转型发展的重大瓶颈就在于缺乏核心关键技术。为创新驱动发展战略需要，广东省正积极组织实施重大科技专项。2016年底完成了一批重点领域核心关键技术和重大创新产品布局，其中53项核心关键技术达到国际领先或先进水平，181项达到国内领先或先进水平。2017年，广东省应用型科技研发专项共开展1 153项核心关键技术研发，其中99项瞄准国际领先或先进水平，325项瞄准国内领先或先进水平，产生创新产品635个，实现新增销售收入80.19亿元，新增利税12.84亿元。2017年，全省有效发明专利量和PCT国际专利申请受理量分别增长21%和55%。新组建产业技术创新联盟82

家，总数达204家，累计攻克产业关键性、共性技术4 000多项。此外，经由广东省政府批准，在2017年将广东省重大科技专项由原来的9个调整为10个，新增优化了“无人智能技术”“第三代半导体材料与器件”“精准医学与干细胞”等领域，已组织申报1 600项重大科技专项和应用型科技研发项目，如表4－10所示。

表4－10　广东省“十三五”期间重大科技项目

科技研发项目名称	简介	科技研发项目名称	简介
①计算与通信集成芯片	以小型化、智能化、网络化为方向，重点研发应用一体化功能核心芯片及相关辅助关键技术，并在智能终端、物联网、移动互联等领域实现产业化应用	②移动互联关键技术与器件	支持自主可控移动互联关键软件、新型硬件及信息安全核心技术与产品研发，建成一批支撑平台和产业集群。重点开展移动智能终端核心软件、关键器件、高速宽带无线接入设备、新型传感技术、移动自组织网络技术、移动云计算、移动大数据等重点领域的关键技术攻关、产品研发及推广应用
③云计算与大数据管理技术	重点开展面向智慧城市、智慧金融、智慧民生等行业特色鲜明的创新云服务系统规模化构建及关键技术部署，开展大数据智能关键共性技术（包括大数据存储管理、大数据推理、大数据深度学习、大数据智能分析和大数据商业智能数据挖掘关键技术等）研究；开展数字媒体图文大数据智能分析及智能化应用关键技术研发、云端结合的智能感知及智能交互技术研发，实现核心关键技术自主可控，促进广东省云计算和大数据技术的研究与应用达到国际先进水平	④智能机器人	开展机器人控制与驱动技术、感知交互、深度学习、传感技术、离线编程系统、可靠性技术及集成技术的研发，重点突破3D建模与造型技术、国产机器人减速器设计、机器人多传感器集成与控制技术等核心部件、结构设计与优化、复杂运动规划及控制等核心技术，加快机器人在工业领域的集成应用技术研究，建立若干应用示范生产线
⑤新能源汽车电池与动力系统	开展新型高能量、高功率比、低成本、高安全性、长寿命的磷酸铁锂系、三元系等新型电池材料、高性能、低成本的永磁电机、高效传动及其控制管理系统以及电池管理系统等核心技术研发	⑥增材制造（3D打印）技术	重点开展3D打印材料、高性能3D打印设备、激光3D打印复杂精密模具、增/减材复合制造、复杂零件/整体构件精密成形工艺等关键技术研发，研制金属、非金属3D打印装备，生物医疗3D打印可植入材料、配套设备和产品

（续上表）

科技研发项目名称	简介	科技研发项目名称	简介
⑦新型印刷显示技术与材料	开展可印刷TFT阵列背板以及性能提升的材料体系、可印刷发光显示或反射式显示材料体系、面向量产印刷柔性TFT背板和柔性高分辨彩色显示的工艺集成/制造关键技术的研究，加快相关新产品的研制及产业化	⑧第三代半导体材料与器件	开展第三代半导体材料技术研究，研发氮化镓（GaN）、碳化硅（SiC）衬底材料，氧化锌（ZnO）透明导电薄膜材料，氧化铟镓锌（IGZO）透明薄膜材料等；开展第三代半导体器件技术研究，研发半导体照明、高频大功率、激光显示、紫外发光与探测等核心器件；开展相应的专用制造装备
⑨精准医学与干细胞	基于精准基因组医学和分子流行病学总体设计，整合建立大型健康人群队列及疾病专病队列，建设综合性的精准医学大数据管理及共享分析平台、临床样本信息库。针对常见重大疾病，发现和验证新的可用于临床精准诊断的生物标记物和药物靶点，开发干细胞治疗药物、相关产品及仪器设备，制定和推广精准防诊治方案、临床指南或临床规范，建立典型疾病精准医学临床示范基地，构建具有地方特色的精准医学临床中心及示范、应用和推广体系	⑩无人智能技术	开展无人系统基础平台核心技术、自主决策技术、智能环境感知与交互系统、数据链通信系统、导航定位系统、产品质量安全风险评估等关键技术研究。探索无人智能技术的新型应用形态，建设无人智能关键技术研发及应用重大创新平台

此外，广东省近年来积极对接国家重大科技项目，已争取科技部委托广东牵头组织实施“宽带通信与新型网络”重点研发计划，同时申报承担了一批各专业领域的重点项目。积极支持大型工业企业研发机构，加快推进主营业务5亿元以上工业企业实现研发机构全覆盖工作。

（七）创新人才队伍建设成效明显

正如2018年3月7日习近平总书记在广东代表团参加审议时所强调的：“发展是第一要务，人才是第一资源，创新是第一动力。”近年来，广东省出台《关于加快吸引培养高层次人才的意见》等一系列极具震撼力的政策措施，打造广州留交会、深圳高交会、佛山博交会等招才引智品牌，实施珠江人才引进计划、南粤百杰培养工程，培育引进了一大批产业发展急需的创新型人才和科研团队，其中，累计引进5批“珠江人才计划”共117个创新创业团队。2016年新增“两院”院士7人，新建院士工作站12家，吸引全国115名院士来广东开展产学研合作工作；新建企业科技派员工作站16个，人员超过4 600名，帮助企业解决一批核心技术难题。据统计，2016年全省人才总量为1 357.3万人，“两高”人才比例不断提升，高端创新型人才数量不断增多。目前，在粤工作院士153人（含双聘院士115人），“千人计划”入选者431人。显然，全省高层次人才队伍不断发展壮大，为广东省建设国家级科技产业创新中心源源不断地注入新的血液。

以广州市为例，创新人才和团队集聚有新成效。广州市积极落实“1+4”人才政策，推进产业领军人才集聚，评选出创业领军团队11个、创新领军团队10个、创新创业服务领军人才9人、杰出产业人才29人。广州地区5位创业人才入选第14批国家“千人计划”创业人才项目，入选人数与上海并列全国第一。广州市还加强青年科技人才培养，遴选珠江科技新星近900人，自2011年以来，涌现了以中山大学中山眼科中心林浩添、中科院广州生物医药与健康研究院陈捷凯、广电运通金融电子股份有限公司梁添才为代表的一批青年专家学者。在穗工作的诺贝尔奖获得者6人、两院院士79人、“千人计划”专家281人、“万人计划”专家95人。华南理工大学引进的中科院唐本忠院士在世界上最早提出聚集诱导发光概念，在光材料研究领域取得重大原创突破，获得2017年度国家自然科学奖一等奖。

（八）科技金融结合扎实推进

近年来，广东省先后出台并实施《广东省人民政府办公厅关于促进科技和金融结合的实施意见》《关于发展普惠性科技金融的若干意见》等一系列政策措施（如表4-11所示），着力建立健全以市场为导向、以产业为支撑、政产学研金紧密结合的科技金融服务体系，取得明显成效。

表4-11　广东省科技金融相关政策文件

年份	文件	主要内容	作用
2015	关于发展科技保险支持科技创新的意见	鼓励有条件地市大力发展科技保险事业；支持保险公司加强产品和服务创新；进一步加大科技保险政策支持力度等	发挥科技保险作用，促进科技创新
2015	广东省人民政府关于创新完善中小微企业投融资机制的若干意见	建立省中小微企业信用信息和融资对接平台；设立省中小微企业发展基金；大力发展创投、风投等基金；完善中小微企业信贷风险补偿机制等	创新完善中小微企业投融资机制，缓解其面临的融资难、融资贵问题

（续上表）

年份	文件	主要内容	作用
2016	广东省人民政府关于印发《珠三角国家自主创新示范区建设实施方案（2016—2020年）》的通知	支持金融机构在科技资源集聚地区设立科技支行、科技小额贷款公司等机构；大力发展创业和股权投资市场；推进广、深、佛三地的股权交易中心创新发展等	支持金融机构及金融服务平台建设，优化企业投融资渠道，增强企业创新能力
2016	广东省人民政府办公厅关于加快融资租赁业发展的实施意见	加强融资租赁行业培育引导；改革制约融资租赁发展的体制机制；加快重点领域融资租赁发展；加强融资租赁事中事后监管等	大力发展融资租赁服务，促进实体经济发展
2016	广东省人民政府办公厅关于金融服务创新驱动发展的若干意见	拓展服务创新驱动发展的多元化融资渠道；建设服务创新驱动发展的金融平台和机构体系；完善服务创新驱动发展的金融保障机制等	推动全省金融改革创新，促进金融更好地支持创新、实体经济及对外开放合作
2017	关于发展普惠性科技金融的若干意见	探索设立科技股权基金，引导银行开展科技企业股权质押贷款业务；用好科技企业信贷风险准备金，引导银行扩大科技信贷；鼓励和支持金融机构开展金融创新，积极开发普惠性科技金融产品等	进一步扩大科技金融的普惠面，更好服务科技型中小企业发展和激发大众创新创业活力，不断增强实体经济新动能

在政策推动下，广东省科技金融产业融合逐渐向纵深发展。全省21个地市均通过财政设立风险补偿金池或贷款贴息等方式，鼓励银行扩大科技信贷，全省资金池规模超过60亿元。截至2017年6月底，银行向高新技术企业贷款达3 258.88亿元。科技金融服务平台建设取得重要进展，在全省范围内建立了31个科技金融综合服务中心。广佛莞地区和深圳首批国家促进科技和金融结合试点取得显著成效。目前，珠三角地区创业投资基金规模达3 000亿元，上市企业1 500多家。整合设立财政出资71亿元的广东省创新创业基金，加快引导社会资本投向科技型企业。

此外，积极开展普惠性科技金融试点。广东省选取了广州、佛山、东莞、珠海、汕头、清远和湛江为试点，联合省建设银行、中大创投等机构，建立中小微科技企业专属评价体系和普惠性科技金融试点工作服务网络；2017年一季度已累计投放271户普惠性科技金融项目，投放金额5.68亿元。重点支持广州市建设创投中心，省市拟共同出资联合设立科技企业股债联动基金。加强与深圳证券交易所等合作，结合高新技术企业培育工作，拟开展促进科技企业挂牌上市专项行动，加快广东科技企业上市步伐，使资本市场更好地服务实体经济。当前全省高新技术企业已在海内外上市528家，在新三板挂牌1 271家，在新四板挂牌264家；2017年一季度新增国内上市高新技术企业38家（深圳中小板12家、创业板20家，上海主板6家）。

同时，不断健全科技财政资金与银行、担保、租赁、保险、创投以及民间资本的联动机制。创新银行信贷模式，引导银行投入科技信贷资金超过200亿元，创业投资管理规模超过1万亿元。积极开展普惠性科技金融试点、“互联网+创新创业”试点示范等工作，推动科技金融产业融合发展。建立以线上服务网络和29个科技金融综合服务分中心为节点的全省科技金融服务体系。

以广州市为例，科技金融撬动效应愈加显著。4亿元规模的广州市科技信贷风险补偿资金池推动银行授信金额超过100亿元，发放贷款60亿元，全国同期规模最大；新增广州股权交易中心挂牌企业1 472家、新三板挂牌企业116家，总数分别达4 328家、465家；在全国率先设立海珠、黄埔、天河三座风投大厦。实施打造具有国际影响力的风投创投中心行动计划，财政投入50亿元的科技成果产业化引导基金获批，全国首个创新资本研究院、广州首个创投小镇落户洋湾2 025创新岛；成功举办全国首个创投周，超过100家科技企业获得机构意向投资。实施科技信贷行动计划，科技信贷风险补偿资金池新增备案企业4 700多家，累计超过9 000家；978家获得贷款企业中，首次获贷比例达34%，纯信用贷款比例达73%，切实解决中小型科技企业融资难、融资贵问题。实施以新三板挂牌为抓手的多层次资本市场行动计划，推动全国中小企业转让系统华南分中心落户荔湾区新三板大厦，与广州股权交易中心联合共建“科创板”，建立数据库对3 000家科技企业开展挂牌重点服务。465家新三板挂牌企业中，科技型企业423家，占比91%；新增主板上市企业18家，科技型企业达17家。科技和金融的深度结合，将引导社会资本向种子期、初创期科技企业集聚，培育一批具有竞争力的本土创业投资机构，将广东打造成国际风投创投中心。

二、广东省科技服务业发展存在的问题

尽管近年来，广东省科技服务业发展势头良好，服务内容不断丰富，服务模式不断创新，新型科技服务组织和服务业态不断涌现。但也必须充分认识到，广东省科技服务业仍然处于发展初期，科技服务业仍存在一些薄弱环节和深层次问题。主要表现在以下几个方面。

（一）政府政策尚需加大力度督促落实

由于广东地区社会经济差异较大，科技服务业相关政策在各地市落实情况也不尽相同，珠三角地区各项政策执行情况相对较好，粤东西北地区限于各类原因，在政策执行上力度较弱；同时，由于部分政策涉及面较广，协调难度较大，部分单位和人员的意识观念尚未转变，导致落实情况不理想。例如，2016年，广东省相关部门对全省各地市落实“科技创新12条”政策进行的第三方评估。结果显示，大部分地市落实情况总体较好，其中珠三角多个地市评分80分以上，粤东西北个别地市评分在60分以下。因此，为保证科技服务业量提质增，必须加大力度督促政府相关政策落实，为科技服务业发展保驾护航。

（二）科技服务业总体实力不强和结构不合理

随着广东省科技服务业发展对科技服务的市场需求日益增大，广东省科技服务业体量相对偏小，对国民经济贡献仍偏小。从科技服务产业链来看，广东省科技服务业的前端比较薄弱。国际科技发展动态研究、新兴产业分析、产业技术预测、科技服务需求研究等领域都缺乏训练有素的人才和机构；从科技服务业结构来看，科技服务机构各业务领域的发展不平衡，如在服务类机构中，工程技术研究中心、生产力促进中心、孵化器发展较快，而科技评估、检测、设计和创业投资服务等为科技与金融结合的服务机构及市场行为的监督机构发展缓慢；从科技服务业服务的技术领域上看，生物医药、电子信息领域的科技服务机构发展较快，而能源、环境、材料、航空航天技术等领域发展较慢。此外，粤东西北与珠三角地区科技服务业发展非常不均衡。粤东西北在经济发展、公共服务、人才集聚等方面与珠三角都存在很大差距。

（三）科技服务机构运行机制不健全，市场化程度不高

广东省的科技服务业最早可追溯到社会主义市场经济体制改革时期，彼时中国尚处于经济转轨时期，广东的科技服务机构大都是由政府设立或间接投资设立，“官办”“半官办”的色彩很浓，机构设立规范程度不高，部分科技服务机构依附性强，公正性差，这也导致科技服务业市场化程度较低，市场主体不健全。现如今，这一弊病依旧未被破除，政府部门与科技服务组织之间过分紧密的联系，使得科技服务企业过度依赖政府的科研项目或特定工作任务存活，缺乏主动适应市场机制的业务积极性和独立性，缺乏竞争意识和服务意识，内部无有效的竞争机制和约束机制，这也导致广东省科技服务业的服务模式较为落后，服务水平较低，专业化程度不高，没有充分发挥服务科技与经济的桥梁纽带作用。长此以往，在新一轮科技革命浪潮下，广东省科技服务业将难以适应国内乃至国际科技服务业市场竞争的需求，不足以面向市场提供高智力的服务业务。更有甚者，在激烈的市场竞争压力下，一部分科技服务机构采取托关系、返回扣、提供虚假报告等低劣手段争取项目，致使市场发展较为混乱。

（四）人才队伍建设比较滞后

科技服务业是一个知识密集型产业，其发展涉及多类高素质复合型人才，要求其具备良好的专业素养和专业技能，既精通现行经济运行、科技发展规律，还需要敏锐的市场观察力和丰富的创新服务经验。只有不断吸纳更多的高素质复合型人才，才能为科技服务业的发展注入更多的活力和创新动力，提高服务质量。然而，目前广东省科技服务业的从业人员大多从研究所、设计院、高等院校转化而来，专业的咨询知识、经验、技能较为缺乏，市场观念、实战能力不强。加之其他兄弟省市科技服务业发展需求日益增加，广东许多科技服务机构规模相对较小，知名品牌匮乏，专业化服务水平较低，对于高端科技人才的吸引力不足，难以吸引高素质人才加盟，因此，相关从业人员的整体素质较低，良莠不齐，高端研发人才和具有创新性、跨领域整合与管理实务历练的人才严重缺乏，人才队伍建设较为滞后，很大程度上束缚了广东科技服务业的发展。

（五）思想观念有待转换

随着新一轮科技革命和产业变革浪潮的冲击，科学技术研究对象和研究领域更加复杂广泛，传统机械性的思维模式难以适应新科技革命浪潮发展需要。然而，广东省部分企业高层仍然存在线性发展思维，固有的路径依赖限制了他们的想象力，对于科技服务的重要性缺乏深刻认知，甚至将科技服务看作是不必要的环节，试图不依靠科技服务业，通过“大包大揽”的方式将产品研发到产业化的全过程囊括于企业内部，不主动与先进科技服务企业交流和沟通。显然，这种故步自封的思维观点是不可取的，科技服务业是一个充满机遇的产业，只有积极去拥抱科技变革，提高对科技服务业的认识，才不至于错失行业发展、产业升级的良机。

第二节　广东省科技服务业发展前景

2017 年 3 月 22 日，广东省科技厅、省发展改革委印发了《“十三五”广东省科技创新规划（2016—2020 年）》，指明近年来广东省通过全面深化科技体制改革，全省科技服务业有了长足的发展，综合实力位居全国前列。然而，面对新一轮科技革命、产业变革的浪潮，广东省科技服务工作机遇与挑战并存，只有深刻认识并掌握经济发展新常态的新要求和国内外科技创新发展的新趋势，广东科技服务业方能立于不败之地。

一、发展目标

《“十三五”广东省科技创新规划（2016—2020 年）》指出“十三五”期间广东省科技服务业的发展目标如下：

到 2020 年，国家科技产业创新中心基本建成。全省形成比较完善的技术创新市场导向机制与产学研协同创新机制，培育出一批具有国际竞争力的创新型企业和产业集群，开放型区域创新体系更加完善，自主创新能力大幅提升，全省主要科技创新指标达到或超过世界创新型国家和地区平均水平；珠三角国家自创区建设取得明显成效，整体创新能力跻身世界先进行列，有力支撑“三个定位，两个率先”总目标的实现。

（1）研发投入大幅提高。到 2020 年，全省研究与开发（R&D）投入占地区生产总值（GDP）的比重高于 2.8%，全省每万人研发人员全时当量达到 50 人年。

（2）原始创新能力显著增强。到 2020 年，省级新型研发机构达到 200 家，全省基础研究和核心技术攻关能力实现较大突破，每万人口发明专利拥有量达到 20 件；新增引进创新创业团队 200 个，引进领军人才 200 名；建成一批大科学工程和高水平大学，力争在若干重要科学前沿、关键领域实现突破，取得一批具有国际影响力的重大科学发现和技术发明，国际学术论文产出量在全国排名进入前 3 位。

（3）企业技术创新主体地位更加凸显。到 2020 年，国家高新技术企业达到 2.8 万家，建成省级科学技术企业孵化器 800 家以上，在孵企业 5 万家以上；全省大中型工业企业建有研发机构比例达到 30%，年主营业务收入 5 亿元以上工业骨干企业实现研发机构全覆盖。

（4）科技创新支撑引领作用充分发挥。到2020年，全省科技进步贡献率超过60%，技术自给率超过75%，知识密集型服务业增加值占GDP比例达20%，高新技术产品产值占工业总产值比重超过43%，规模以上高技术制造业增加值突破11 500亿元，高技术制造业增加值占规模以上工业增加值比重达到30%，省级以上高新区实现营业总收入超过4万亿元，形成30～50个具有较强国际竞争力的创新型产业集群。

表4－12 “十三五”时期广东科技创新规划指标与目标值

序号	指标	2015年指标值	2020年目标值
1	R&D/GDP（%）	2.47	2.8
2	科技进步贡献率（%）	57	60
3	技术自给率（%）	71	75
4	每万人研发人员全时当量（人年）	46.2	50
5	知识密集服务业增加值占GDP比重（%）	16	20
6	高新技术产品产值占工业总产值比重（%）	40.2	43
7	高新技术产品出口占全省出口比重（%）	36.3	37
8	高新技术制造业增加值占规模以上工业增加值比重（%）	27	30
9	每万人口发明专利拥有量（件）	12.95	20
10	省级新型研发机构数量（家）	124	200
11	国家高新技术企业数量（家）	11 105	28 000
12	科技孵化器数量（家）	399	800

资料来源：《“十三五”广东省科技创新规划（2016—2020年）》。

表4－13　广东省技术创新举措

目标	具体措施	简介
建设国家自主创新示范区	扎实推进创新驱动重点工作	聚焦加快推进珠三角国家自创区建设，提出强化顶层设计、落实八大抓手、加强协同推进力度等重点任务
	推动高新区创新发展	引导高新区提质升级、大力发展创新型产业集群、提升高新区国际化水平等
	加快专业镇转型发展	实施“重点示范专业镇”行动、建设专业镇协同创新中心、推进传统优势产业升级等
	促进区域创新协同发展	开展打造珠三角科技创新共同体、提升粤东西北地区区域创新能力、促进珠三角与粤东西北创新联动等重点任务
大力发展高水平创新主体	强化企业创新主体地位	培育创新型企业、增强企业研发机构建设等
	增强高校科研院所创新能力	全面推进高水平大学建设、支持省科学院加快建设发展、加强科研院所能力建设等
	大力发展新型研发机构	完善新型研发机构发展政策、加大新型研发机构建设力度、推动新型研发机构质量和数量提升等
	培育造就创新型人才队伍等	提出加速高端创新人才集聚、加强青年创新人才培育、提升服务创新人才能力等重点任务
占领重点领域核心关键技术制高点	深入实施重大科技专项	继续深入实施九个重大科技专项，并在超高速无线局域网、北斗导航和卫星通信应用、第三代半导体材料和器件、无人智能技术、精准医疗等新兴产业发展领域，启动实施一批新的重大科技专项
	构建具有国际竞争力的现代产业技术体系	在新一代信息技术、智能绿色制造、新能源、新材料、现代农业等八大领域，加强关键环节的科技攻关并突破一批关键核心技术
	健全民生改善社会和谐发展的技术体系	重点围绕人口健康、生态保护和公共安全三大领域进行部署
	进一步加强基础研究	争取国家布局建设综合性科学中心、加强科学前沿探索等重点任务

（续上表）

目标	具体措施	简介
健全科技创新重大平台体系	加强实验室体系建设	以广东省实验室为引领推进实验室体系建设，启动建设广东省实验室、实施国家重点实验室倍增计划、推进省重点实验室提质培优等
	建设技术创新中心体系	提出推进技术创新中心建设、加强工程技术研究中心建设等重点任务
	完善科技成果转移转化服务体系	推进各类科技成果转化服务机构、技术交易平台、科技成果产业化基地等的建设以及强化科技成果中试熟化等
推动大众创业、万众创新	加快建设科技企业孵化育成体系	大力推进科技企业孵化器建设、积极支持专业化众创空间发展、加强孵化培训和创业辅导体系建设等
	深化科技金融结合	继续推进试点示范工作、深入推进科技信贷发展、培育和发展创业投资、大力发展多层次资本市场、完善科技金融服务体系等
	健全科技公共服务体系	提出推动科技服务业跨越发展、加强公共研究开发平台建设、推进科技中介服务机构建设等重点任务
	加强知识产权和技术标准工作	大力强化知识产权运营和保护、提高广东质量标准水平等
全面深化创新体制改革	系统推进全面创新改革试验	提出提升政府创新服务能力、完善科技成果转化和评价激励制度、健全创新投融资机制等重点任务
	深入开展科技管理体制改革	提出推进建设现代科技创新治理体系、完善科研项目管理制度、深化科技创新评价制度改革、加强创新基础制度建设等重点任务

资料来源：《“十三五”广东省科技创新规划（2016—2020年）》。

二、前景展望

2017年4月13日印发的《广东省现代服务业发展“十三五”规划》对科技服务业的发展前景进行了展望，具体包括以下方面：

（1）加快构建覆盖科技创新全链条、产品生产全周期的科技创新和创业创新服务体系。重点发展研究开发、工业设计、创业孵化、科技咨询等服务，做大做强科技成果转化、技术转移、知识产权运营交易等重点环节。

（2）着力构建开放型区域创新体系，强化企业技术创新主体地位，加快新型研发组织建设。支持大型骨干企业牵头组建产业技术创新联盟和产业共性技术研发基地。

（3）加快建设一批新兴产业“双创”示范基地，支持建设互联网创业孵化基地，发展开源社区、社会实验室、创新工场等互联网创新平台。

（4）创新和完善科技服务产业链条，培育发展科技服务外包、科技金融、科技信息等新兴产业。大力发展知识产权服务，做强检索、分析、数据加工等基础服务，培育知识产权转化市场化服务，加快国家知识产权局区域（广州）中心基础数据及系统建设，打造省互联网知识产权运营平台。

（5）加快推进国家级、省级工业设计中心和工业设计企业建设，大力发展工业设计，全力打造“珠三角工业设计走廊”，鼓励工业设计向高端综合设计服务升级，促进工业设计向品牌形象策划、产品内涵设计等领域延伸。

（6）开展工业设计相关基础研究和标准制定工作，支持新技术、新工艺、新装备、新材料等在工业设计中的应用。

（7）依托制造业基地，加快建设一批国家级、省级的专业化、开放型高水平工业设计服务中心。

预计在2020年，全省拥有国家认定的技术先进型服务企业500家以上，建成孵化器800家，工业设计带动相关产值15 000亿元以上，基本建成与国际接轨的功能综合化、结构网络化、手段现代化、服务专业化和社会化的科技服务体系。

第五章　研发服务业发展模式

随着新技术革命的深入发展，世界范围内的经济结构和经济增长方式正在发生翻天覆地的变化，过去依靠物质资本投入的粗放型生产方式已经不能适应经济飞速发展的要求，而以知识、技术、信息、人才等为投入的集约型生产方式正对经济的发展发挥着日益重要的作用。世界范围内产业分工的不断细化和创新理念及生产方式的不断普及，使得世界市场对专业化创新服务的需求不断扩大，创新活动开始逐渐独立于生产活动并为生产活动提供重要的智力支持和生产原动力，于是便形成了以高新技术产业为支撑，为生产活动提供智力成果、技术服务和现代商务服务的研发服务业。研发服务业作为科技服务业的重要组成部分，自诞生以来，其专业化的服务模式和高技术含量、高附加值的特点便对提升企业的生产效率和整体经济的发展效率产生了巨大的推动作用。本章将通过对研发服务业发展趋势及发展模式的详细介绍，借鉴发达国家和地区研发服务业的发展经验，剖析国际知名企业发展研发服务的经典案例，为提高我国研发服务业发展的能力和水平提供借鉴。

第一节　研发服务业发展背景和趋势

研发服务业作为一种独立的产业形态兴起于 20 世纪 70 年代，并在之后的几十年里得以迅速发展，现在已经成为许多产业发展必不可少的一环，尤其是带来了生产性行业的大发展和大繁荣。未来，研发服务业作为一种“高精尖”产业，还将对世界经济转型和产业结构优化升级产生不可估量的影响。本节将从研发服务业的发展背景和发展趋势两个方面对研发服务业的发展脉络进行详细阐述。

一、研发服务业的发展背景

本小节将从研发服务业的兴起、概念、特点以及发展的必要性几个方面对研发服务业的发展背景作详细介绍。

（一）研发服务业的兴起

研发服务业的兴起大概经历了两个阶段。第一阶段是 20 世纪 70 年代以前，大部分企业的研发活动是通过企业内部进行的。生产性企业为了提高生产效率和改善产品质量，在企业内部成立研发小组，根据市场反馈的信息对生产技术和产品质量进行改良和创新，以适应市场需求，企业内部研发活动与生产活动的结合显著提高了生产性企业的生产效率和产品质量。第二阶段是 20 世纪 70 年代中期以来，随着企业内部研发成本的不断上升和研发风险的不断提高，企业的研发活动越来越外部化，企业开始向外寻找技术支持，与一些专门从事技术研发的企业进行技术合作，通过建立战略联盟等形式来降低企业内部的研发风险和研发成本，同时能够专注于生产企业的核心产品，提高企业的核心竞争力。研发活动的外部化是研发服务业形成的重要标志。由此，研发服务业开始作为一种单独的产业出现在市场中，其目的在于为需要技术支持的企业提供技术服务，其本质是通过市场交换来实现研发产品的研发价值。

研发服务业自诞生以来就成为新技术和新发明的重要推动者。首先，社会和企业对新技术、新发明的需求为新技术和新发明的创造者提供了丰厚的利润回报，作为新技术和新发明供给方的研发服务人员在高额利润的驱动下为新技术的发展起到了重要的推动作用。其次，研发服务业与其他产业的融合发展成为技术发展的另一个重要方向，提高了技术成果转化的速度和质量，促进产学研融合发展。

（二）研发服务业的概念

目前对于研发服务业的认识，世界上尚未形成统一的定义。美国统计局将科学研发服务业定义为：在系统化的基础之上进行原始调查，以便获得新知识、新应用、其他创造性或改良产品或流程的科学知识创造活动。主要包括两类：物理、工程、生命领域研发服务业和社会、人文领域研发服务业。2002 年，台湾经济研究院搜集了近 10 个先进国家的相关资料，发现仅有加拿大使用“研发服务业”这一词语，并将其单纯地定义为研发设计与研发协助。与之不同的是，台湾经济研究院则认为研发服务业应该包括更为广泛的内容，不仅仅是以研发设计为主体的产业，还包括研发支持型产业和研发周边型产业，其中，研发支持型产业包括风险、技术交易、媒体、知识产权与附加值、创业育成等相关产业，而研发周边型产业则包括试验模拟、专业检测与实证等产业。更有一些国家和地区以研发服务业的服务内涵和范畴来定义研发服务业，如表 5－1 所示。

表 5－1　研发服务业的服务内涵和范畴

为企业提供技术发展路线图规划服务	市场分析研究、技术预测、风险评估； 研发成果规划（技术发展规划、知识产权检索、趋势分析、技术布局和研发成果产出的战略规划）
为企业提供技术创新服务	产业金融补助——思考各国金融注册政策； 提供相关优惠措施，吸引业者从事研发； 健全融资渠道，扶持中小型研发服务业投资发展； 网罗人才； 量产服务
为企业提供研发成果运用的规划服务	研发成果投资评估； 创新创业孵化； 研发成果评价； 研发成果组合与营销； 研发成果转移与授权； 研发成果保护与侵权鉴定； 研发成果获利模式

资料来源：根据简兆权：《研发服务业发展与对策研究——以广东为例》，广州：华南理工大学出版社 2013 年版整理。

综合世界各国和地区对研发服务业的理解以及研发服务业的服务内涵和范畴，本书将研发服务业定义为：为外部需求者提供研发技术成果和支持研发技术成果顺利转化为社会产出的新型知识技术密集型服务业。

（三）研发服务业的特点

研发服务业作为科技服务业的重要组成部分，具备着“三高三新”的现代服务业特征，即高人力资本含量、高技术含量、高附加值，新技术、新业态和新方式。同时，它作为一种新型的知识技术密集型服务业，也拥有一些独特的特点。

1. 研发服务业的发展以大量资金投入为前提

研发活动的进行离不开强大的资金支持，创新活动的不确定性和高风险性也需要大量稳定的资金流作为支持后盾。以我国为例，从我国国家统计局发布的相关统计数据来看，近年来我国研发经费投入呈现出明显的增长态势，如表 5－2 所示。据初步测算，2017 年我国研发经费投入总量为 17 500 亿元，比上年增长 11.6%，增速较上年提高 1%。研发经费投入强度（研发经费与国内生产总值之比）为 2.12%，较上年提高 0.01%；其中，基础研究经费为 920 亿元，比上年增长 11.8%；基础研究占研发经费的比重为 5.3%，较上年提高 0.1%；从研发活动主体看，2017 年企业研发经费为 13 733 亿元，比上年增长 13.1%，连续两年实现两位数增长；政府属研究机构和高等学校研发经费分别为 2 418.4 亿元和 1 127.7 亿元，比上年增长 7% 和 5.2%。[①] 这些数据表明，没有强大而稳定的资金支持，研发服务业很难得到持续稳定的发展。

表 5－2　我国研发经费投入情况

年份	2012	2013	2014	2015	2016
研发投入量（亿元）	10 298.41	11 846.6	13 015.63	14 169.88	15 676.75
占 GDP 比重（%）	1.91	1.99	2.02	2.06	2.11

数据来源：中国国家统计局网站，http：//www.stats.gov.cn。

2. 研发服务业的发展以高科技人才为基础

知识的积累是进行科学创新活动的关键因素，高科技人才作为知识积累的重要载体在研发服务业的发展过程中起到决定性的作用。科学家和工程师通过科学创新活动将资本、知识和创意巧妙地结合起来，获得新知识，掌握新方法和新技术，并将其运用到新的生产过程当中，促进产业的大融合和大发展。

美国国家科学基金会在 2016 年发布的《科学与工程指标》显示，中国已成为世界第二研发大国。截至 2016 年，全球科学与工程领域的大学第一学位授予总量约 640 万，其中 23.4% 是在中国，印度占 23.0%，欧盟占 12%，美国只占 9%。而且在 2000 年至 2016

① 数据来源：中国国家统计局网站，http：//www.stats.gov.cn。

年，中国获得科学与工程学士学位的人数增长了三倍多，远远快于美国、欧洲及亚洲其他国家。①

3. 研发服务业的发展以知识产权保护为指导

知识产权保护是推动科学创新活动深入发展的一道重要屏障，它直接关系到研发从业者从事发明创造的积极性和主动性。此外，知识产权保护制度确定了研发活动中大家必须共同遵守的规则，形成一种研发激励和制约机制，既保证了研发从业者的利益，使其保持继续奋斗的热情，又要求披露必要的信息，避免他人做重复无效的研究工作，保证了研发活动的公平竞争环境，为研发服务业的良性发展提供了继续向前的动力。

4. 研发服务业的空间分布非均衡

从研发服务业的空间分布特征来看，存在不平衡分布的特征，主要体现在两个方面。首先，是国家间的非均衡分布，世界范围内的研发活动主要集中在发达国家和高收入国家，且多数领域的技术制高点都被发达国家控制。表5－3是研发经费占GDP比重的分布情况，由表可知，高收入国家的研发经费占比高于世界平均水平，而中等收入国家研发经费占比远低于高收入国家。世界银行的统计数据显示，在全球研发投入中，美国、欧盟、日本等发达国家和地区占86%；在国际技术转让收支方面，高收入国家占全球技术转让和许可收入的98%。其次，是国家内部的失衡，同一国家不同地区的研发活动发展不平衡现象，不仅出现在发达国家，也出现在发展中国家。表5－4是我国2016年GDP超万亿城市研发投入占GDP的比重排行榜，可以看出，在我国GDP超万亿城市中，只有北京和上海的研发投入经费超过千亿元，其他城市的研发投入经费与北京和上海仍存在较大的差距。

表5－3 研发经费占GDP比重的分布情况

国家或地区	研究与开发经费支出占国内生产总值比重（%）		
	2000年	2005年	2014年
世界水平	2.1	2.0	2.1
高收入国家	2.3	2.3	2.5
中等收入国家	0.6	0.9	1.4

数据来源：中华人民共和国国家统计局编：《国际统计年鉴—2016》，北京：中国统计出版社2016年版。

表5－4 2016年GDP超万亿城市研发投入占GDP比重排行榜

城市	研发经费（亿元）	研发排名	研发投入占GDP比重（%）	比重排名	GDP排名
北京	1 484.60	1	5.96	1	2
深圳	843.00	3	4.20	2	4

① 数据来源：中国科学技术协会智库报告：《2016美国科学与工程指标：世界经济中的科学与技术》，中国科学技术协会网站，http：//www.cast.org.cn/n200735/n203689/c411697/content.html。

(续上表)

城市	研发经费（亿元）	研发排名	研发投入占 GDP 比重（%）	比重排名	GDP 排名
上海	1 049. 30	2	3. 82	3	1
杭州	346. 36	8	3. 13	4	10
武汉	369. 00	7	3. 10	5	9
南京	320. 34	9	3. 05	6	11
天津	537. 32	4	3. 00	7	5
青岛	286. 40	12	2. 86	8	12
苏州	429. 56	6	2. 78	9	7
成都	289. 07	11	2. 38	10	8
广州	457. 46	5	2. 33	11	3
重庆	302. 30	10	1. 70	12	6

数据来源：据国务院发展研究中心信息网数据统计，http：//www. drcnet. com. cn/www/integrated。

5. 研发服务业的服务内容非均衡

根据三大产业的不同特点，研发服务业的服务深度和支持力度也有所不同。一般意义来说，研发活动主要集中在制造业，而且以内部研发为主，研发投入超过70%；服务业的研发投入一般在20%左右，农业投入一般不超过10%。但从研发交易活动来看，服务业所占比重要高于制造业所占比重，原因在于制造业多依赖于内部研发，而服务业倾向于从外部获得研发成果。研发服务业的服务内容除了在三大产业上有所区分，在服务业内部也有所不同。在美国，计算机研发服务是研发服务业最主要的服务对象，在日本，电子装备产业研发投资最多，而在欧洲，则用于信息与通信的研发经费较高。

6. 研发服务业的全球化发展趋势

全球化的信息网络、日益激烈的国际市场竞争以及跨国公司的发展导致研发服务业呈现出全球化发展的趋势。全球化的信息网络，推动了科研人员、科研机构以及仪器资料等基础设施在全球范围内的流动和信息共享，大幅度降低了研发成本，使得全球研发资源有了可以充分流动和利用的巨大空间，出现了虚拟实验室等多种新型的研究组织形式，逐步形成一个“全球研究村”。随着技术竞争在世界范围内的加剧，跨国公司开始加强与跨国政府、研究机构以及跨国企业的合作，由此导致研发活动全球化发展迅猛，对东道国的产业调整和经济增长产生了深刻的影响。

7. 研发服务业的一些具体特点

研发服务业除了具有上述一些宏观特点之外，还拥有一些微观特征，如表 5 –5 所示。

表 5-5 研发服务业的具体特征

研发服务业的具体特征	多提供非物质产出，其中包括有形和无形产品。有形产品包括原装备、系统、样机、新产品原型等；无形产品包括原理、方法、工艺、设计、软件等
	时常会发生技术不确定和信息不对称问题，导致研发和生产的无效率
	对市场需求依赖性高，跟着市场动向走
	应用计算机技术和人工智能技术提升效率
	对市场的细分程度高，提供利基型服务
	市场垄断程度较高
	以项目维护作为主要的工作形态

资料来源：根据简兆权：《研发服务业发展与对策研究——以广东为例》，广州：华南理工大学出版社 2013 年版整理。

（四）发展研发服务业发展的必要性

研发服务业对于经济的健康快速发展具有积极的促进作用，所以在世界范围内促进研发服务业的发展有其必要性，主要体现在以下三个方面：

1. 研发服务将成为未来三大产业发展的重要支撑

研发创新对于经济增长的促进作用是毋庸置疑的，而且研发服务业的发展已经成为一个国家综合国力的重要体现和现代化的重要标志。就世界经济发展的趋势而言，农业、制造业和服务业的先进化程度和现代化水平将成为未来经济发展新的引擎，而提高三大产业的现代化水平很大程度上依赖于科学技术的运用。因此，研发服务业通过将满足市场需求的新技术运用于生产过程中，能够提高产品的附加值，促进三大产业的现代化发展。

2. 发展研发服务是实现经济转型的重要途径

受到世界范围内产业政策调整、资源枯竭和环境污染的制约，传统产业愈发表现出经济增长的不可持续性。为实现世界经济的持续稳定快速发展，必须为经济增长寻找新的引擎和动力。随着新技术革命的发展，研发服务日益彰显出其强大的辅助生产能力和创新能力，在提高产业和产品生产效率的同时，帮助落后企业实现旧产品淘汰和新技术升级，并催生出一批新的产业形态，助推了世界经济的转型升级。

3. 发展研发服务是发展创新经济的内在要求

创新是一个国家进步的灵魂，也是实现经济快速发展的重要驱动力。创新具有“乘数效应”，不仅可以直接转化为现实生产力，而且还可以通过科技的渗透作用放大各生产要素的生产力，提高社会整体生产力水平。此外，创新经济倡导利用高新技术和先进适用技术改造提升传统产业，既可以降低能源消耗、减少环境污染，改变传统的“高能耗、高污染”发展模式，又可以提升产业竞争力。研发服务作为创新经济的主要动力来源，将会对世界经济、全球环境以及社会和谐带来重大影响。

二、研发服务业的发展趋势

研发服务业自20世纪70年代形成独立产业形态以来，发展态势十分迅猛。本小节将以研发服务业在国内外发展趋势为视角，对近些年研发服务业在世界范围内的发展作简要总结。

（一）国外研发服务业发展趋势

研发服务业作为促进制造业和服务业发展的重要驱动力，近年来在美国、日本、英国、加拿大、中国台湾等制造业和服务业发达国家和地区得以迅速发展。以美国为例，2004年研发服务业产值达到658亿美元，2005年研发服务业产值突破800亿美元，2000—2005年间的年均增长率达到9.2%；2009年研发服务业的产值达到1 039亿美元，2005—2009年间的年均增长率高达9.6%，发展态势十分迅猛。① 据欧盟2016年度报告显示：全球2 500家大型企业在2016年合计投入7 416亿欧元用于研发，占当年全球研发投入约90%，较上一年增长了5.8%。② 随着国外研发服务业的迅猛发展，逐渐呈现出以下发展趋势和特点。

1. 研发服务业与制造业相互融合

研发服务业主要为制造业提供服务，研发活动向制造业的渗透使得传统制造业逐渐向先进制造业靠拢。从研发投入的全球行业分布来看，较高集中在制药、汽车和设备制造三大领域，2006年这三大产业的研发投入占所有行业研发投入总额的53.9%。分地区来看，美国以制药与生物技术产业、汽车业研发投入额度最高，占全美总研发投入的50%左右；德国的汽车研发投入占总研发投入的比例接近50%；瑞士的制药与生物医药产业研发投入额比重高达70%；韩国将研发投入的60%投向电子设备产业；2013年中国台湾的制造业向研发服务业所购买的中间服务占比52.9%，可见研发服务业对制造业的发展作用巨大。

2. 研发服务业的全球化趋势加快

随着经济全球化和科技全球化的深入发展，跨国公司主导的研发全球化日益呈现新的发展趋势。研发服务业蓬勃发展，研发外包日益成为研发全球化的重要形式。加强与东道国本土机构的合作成为跨国公司海外研发策略的重要取向。据博斯公司统计，2010—2011年，全球研发支出最大的1 000家公司在印度和中国研发支出的增长达27.2%，远高于北美的9.7%、欧洲的5.4%和日本的2.4%。③ 另据美国经济分析局统计资料，1999—2010年美国跨国公司海外子公司在印度、中国、巴西等新兴经济体年均增长率分别为49.3%、14.8%、15.2%，远高于欧洲的6.5%和日本的2.0%。④ 与此同时，一些发展中国家和新兴市场国家的企业也开始了海外研发投资。例如，韩国有15家企业在美国建立了32家研发机构。2010年，我国68家创新型（试点）企业设立了106家海外研发机构，主要分布

---

① 数据来源：美国联邦统计局网站，http：//nces. ed. gov/FCSM。

② 数据来源：欧盟知识产权局2016年度报告。

③ 数据来源：博斯公司统计数据。

④ 数据来源：美国经济分析局统计资料。

在北美、欧洲、日本等发达国家或地区。

（二）国内研发服务业发展趋势

在全球研发热潮的推动下，我国研发服务业近年来也呈现出迅速发展的态势，主要体现在以下三个方面：

1. 研发支出快速增长

研发服务业的快速发展离不开强大而稳定的资金支持。近年来，国家特别重视科学技术的发展，政府的研发投入呈现出高位增长的趋势，企业研发投入的多少也成为一个企业竞争力和综合实力的重要体现。以北京为例，2016 年北京的研发经费支出达到 1 479.8 亿元，比 2011 年增长 58%，占地区生产总值的比重为 6%左右，位居全国最高水平，也高于发达国家平均水平。高技术产业、科技服务业增加值年均增速分别为 37.7%和 12.8%；技术合同成交额 3 940.8 亿元，是 2011 年的 2.08 倍，五年来实现翻番；全年新增科技型企业 8 万家，占当年新增企业总数的比重为 36%；北京每万人发明专利拥有量达到 76.8 件，是全国平均水平的 9.6 倍。[①] 华为公司作为中国科技的领军企业，2016 年研发投入 83.5 亿欧元，约合 606 亿元人民币，排名全球第八。据统计，华为从 2006 年以来，其研发投入累计超过 2 400 亿元人民币。2006 年，华为研发投入仅为 68 亿元，此后每年保持阶梯式增长；截至 2016 年底，华为在世界范围内已设有 16 个全球研发中心，研发人员多达 7.9 万人，占公司总人数的 45%，该比例在科技公司中非常高，并且累计申请了 52 550 件国内专利和 30 613 件外国专利，专利申请总量位居全球第一。[②]

2. 研发投资深受跨国公司的青睐

随着我国开放程度的不断提高，跨国公司纷纷在我国开放程度较高的地区建立跨国公司总部和研发中心。以上海为例，据上海市商务委员会公布，截至 2017 年 7 月底，外商在上海累计设立跨国公司地区总部和总部型机构已突破 600 家大关，共达 605 家，其中亚太区总部 64 家，投资性公司 339 家，研发中心 416 家，上海成为中国内地吸引跨国公司地区总部最多的城市。[③] 从长远来看，跨国公司在我国进行研发投资，对优化国内的创新资源配置，促进城市产业提升和功能升级，带动地方创新组织融入全球创新网络将大有裨益，海外研发投资将成为我国研发服务业发展的一股重要力量。

3. 技术交易日益活跃

技术市场是技术商品和服务的流通领域，涉及技术开发、技术转让、技术咨询、技术服务等相关的技术交易服务。技术交易市场的发展对于研发服务业的产业化进程具有重要推动作用。据我国技术市场统计，截至 2017 年底，全国共签订技术合同 367 586 项，成交金额为 13 424.22 亿元，同比增长 14.71%和 17.68%。全国技术市场继续保持中高速增长势头。

按合同类型统计，四类技术合同中，技术服务合同仍位居首位，成交额为 6 826.17 亿

---

① 数据来源：《2016 年全国科技经费投入统计公报》，中国国家统计局网站，http：//www.stats.gov.cn/tjsj/zxfb/201710/t20171009_ 1540386.html。

② 数据来源：《华为投资控股有限公司 2016 年年度报告》。

③ 数据来源：2017 年上海市商务委员会公布的数据。

元，同比增长 16.66%；技术开发合同成交额大幅增长，达到 4 748.54 亿元，居第二位，涨幅 36.47%；技术转让合同有所下降，成交额为 1 400.28 亿元，降幅为 12.91%；技术咨询合同成交额小幅下降 4.08%，成交额为 449.23 亿元。

按技术领域统计，成交额居前三位的是电子信息、城市建设与社会发展、现代交通领域。其中，电子信息技术成交额为 3 860.72 亿元，较上年增长 16.53%，持续保持领先地位；城市建设与社会发展快速增长，成交额为 1 928.48 亿元，增长 34.7%，位居第二；现代交通较上年有所下降，但仍位居第三位，成交额为 1 665.32 亿元。各技术领域中，航空航天领域增幅明显，成交额为 425.41 亿元，增长 58.97%；新能源与高效节能技术、先进制造、农业、环境保护、生物、医药和医疗器械技术领域都有所增长。核应用、新材料及其应用领域成交额较上年有所下降，其中核应用领域技术交易下降明显，降幅 61.78%。①

第二节　研发服务业主要发展模式

研发服务业自诞生以来，其主要发展模式经历了几次重大变化，决定这些变化的主要因素是研发服务业的价值链演化，而这些变化的背后也折射出近些年研发服务业的发展路径。因此，本节将从研发服务业的价值链演化过程、发展模式及发展路径对研发服务业的主要发展模式展开论述。

一、研发服务业的价值链演化过程

1985 年迈克尔·波特首先提出了“价值链”的概念，他认为企业的价值创造是由设计、生产、销售、发送等一系列活动所构成的，这些活动可分为基本活动和辅助活动两类，这些互不相同但又相互关联的生产经营活动，构成了一个创造价值的动态过程，即价值链。研发服务业的价值链演化过程大致遵循了这样一条规律：研发服务集供求角色为一体—研发服务供求双方分离并建立直接联系—研发中介在供求双方之间发挥桥梁作用—研发服务的网络化发展。

（一）供求一体化价值链

在研发服务业起步初期，许多大企业为了节约交易成本，选择在企业内部进行研发活动，使得研发供求呈现出一体化的特点。企业根据自身的生产需求进行研发活动，研发产品最终满足企业内部自身需求。当技术发展到一定程度时，终端消费者的需求开始发生变化，使企业原有市场遭到威胁，开发新产品和新服务成为企业的必要选择，新的生产目标需求再次决定新的研发需求，新的研发产品将再次满足终端市场的新需求。如此循环往复，企业将研发与生产融为一体，根据市场需求不断促进新技术的发展。但是，企业内部

---

① 数据来源：《2017 年全国技术市场交易简报》，中国科学技术部网站，http://www.most.gov.cn/kjbgz/201802/t20180211_138089.htm。

研发基本处于封闭状态，研发过程与生产过程组成企业内部的循环体，这一过程对外是完全保密的。

（二）供求分离价值链

随着世界经济开放程度的不断提高和考虑到研发活动的高风险性，实际上很少有企业能够做到在保持竞争优势的前提下实现研发与生产的完全内部化。为了降低研发风险，一些企业开始寻求与相关领域研发企业的合作，建立合作研发团体，或者将自身不擅长的技术研发外包出去，交给专业公司去做，从而节省由自身研发所带来的高成本，由此产生了直销的价值链生产方式。研发供给者和研发需求者作为单独的生产者，双方都受到市场需求变化的影响，当二者对产品需求和研发需求达到一致性认识时，能够建立密切的合作关系。这种生产方式既降低了产品生产者进行研发活动的风险，也降低了研发提供者销售产品的风险，但是由于信息不对称以及外界干扰因素的存在，双方在实际中很难找到相互匹配的合作机会。

（三）双重价值链

为解决直销的生产方式所带来的供求双方不匹配问题，慢慢地在研发供给者和需求者之间形成了一个中介机构——研发支撑服务中介，构成了“双重价值链”：以研发成果为产品，研发成果供求者之间构成一条价值链；以研发支撑服务为产品，研发支撑服务供求者间构成另一条价值链。研发成果供给者向需求者提供研发成果（第一产品）是整个价值链的核心和基础，同时研发支撑服务中介围绕着研发成果的产生到商品化提供一系列支撑服务（第二产品），贯穿于研发服务价值链的全过程。

（四）网络价值链

网络价值链是比双重价值链更为成熟的研发服务业价值链模式，它以研发服务中介平台为基础，以提高价值链各交易点的耦合性为目的。在双重价值链中，研发成果（第一产品）决定了研发支撑服务（第二产品）的发展，而在网络化价值链中，随着研发服务市场成熟度的不断提高，出现以增加第二产品供求的复杂性来降低第一产品供求的复杂性的现象，使得第一产品和第二产品的关系发生了一定程度的调整。对于处在知识转移网络核心的公司来说，认同在创造积极的知识转移利益机制中起着很大作用，研发服务业的网络价值链是知识转移网络化的一种具体表现形式，因此研发服务相关者之间的认同促进了研发服务业的网络化发展。

二、研发服务业的发展模式

学术上一般将产业的生命周期划分为初创阶段、成长阶段、成熟阶段和衰退阶段四个阶段。研发服务业作为一种知识技术密集型高端产业，也具有不同的发展阶段，根据其价值链演化过程，研发服务业也呈现出不同的发展模式。

（一）供求一体化发展模式

在研发服务业供求一体化价值链中，市场需求决定产品生产，产品生产决定企业研发内容，这种价值链形成了供求一体化的研发服务业发展模式。在研发主体构成中，以企业为主，高校和科研机构为辅。企业以提高竞争力和获得最大经济利润为目的，承担了研发从设计到转化的全部过程，进行应用型研究；高校和科研机构则主要承担培养人才和基础性研究的任务，由于对市场缺乏深入了解，高校和科研机构为企业提供的研发人才和基础性研究成果往往与市场脱轨，很难实现研发成果的市场化转化。研发主体之间合作程度和合作质量较低，基本各自为战，很难形成完善的合作体系。

（二）供求分离化发展模式

20 世纪 80 年代以来，企业为了降低研发风险，开始将企业内部的研发活动剥离出去，形成了研发供给者与研发需求者相互分离并建立直接联系的发展模式，供求分离化发展模式基于供求双方对市场需求的共同理解和相互信任。由此，一批专门从事研发活动的企业诞生，以便满足产品生产者对研发成果的需求。企业的传统边界被打破，尤其是很难承担研发风险的中小企业开始依靠新型的研发企业，降低了被市场淘汰的风险。高校和科研机构成为研发成果的主要提供者，它们越来越重视研发成果的市场需求，开始和企业进行更为紧密的合作，以提高研发成果的生产效率。

（三）科技中介发展模式

随着研发供给者市场的不断裂变，研发支撑服务开始逐渐与核心研发成果分离，并成为围绕着研发成果（第一产品）的第二种产品。伴随研发支撑服务成为第二产品，科技中介作为研发支撑服务的供给者出现在研发服务价值链中，成为继第一产品供给者之后的又一个供给者——第二产品供给者。科技中介成为研发成果供求者之间的桥梁，使得研发服务主体之间的合作日益紧密，在面对三者之间的差异化市场需求时，能够针对不同的市场需求形成不同的合作联盟，其中最典型的就是在政府的推动下成立的产学研联盟。

（四）网络化发展模式

与研发服务业网络价值链相匹配的发展模式是研发服务业网络化发展模式。这一发展模式通过增加第二产品供求的复杂度来降低第一产品供求的复杂度，达到研发服务产业化的最终目的。以信息和通信技术为基础的信息交换网络，能够激发供求者参与价值网络，从而提高第一产品价值的最大化和第二产品的满意度。研发服务业的网络化发展模式能够更好地消除信息不对称问题，进一步降低研发活动的风险。

三、研发服务业的发展路径

通过对研发服务业价值链和发展模式进行分析，可以看出，研发服务业主要围绕着两大产品展开，一是研发成果，二是研发支撑服务，所以其发展路径也必然与这两大产品相关。除此之外，政策的大力支持也是发展研发服务业所必不可少的一环。

（一）研发成果支持发展路径

研发成果是研发服务业发展的基础，也是引领研发服务业发展的核心动力。实现研发成果的突破，首先，需要对研发项目进行准确的项目前期评估，有些项目在前期评估中看似很有吸引力，但是考虑到市场变化和技术发展的因素，可能结果常常是令人失望的，因此在筛选项目时，要做好充分的市场调查和前景把控。其次，好的研发成果的出现并不是一时的幸运，而需要扎实的知识功底和智力能力，因此对于研发成果供给者知识能力和智力水平的培养就显得尤为重要。截至目前，研发服务业最好的发展模式是网络化发展模式，这就要求研发服务需求方打开自身的需求盲区，利用科技中介，在研发服务网络中寻找适合自身需求的渠道和路径，同时要求研发服务供给方在原有的供求合作和研发联盟的基础上，搜寻新的合作信息，以降低研发投资风险和服务价格，为下一轮的研发服务做好准备，形成良性循环。

（二）研发支撑服务支持发展路径

研发成果是研发服务业的核心产出，应当得到充分重视，在打造良好的第一产品的同时，也应该重视作为研发活动重要支持者的研发支撑服务的发展。对于研发支撑服务的发展，应重点从服务精度、服务深度和服务广度三个层面进行把握。提高研发支撑服务的服务精度是要准确地抓住市场需求信息，并对需求信息进行归类整合，从而匹配最适合的研发服务。挖掘研发支撑服务的服务深度是要在满足客户原有需求的基础之上延伸服务内容，在研发支撑服务需求者未发现自身的潜在需求时，能够预先为其考虑，把握供求合作的主动性，创造客户需求，降低研发支撑服务供给者对需求者的依赖度。扩展研发支撑服务的服务广度是要构建开放式中介服务平台，从而弥补单个中介机构的能力缺失，使得研发成果需求者与供给者之间能够建立长期稳定的合作关系。

（三）政策支持发展路径

研发服务业作为一种新兴产业，离不开政府的政策支持。首先要加强基础环境建设，创造有利于研发活动的社会环境和法律环境，加强对知识产权的保护，提高社会大众对研发服务的认同感。其次要注重科技人才的培养，鼓励高校以市场需求为导向培养科技研发人才。再次，要完善研发服务市场交易准则，引导高校和科研机构融入研发服务市场。最后，要加大对研发企业、高校以及科研机构的研发资金投入，并对研发项目进行实时追踪，了解其发展状况，防止国家研发资金的滥用。

第三节　发达国家或地区研发服务业发展经验

如前所述，研发服务业在世界范围内的发展存在着一定的地区差异，一些地区高度重视研发服务业的发展，已经形成了完整的产业链条和发展路径。本节将通过对美国、印度及中国台湾地区研发服务业的发展经验进行深入剖析，为我国进一步发展研发服务业提供一些启示和借鉴。

一、美国研发服务业发展

（一）美国研发服务业发展概况

1996 年，美国研发服务业产值为 324 亿美元，到了 2009 年，这一产值达到 1 039 亿美元，年均增长率达到 9.4%，发展势头非常迅猛。在保持高速发展的同时，美国的研发服务业也保持着很高的利润率。1998—2004 年，美国研发服务业的平均毛利率是 20.8%，在 2002 年达到最高利润率 22.7%，这充分展示了研发服务业高附加值的特点，这也是美国大力发展研发服务业的根本原因。①

从美国研发服务业的服务领域来说，物理、工程和生命领域是其主要的服务对象。从研发主体来说，企业研发成为美国研发服务业发展的主要动力，根据美国科学基金会国家科学与工程统计中心企业研发创新调查的统计数据，2011 年美国企业研发总量达到历史记录的 2 941 亿美元，较 2010 年增长了 5%。其中，计算机和电子产品制造业、化学制造、运输装备、信息产业以及专业科学技术服务业成为企业研发最受欢迎的五大产业，占国内企业研发投入的 81%。

美国研发服务业起步早、发展快，形成了以硅谷为主导的高科技研发服务业集群。硅谷作为全球高技术产业的发源地，兴起于 20 世纪 50 年代美国加利福尼亚州旧金山以南地区，经过几十年的迅速发展，已经成为全世界高新技术产业的中心。硅谷拥有全球领先水平的生物技术、网络信息技术、半导体技术、通信技术等，集结了一大批世界名牌企业，如微软、英特尔、雅虎等。硅谷地区高新技术产业的迅速崛起为该地区研发服务业的兴起和发展带来了良好的环境因素和人才因素。

硅谷的研发服务业主要以研发、设计和高技术服务为主，处于全球产业分工的高端环节。硅谷地区软件行业的就业人数占全球软件行业人数的 16%，是该地区从业人数最多的行业。另外，硅谷特别重视服务对于创新创业的重要性，创新和创意服务业集群得到了快速发展，企业数量众多，从业人数仅次于软件业，是硅谷第二大产业集群。

（二）美国硅谷研发服务业发展经验

美国硅谷研发服务业的发展经验主要体现在以下四个方面：人才输送、企业创新网络、政府政策环境保障以及研发基础设施建设。

1. 人才输送

创新活动和研发活动的进行离不开创新人才和研发人才的大量投入。大学作为知识输送和人才输送的关键环节在硅谷创新体系中起着不可忽视的作用。

斯坦福大学和加州大学伯克利分校每年要向硅谷输送几千名高级人才，主要从事各个领域的创新和研发工作。据统计，斯坦福大学校友创立的公司每年盈利达到 2.7 万亿美元，从 1930 年至今，创造了近 600 万个工作机会。这些研发和创新工作从业者精通各种

① 数据来源：美国统计局。

专业知识，善于将新想法付诸实践，创造出新产品来解决实际工作中的问题。除了为硅谷大量供应一流的工程师外，斯坦福大学和加州大学伯克利分校两所大学作为硅谷地区的知识生产中心，持续不断地为该地区输送最新的研究成果，许多半导体和计算机科学等领域的技术发明，如喷墨印刷术、光盘记录仪、鼠标输入器和计算机用户界面等都被硅谷的企业吸收、应用，并最终形成产品。

硅谷地区的大学同当地企业之间建立起了亲密的合作关系。以斯坦福大学为例，为了帮助硅谷当地企业开展研发活动，成立了斯坦福大学研究所，主要从事国防方面的研究并帮助硅谷地区的企业扩展研发业务；为了提高当地企业人才的专业知识，通过“荣誉合作项目”向当地的企业开放课堂，鼓励当地企业的工程师直接参与研究生课程或者通过网络教育在企业的教室里学习斯坦福大学的课程；成立斯坦福工业园区，邀请斯坦福大学的知名教授担任园区企业的专家顾问，同时聘用斯坦福大学的研究生作为企业园区的实习生，提高大学人才的实际工作能力。除此之外，硅谷地区的一些社区大学和培训机构所提供的技术培训项目为加强大学和企业间的联系起到了重要的作用。

2. 企业创新网络

硅谷创新体系中最活跃的便是由各类企业形成的开放的、相互竞争与协作的企业创新网络。企业创新网络不受任何一个大公司或几个大公司的控制，而是“引擎”企业、中小企业和初创企业通过物质流、信息流、技术流而形成竞争和合作共存的创新网络。

研发和创新成果作为研发服务业的核心产品，对整个研发服务行业的发展起着引领性的作用。那么，作为研发成果生产者和创造者的“引擎”企业则成为创新网络的核心。“引擎”企业除了具有较大的研发投入和产出、拥有核心技术并主导行业发展等特点外，也具有很强的开放性特点，通过不断研发向市场推出新产品、新技术，同时也不断培养出新的研发人才；中小企业作为“引擎”企业的供应商，通常也拥有细分领域的核心技术，成为企业创新网络中不可缺少的部分；初创企业多数由应届毕业生或辞职创业工程师等创新型人才创立，常常能发现市场上的空白领域，并通过出卖产品、技术、企业或上市等手段获得成长。

理论上，硅谷地区大量的同类型专业化企业之间会产生相互排斥的恶性竞争，但是硅谷的辅助性社会机构、学校和大量合作实践为企业间的学习和调整提供了基本体系，使得工业分化并没有导致恶性竞争和经济衰退，反而有助于增强企业创新网络的弹性和适应性，提高了该地区的技术水平并实现可持续的创新发展。

3. 政府政策环境保障

政府对经济增长的主要作用在于营造公平、自由的竞争环境，提供有利于长期投资的税收结构，并运用政府采购的手段给予经济支持。硅谷研发服务业的发展虽不是政府计划的产物，但政府的政策支持，特别是政府采购和对研发企业的低息贷款对促进硅谷研发服务业的发展起到了至关重要的作用。

首先，美国联邦政府和地区政府投入了大量资金扶持大学在国防、航天、通信、信息以及材料领域进行大规模的基础研究，由此源源不断地产生世界一流的技术和发明，培养世界一流的科技人才，催生出从国家实验室走向硅谷进而扩展至全球的商业成功模式。冷战时期，联邦政府向斯坦福大学和加州大学伯克利分校进行大笔拨款，全力发展高科技，政府对大学的大量科研投入使得大学能专注于基础研究，从而为科技创新提供持续发展的动力源泉。

其次，不同层级的政府通过出台各种不同的政策措施以鼓励硅谷地区的创新活动和研发活动，并为创新的持续发展提供保障。例如，美国联邦政府通过建立知识产权保护制度和专利保护制度使创新成果和研发成果得到应有的保护；中央政府通过建立风险投资基金保障高风险创新活动的资金需求；政府增加对教育的投入，以培养更多高素质的研发创新人才；政府通过提供税收优惠政策消除一些小型研发企业的后顾之忧；政府保护弱小的创新型企业，直至它们能够在技术上独立，以免受到国外公司不公平竞争的伤害；联邦政府放松反托拉斯政策，使厂商能够充分利用其创新成果等。

总之，各级政府通过各种直接或间接的方式为硅谷地区的创新发展提供包括资金、法律法规、政策等方面的支持，为硅谷地区营造了良好的创新环境。

4. 研发基础设施建设

创新环境的培育会对创新和研发活动的进行产生重要影响。美国经济学家 Michael E. Porter和 Scott Stern 于 2002 年首次明确提出创新基础设施这一概念，他们认为，公用的创新基础设施及特定集群的创新环境是区域创新体系建构的重要组成部分。

硅谷地区完善的创新基础设施主要包括科技基础设施和城市公共基础设施。大型科学工程、实验基地、大型科学仪器设备、自然科技资源等科技基础设施为开展创新活动提供了基础保障；公共基础设施，如能源供应系统、供水排水系统、交通运输系统、邮电通信系统等则为创新主体提供了基础生活条件。

同时，创新活动需要与之相适应的创新文化要素作支撑，真正具有创新力的城市一定具有深厚的文化土壤。创新文化的特质是崇尚冒险、宽容失败、激励草根、包容异端。硅谷的企业家们勇于创新、敢于冒险、开拓进取、不怕失败的精神支撑着硅谷地区研发成果的不断推陈出新。在硅谷，人们通常认为初创公司不是技术公司，而是一部学习机器。硅谷的包容性和开放性体现在移民数量众多，且来自全球各地。据统计，初创企业中约 1/4 的创始人至少有一个是在中国或印度出生，约 1/3 的科学家与工程师并非在美国本土出生，这表明硅谷当地文化融合了世界各地文化。在硅谷这个创意的大熔炉里，有着不同母语、不同文化背景的工程师、科学家和企业家成为联结硅谷与其母国科技中心的纽带，使得硅谷的企业能接触到其他地区的技能、技术和市场，这是硅谷始终保持创新活力的重要源泉。

二、印度研发服务业发展

印度虽然不是发达国家，但其研发服务业的发展速度和发展质量在世界范围内都是名列前茅的。20 世纪 50 年代，印度就开始发展研发咨询服务，培育和壮大研发产业队伍，进入 80 年代以来，印度的自主研发服务能力不断增强，研发服务投入飞速增加，研发服务业呈现出一派欣欣向荣之势。

（一）印度研发服务业发展概况

1. 服务规模不断扩大

近年来，印度政府高度重视研发产业的发展，对研发产业实施政策倾斜，使得研发服务业的服务产出和服务规模不断扩大，研发服务能力显著增强。

首先，印度目前正在成为全球研发离岸外包的中心，吸引大多数发达国家在此开展研发活动。以美国为例，2001 年美国在印度安排的研发外包市值达到 160 万美元，2004 年更是一跃达到470 万美元，年均增长达到97.9%，2010 年这一指标又达到760 万美元。据统计，当前世界五百强企业中，有 150 家在印度建立了研发机构招募研发人才，或者直接寻求印度外包企业委托研发业务。

其次，随着印度自主研发服务能力的不断增强，印度的研发企业不仅在本国接受外包业务，也积极向国外拓展业务。如今，印度的许多研发企业，如塔塔咨询服务公司、印孚瑟斯技术有限公司、维布洛科技公司等相继在北美、西欧、日本、拉美、澳大利亚、中东、东南亚等国家和地区开展研发服务业务。

2. 分工明确，优势突出

印度根据自身研发的比较优势，遵循国际产业分工原则，顺应研发内部分工的国际化浪潮，形成了分工明确、优势突出的差别化研发产业发展格局。印度研发服务业涉及的产业领域非常广泛，包括化学、农业科学、材料科学、药理学、物理学、工程学、地球科学、宇宙学和信息科学等，但其主要的研发产出还是集中在信息研发服务领域。以软件信息研发业为例，1990 年印度软件研发产业产值只有1.9 亿美元，到2008 年迅速增长到521 亿美元，年均增速达到36.6%，明显高于其他研发产业的增长速度。

3. 集聚效应明显

印度的研发服务业呈现出明显的集群化发展趋势。截至目前，印度国内已有43 个城市分布有研发服务业，但具有较高水平的研发服务业还是分布在少数领先城市，如班加罗尔、钦奈、海得拉巴、新德里、孟买、普纳等。这些城市研发服务业的业务收入占据整个印度研发服务业业务收入的90%以上，其中班加罗尔占36%，集聚效应十分明显。随着城市内部研发服务业集聚规模的不断扩大，一个个专业特色鲜明、协同效应显著的研发城市正在悄然形成。

（二）印度班加罗尔研发服务业发展经验

被誉为“印度硅谷”的班加罗尔是印度研发服务业迅速发展的一个缩影，这一地区占据着印度软件研发出口总额的三分之一。根据全球著名创新研究机构——领英发布的2011 年度全球研发服务供应商排行榜，在排名前 10 的公司中，有 5 家公司的总部位于班加罗尔，充分说明了班加罗尔在全球研发服务业格局中所占据的重要地位。

班加罗尔软件研发服务业的发展经历了从软件外包到研发服务的发展轨迹，其主要发展过程大概可以分为如下三个阶段：

1. 程序员输出

20 世纪 80 年代以前，印度政府奉行内向型的经济发展战略，对印度的软件及服务外包业实行高度管制措施。一方面，政府对硬件与软件的进口征收高额的关税，其中硬件为135%，软件为 100%，过高的关税，极大推高了印度软件服务商的运营成本；另一方面，政府垄断下的通信基础设施建设不力，致使通过调制解调器下载软件、数据传输以及跨洋协作等这些可以将印度与外部世界连接起来的行为变得极为昂贵。在上述条件制约下，班加罗尔的软件运营商选择将拥有高超技术的程序员派往国外进行现场工作，接受客户直接向他们分配的任务，或者加入客户的团队进行程序开发。相比直接出口程序，外派程序员可以规避在国内的高运营成本并提高工作效率，一些学者将这种软件服务模式称为“人体商店”。在此阶段，印度的软件出口并非程序的出口，而是印度头脑最聪明的软件工程师的出口。

2. 政府支持阶段

甘地当选印度总理被认为是印度软件与计算机产业政策改革的转折点。1984 年和1986 年，甘地政府连续颁布两项涉及电子、软件、通信等新兴产业的新政策，大幅降低硬件及软件的进口关税，鼓励各种形式的软件出口并允许外资进入。1985 年，美国德州仪器公司率先在班加罗尔设立海外研发中心，随后摩托罗拉、惠普、北电等跨国巨头也相继进驻，客观上为班加罗尔本地软件服务商的出现提供了快速发育成长的土壤。

1990 年，印度政府开始实施“软件技术园区计划”，为印度软件业的集聚发展提供空间上的保障。班加罗尔软件园是其中建立最早、规模最大的一个。软件园的开发也为班加罗尔的城市发展提供了空前机遇。1992 年，政府在班加罗尔和美国之间架设了印度第一座卫星通信设备，以专门的卫星通信渠道为软件出口提供高速信息交流服务。这些关键的数据通信基础设施，使本地软件商成功摆脱了“人体商店”的服务模式，有力推动了国内软件离岸服务外包业的发展。

3. 外资支持阶段

20 世纪 90 年代，跨国公司在低成本和高素质技术人才的刺激下，纷纷在班加罗尔建立海外研发中心，依靠跨国公司的外资支持，班加罗尔地区的研发服务业得到了飞速发展。同时，受益于信息与通信网络技术的高速发展，研发要素空间流动的全球化浪潮更是强化了班加罗尔研发服务业集聚的态势。

在此阶段，跨国公司以平均每月 5 家的频率涌入这座城市的软件园，其中不乏太阳微系统、思科、IBM、英特尔等全球顶尖的软件及计算机公司。在外资吸引下，本地软件商也大量集聚，到 2000 年，在班加罗尔注册的信息技术企业达到了 782 家。本地软件服务商与外资研发机构之间不断互动，形成创新网络，为班加罗尔进一步接轨国际研发服务市场奠定了坚实的基础。

随着科技竞争的加剧，产品更新速度的加快，以及出于分担研发风险，降低研发成本，缩短研发周期的需要，世界范围内的大规模研发外包现象愈加普遍，为班加罗尔大型软件服务商的发展提供了庞大的市场机遇，并随之出现了外包服务的逐渐高端化和前沿化。班加罗尔的软件公司从只能从事低层次的系统维护、编码、编程等工作，到现在已经能够承接软件研发、系统综合等高端研发外包项目。目前，班加罗尔的研发服务业发展已经走向纵深，突破了原有软件研发的范畴，拓展至硬件设计、汽车与飞机核心部件研发、新药开发等多重领域，班加罗尔已从“软件外包之都”成功转型为“研发服务之都”。

三、台湾地区研发服务业发展

台湾地区是亚洲乃至全世界重要的制造业生产基地，其制造业生产总值占台湾地区GDP的比例一直保持在45%～50%。随着世界研发产业的快速发展，研发服务业在其他产业尤其是制造业中显示出越来越重要的促进作用。为促进台湾地区研发服务业的发展，发挥其对制造业升级的积极促进作用，台湾地区当局在2004年制定了《研发服务业发展纲领及行动方案》，旨在加强对知识产权的保护，以此来促进研发服务业的发展。经过多年的发展，台湾地区的研发服务业呈现出以下发展特点：

（一）台湾地区研发服务业发展特点

1. 企业资金是研发服务的主要资金来源

台湾地区研发服务业的投资主体是企业，企业部门投入研发经费比重高，且呈现出不断提高的趋势。据统计，2003年企业部门投入研发经费占社会总研发投入经费的63.3%，到2007年，这一比重提高到68.8%。

2. 技术发展活动是研发投入的主体

根据台湾地区的统计标准，研发服务活动主要包括基础研究活动、应用研究活动和技术发展活动。在三大研发服务活动中，技术发展活动是台湾地区研发投入的主要目标，即台湾地区的研发服务业更加注重应用技术和产品的开发。2003年，台湾地区的技术发展经费投入是1 503.75亿台币，到2007年增加到2 130.74亿台币，年均增长率为8.3%，且占台湾地区研发投入总额的60%以上。

3. 研发服务业主要为制造业提供服务

台湾地区的研发服务业是基于服务制造业而发展壮大的，研发服务业与制造业相互融合、共同发展。台湾地区制造业与研发服务业的融合是指通过对制造业产品增加服务创新，不断提高制造业产品的附加值，具体表现为科技与生活的结合，为客户提供多种功能的服务附加值。据统计，台湾地区研发投入的90%是为服务制造业而存在的。在台湾地区企业的研究经费中，制造业的研发经费由2003年的1 400.7亿台币，增加到2007年的2 129.77亿台币，占台湾地区企业研发经费总额的比重超过90%，且保持不断上升的趋势。

（二）台湾新竹科技园区发展经验

1980年12月，台湾地区在其西北部的新竹县境内设立了第一个高新技术产业区——新竹科技园区。经过30多年的开发建设，新竹科技园已经成为台湾地区经济发展的重要支柱、科技产业的心脏地带和科技产业水准的象征。新竹科技园的发展目标已由最初的

“突破台湾劳动密集产业发展瓶颈，促进本地区科技生根、产业升级”逐渐演变为“把地区的科技产业推向世界舞台，创造出独步全球的产业竞争力，在全球半导体和信息产业占有举足轻重的地位”。目前，园区内共成立了385家高科技企业、公司，从业人员11.63万人，拥有集成电路、电子计算机及外围设备、通信、光电、精密机械与生物技术等6大产业部门，并以台基电、华硕、联合微电子等世界著名企业为核心，形成了新竹半导体、光电、计算机和通信产业等特色高新科技产业集群。这种高新技术产业的集聚化效应正是新竹科技园区区域竞争力提高的主要来源。1995年5月，美国《商业周刊》称台湾新竹为亚洲的硅谷，美国《科学》(*Science*)杂志甚至还把它选为近年来全球发展最快的十大科技园区中的第一名。新竹科技园区发展高新技术产业和研发服务业主要有以下经验总结：

1. 人才和知识的高度集聚

高学历、高素质是新竹科技园区人力资源的最大特色。新竹科技园区的博士、硕士、学士等高学历人才拥有量高于台湾岛内平均值两倍以上，其中不乏研发能力强的科技人员和技术过硬的高品质技术工人。新竹科技园区创业文化活跃，平均每18个人就有一个公司，是世界上最高的人均公司密度。此外，新竹科技园区在地理位置上与台湾“清华大学”“交通大学”“工业技术研究院”相毗邻，这些大学和研究机构为园区内企业提供了优秀的研发人才。

2. 建立完善的风险投资机制

研究开发是一项高风险、高成本的活动，需要强大的资金支持作为后盾。建立完善的风险投资机制是保证研发活动顺利进行下去的垫脚石。资本的顺利流动包括两个方面：资本流入和资本退出。首先，从资本流入来看，新竹科技园区的资金来源充足，不仅包括政府大量的研发资助资金，还通过设立研发投资基金和创业投资基金鼓励企业、金融机构、保险公司等参与园区内的研发活动，除此之外，近年来新竹科技园区的蓬勃发展，还吸引了来自美国、日本、德国等国家数百亿元台币的国际资金进入。充足的资本来源成为风险资本顺利进入高新技术企业的基石，也是为其发展提供强大金融支持的首要条件，成为新竹高科技产业集聚发展的推进器。其次，从资本退出来看，良好的退出机制是发展风险投资的必要条件。台湾地区的证券市场由集中交易市场、柜台市场和兴柜市场三部分组成。柜台市场的设立主要是为解决非上市的高科技、中小企业股票交易和流通问题，为高科技、中小企业发展提供资金支持，同时也为新竹科技园区的风险资本家和创业者开辟了可供选择的退出渠道。

3. 产学研密切合作

新竹科技园区是产学研密切合作的一个典型案例。园区允许科技人员以高于一般比例的专利权或专利技术作为股份投资，其作价最高可达总投资额的25%。在新竹科技园区，有着台湾“清华大学”“交通大学”“中华工学院”“工业技术研究院”以及六个相关领域的高科技重点实验室，园区内另有政府设立的三个国家级实验室，分别为高速计算机中心、同步辐射研究中心与太空计划室。园区内企业通过加强与这些大学和研究机构的密切合作，在科学、工程、应用技术的发展与推广以及人才的培育、技术的支持等方面，为新竹科技园区注入了顶尖学术智能的活力，成为科技园区可持续发展的动力来源之一。同时，园区内还形成了一整套中介服务机构，包括科技成果和技术咨询服务机构、人才中介机构、管理咨询机构、金融机构、各类评估机构和信息服务机构，以及提供法律、财务管理等服务的其他中介机构。通过产、学、研之间的密切合作和中介机构的作用，新竹科技园区在全球电子信息制造业中取得了一席之地，拥有全球 80% 的电脑主板、全球 80% 的图形芯片、全球 70% 的笔记本电脑、全球 65% 的微芯片以及全球 95% 的扫描仪市场占有率。

第四节　研发服务业典型企业案例

一、辉瑞制药

（一）企业概况

辉瑞制药有限公司（以下简称“辉瑞公司”）是世界领先的以研发为基础的生物医学和制药公司，创建于 1849 年，总部位于美国纽约。经过近 170 年的发展，辉瑞公司已经成为全球最大的多元化生物制药公司，致力于运用创新的科学技术及全球资源来改善每个生命阶段的健康和福祉。辉瑞公司的产品覆盖了包括化学药物、生物制剂、疫苗、健康药物等诸多广泛而极具潜力的治疗及健康领域，同时其卓越的研发和生产能力处于全球领先地位。据辉瑞公司 2016 年财报显示，2016 年全年收入 528 亿美元，相比去年增加 8%。在 2017 年《财富》世界 500 强排行榜中，排名第 173 位；2016 年《财富》世界 500 强排行榜中，排名第 186 位。

（二）企业研发

1. 企业研发概况

辉瑞公司作为制药业的领头企业，持续增加在生物和药物研发上的投入，并取得了显著的成就。如表 5－6 所示，辉瑞公司每年都增加在药物研发方面的资金投入，不断提高自身的药物研发能力。辉瑞公司一直致力于研发创新的、安全的、高效的方法来预防和治疗世界上最具挑战性的疾病。辉瑞公司每年投资超过 70 亿美元用于研究和开发药物，并与 250 多家学术和工业研究机构成为合作伙伴。根据 1995 年制药业的一项调查，辉瑞公司的新药研制开发组开发一种药品从提出概念到临床试用的速度比制药的平均速度——190 人/年还要快 1/3。

表 5－6 辉瑞公司的研发投入情况

年度	2003	2004	2005	2006	2007	2008	2009	2010	2011	2012
研发支出（百万美元）	7 279	7 513	7 256	7 599	8 089	7 945	7 845	9 400	6 000	7 870
总收入（百万美元）	41 787	48 988	47 405	48 371	48 418	48 296	50 009	67 809	67 000	58 986
研发支出占比（%）	17.42	15.34	15.31	15.71	16.71	16.45	15.69	13.86	8.96	13.34

数据来源：辉瑞公司企业年报。

辉瑞公司在全球拥有 25 个研发中心，并力求在医疗保健的每个领域中都有 1～2 个研发中心。新药物的发展涉及多个阶段，除了实验室研究，第一期临床研究也是十分重要的阶段，这一阶段针对健康人群提供一些潜在新药品的有价值的信息，包括多长时间服用一次药物，一次服用多少剂量以及人们的耐受力程度如何等。辉瑞公司有三个第一临床研究单位，分别在美国康涅狄格州的纽黑文、比利时的布鲁塞尔和新加坡。在号称“日不落”的辉瑞临床研究单位，几乎每个人都能自愿参加这些临床研究单位的试验。

辉瑞公司的研发形式多种多样，除了与其他生物技术公司采取共同研发合作和授权引进外，还通过公司并购的方式快速充实产品线，进入新市场。

2009 年，辉瑞公司收购惠氏后，正式对外宣布研发产品线的优化组合，可以看出辉瑞公司更加看重研发项目的质量和广泛的治疗领域而不是研发项目数量的多少。辉瑞削减了 100 个在研项目，研发重点集中于六大治疗领域及提升疫苗和生物制品的研发比重，同时还减少了 1/3 的研发场所面积，并撤销了 6 个研究基地，裁减了一定数目的员工。优化后的辉瑞研发线总共有 500 个在研项目，其中 133 个项目处于临床研究阶段，包括正在进行三期临床研究的 34 种药物和 6 个在不同国家等待上市批准的品种。这些在研项目也包括多个辉瑞“志在必得”的医药领域项目，包括阿尔茨海默病、糖尿病等代谢性疾病、癌症、炎性疾病以及精神类疾病等六大治疗领域，这些领域占全部在研项目的 70%。

2. 企业研发历程

辉瑞公司从创立之日起就一直走在研发创新的道路上。1849 年创立之初，辉瑞公司的两位创始人查尔斯·辉瑞和查尔斯·厄哈特便研制出了第一个医学突破性产品——山道年塔糖，这是一种驱虫药；1869 年，辉瑞公司率先开始在美国生产酒石酸和酒师，它们成为食品业和化工业的重要原料；1880 年，辉瑞公司利用进口的浓缩柠檬汁和浓缩酸橙汁，开始生产酸柠檬，后来成为公司销售的主要产品；1919 年，公司成功开发出利用发酵过程大量生产柠檬酸的技术，从此再也不用依赖欧洲的柑橘种植者了；1928 年，亚历山大·弗莱明发现了青霉菌的抗菌特性，成为医学史上的一件大事，从此公司开始进行青霉素的生产；1939 年，辉瑞公司利用糖发酵的柠檬酸使得每磅柠檬酸的价格从 1919 年的 1.25 美元跌到了 20 美分，被公认为发酵技术的先驱；1944 年，公司利用深罐发酵技术，成功实现了大量生产青霉素的目标，并成为世界最大的青霉素生产者；1950 年，公司成功研制出一种广谱抗生素——土霉素；1952 年，辉瑞公司设立农业部，致力于为动物健康问题提供最先进的解决办法；1954 年，四环素作为辉瑞公司研发人员发现的第一种完全合成广谱抗生素正式投放市场；1955 年，在英格兰开设发酵工程，为辉瑞公司在英国的研发活动奠定了基础；1960 年，在美国康涅狄格州格罗顿市设立医学研究实验室；1989 年，公司推出 Procardia XL，这是一种治疗心绞痛和高血压的创新性每日一次药物；1998 年，公司推出方可艾，取得了商业上的巨大成功，也使新辉瑞公司成为强大的最具竞争力的跨国医药公司。①

3. 企业研发借鉴

传统医药行业是一个高风险、高投入的行业。据美国制药工业协会统计，2000 年，成功开发一种新药需要投入 8.02 亿美元，研发投入约占该企业每年销售总额的 15% ~20%。通常，一种新药需要从 5 000 ~10 000 种化合物中筛选出来，从立项到上市大约需要 10 年时间，而上市后的新药只有 1/3 能够产生较好的市场效益。鉴于此，许多制药企业纷纷探索新型的研发模式——合作研发、建立战略性研发联盟，有效整合社会各类资源，降低新药研发的成本，提高新药研发的效率。

辉瑞公司在合作研发和建立战略性研发联盟方面形成了独特的发展模式。在 2000 年，辉瑞公司收购华纳—兰伯特公司，获得重磅药物立普妥，成为全球第一大制药公司；2003 年，辉瑞公司收购法玛西亚药厂，收获了著名关节炎治疗药物西乐葆，并与法玛西亚药厂共同进行药物研发；同年，辉瑞收购艾斯帕来恩公司，合作开发出了高密度脂蛋白胆固醇药品；2005 年，辉瑞公司收购 Vicuron 公司，增强了在抗感染药物领域的实力；2009 年，辉瑞公司收购惠氏所有股份，帮助辉瑞公司在生物制剂和抗生素市场上赢得一席之地。除了与医药公司进行合作，辉瑞公司还重视与医药研发服务中介的合作，从而加快了医药研发的步伐。

二、华为

（一）企业概况

华为技术有限公司是一家生产销售通信设备的民营通信科技公司，于 1987 年正式注册成立，总部位于中国深圳市龙岗区坂田华为基地。作为全球领先的信息与通信技术解决方案供应商，华为坚持稳健经营、持续创新和开放合作，在电信运营商、企业、终端和云计算等领域构筑了端到端的解决方案优势，为运营商客户、企业客户和消费者提供有竞争力的信息和通信技术解决方案、产品和服务，并致力于构建更美好的全连接世界。2013 年，华为首超爱立信，成为全球第一通信设备供应商。目前，华为约有 18 万名员工，业务遍及全球 170 多个国家和地区，服务全球运营商 50 强中的 45 家和全世界三分之一以上的人口。

2016 年，华为实现销售收入人民币 5 215.74 亿元，同比增长 32%，表 5 -7 是华为公

---

① 资料来源：辉瑞公司网站，http://www.pfizer.com。

司近五年的财务概要，并且在公司三大主营业务领域都实现了飞速发展和质的突破，如下图所示。

表 5-7 华为公司近五年财务概要 （单位：百万元）

	2016 年	2015 年	2014 年	2013 年	2012 年
销售收入	521 574	395 009	288 197	239 025	220 198
营业利润	47 515	45 786	34 205	29 128	20 658
净利润	37 052	36 910	27 866	21 003	15 624

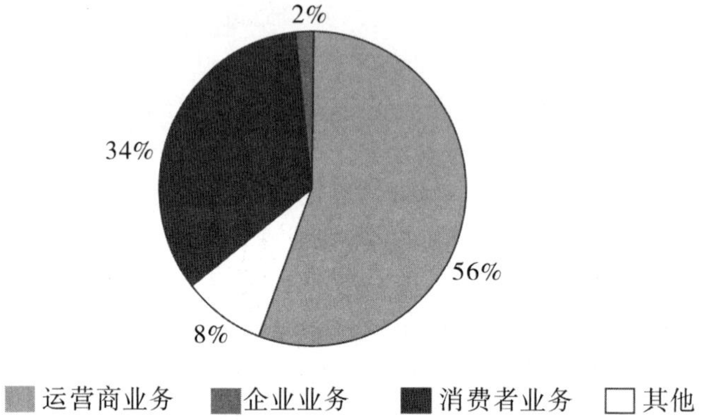

2016 年华为公司主营业务

数据来源：华为公司 2016 年企业年报。

在运营商业务领域，华为围绕数字化转型，抓住云服务、视频、物联网、运营转型等重大机会，取得了稳健的增长；在企业业务领域，华为聚焦信息和通信技术基础设施建设，与合作伙伴一起助力客户进行行业数字化转型，实现在公共安全与政务、金融、能源等重点行业持续有效增长；在消费者业务领域，华为始终坚持以消费者为中心，打造具有极致体验的科技产品，公司在 2016 年实现智能手机发货量 1. 39 亿，同比增长 29%，连续 5 年持续稳健增长。

（二）企业研发

1. 企业研发概况

华为聚焦信息和通信技术管道战略，为更好地实现全连接世界，在关键技术、基础工程能力、架构、标准和产品开发等方向持续投入，致力于用更宽、更智能、更高性能、更可靠的零等待管道，为用户创造更好的体验。华为在面向未来的基础研究和研发创新上持续加大投入，在信息和通信技术的热点前沿领域已取得众多研究成果，希望借助技术的创新突破来驱动产业的发展与商业模式的成功。

在 5G 移动通信领域，华为在第三代合作伙伴计划的领导下，积极推动 5G 全球统一标准，持续投入5G新技术研究创新，积极与运营商进行5G核心技术外场验证。华为在对全球5G统一标准做出积极贡献的同时，还在技术研发验证、网络架构、产业合作等方面取得了丰硕成果，持续领跑行业。通过多用户MIMO技术在毫米波频段实现了70Gbps的超高速率；率先发布了面向5G的云无线接入网解决方案，以云技术重新定义无线网络架构；面向5G的多种业务场景，在业界首次演示5G端到端网络切片技术；持续加深与5G－PPP、5GIC、5GVIA和IMT－2020推进组等产业联盟的合作，还与多家企业成立了“5GAA”，共同推进全球车联网统一标准的孵化。

在网络技术研究领域，华为发布了业界首个VR Ready网络创新解决方案，并展示满足云计算、云网络需求的下一代分布式路由器创新架构。VR Ready网络创新方案针对未来在线VR视频业务的全新挑战，提供面向VR的端到端无阻塞、低时延、高通量承载技术体系；下一代分布式路由器架构采用基于光互联和刀片式可扩展架构，实现10P＋超大系统容量，可以按需部署在业务边缘、核心节点和数据中心等多种场景，满足运营商网络和数据中心网络在云计算时代的需求。

在未来数据中心领域，华为对DC3.0架构原型持续优化，综合指标大幅提升。华为发布业界第一的TPCx－BB解决方案，并主导该领域大数据基准能效测试国际标准；基于多种典型信息和通信技术应用场景，华为完成DC3.0业务建模和大规模横向扩展并行仿真平台；基于NVM新介质模型，华为完成了业界性能领先的内存文件系统创新。

在光网络研究领域，华为提出面向全云化时代的光网络2.0，并实现了光领域的重大技术创新。发布业界交换容量第一的320T OXC样机，打破传统光传输的电交换容量瓶颈；业界首款32×32端口全硅光OXC芯片实现超低功耗和超高切换速度；超高集成度的四通道硅光集成相干传输原型，最大带宽支持TBPS。

在人工智能领域，华为聚焦主航道，利用人工智能技术提高GTS交付效率与服务质量，实现网络问题预测预防，持续为客户创造价值。分布式实时流处理系统StreamSMART和在线学习算法框架StreamMBT支撑GTS智能客服系统，用户投诉问题的自动故障定界准确率达到85%和异常场景覆盖率达90%；网络大脑引入强化学习，智能实现网络流量调度，应用传输效率提升40%；荣耀手机推动手机行业进入智慧时代，本地智能实现个性化服务；推荐引擎实现分钟级在线建模，推荐应用下载率提升40%以上，用户体验大幅提升。

在电池领域，华为持续聚焦“高能、快充、安全”的技术突破。采用创新电极材料的5V8A大电流快充技术已在荣耀手机中正式商用，30分钟可充入90%以上电量；发布了业界首个耐高温长寿命的石墨烯助力的锂离子电池技术，采用新型电解液添加剂和改性的电极材料，将锂离子电池的上限使用温度提高10℃，为高温场景下通信基站的储能业务带来革新。

除了在上述研发领域实现重大突破之外，华为还通过全球15个研究所和36个联合创新中心，在全球范围内开展创新合作，共同推动技术的进步。2016年，华为创新研究计划资助超过200个创新研究项目，通过资助数学、物理、化学等基础理论的研究，探索理论突破对信息和通信技术行业技术发展的重大创新。

截至2016年12月31日，华为累计获得专利授权62 519件，累计申请中国专利

57 632 件，累计申请外国专利 39 613 件，其中 90% 以上为发明专利。华为加入了 360 多个标准组织、产业联盟和开源社区，担任 300 多个重要职位，在 IEEE - SA、BBF、ETSI、TM Forum、WFA、WWRF、OpenStack、Linaro、OPNFV 和 CCSA 等组织担任董事会成员，2016 年提交提案超过 6 000 篇，累计提交提案 49 000 余篇。

华为坚持每年将 10% 以上的销售收入投入研究与开发。2016 年，从事研究与开发的人员约 80 000 名，约占公司总人数 45%；研发费用支出为人民币 76 391 百万元，占总收入的 14.6%。近十年累计投入的研发费用超过人民币 313 000 百万元。[①]

2. 企业研发历程

1987 年，华为公司创立于深圳，成为一家生产用户交换机的香港公司的销售代理；1990 年，华为开始自主研发面向酒店与小企业的交换机技术并进行商用；1992 年，华为开始研发并推出农村数字交换解决方案；1997 年，华为推出无线全球移动通信系统解决方案；1999 年，华为在印度班加罗尔设立研发中心，该研发中心分别于 2001 年和 2003 年获得 CMM4 级认证、CMM5 级认证；2000 年，华为在瑞典首都斯德哥尔摩设立研发中心；2001 年，华为以 7.5 亿美元的价格将非核心子公司 Avansys 卖给爱默生并在美国设立四个研发中心，加入国际电信联盟；2003 年，华为与 3Com 合作成立合资公司，专注于企业数据网络解决方案的研究；2004 年，华为与西门子合作成立合资公司，开发 TD - SCDMA 解决方案；2006 年，华为与摩托罗拉合作在上海成立联合研发中心，开发通用移动通信系统技术；2007 年，华为与赛门铁克合作成立合资公司，开发存储和安全产品，与 Global Marine 合作成立合资公司，提供海缆端到端网络解决方案，推出基于全 IP 网络的移动固定融合解决方案战略，帮助电信运营商节省运作总成本，减少能源消耗；2008 年，华为全年共递交 1 737 件 PCT 专利申请，据世界知识产权组织统计，在 2008 年专利申请公司（人）排名榜上排名第一，LTE 专利数占全球 10% 以上；2009 年，华为率先发布从路由器到传输系统的端到端 100G 解决方案；2011 年，华为发布 GigaSite 解决方案和泛在超宽带网络架构 U2Net 以及 HUAWEI SmartCare 解决方案；2012 年，华为发布业界首个 400G DWDM 光传送系统，在 IP 领域发布业界容量最大的 480G 线路板；2013 年，华为发布全球首个以业务和用户体验为中心的敏捷网络架构及全球首款敏捷交换机 S12700，满足云计算、BYOD、SDN、物联网、多业务以及大数据等新应用的需求；2015 年，华为在光传送领域与欧洲运营商共同建设了全球首张 1T OTN 网络，与英国电信合作完成业界最高速率 3Tbps 光传输现网测试，发布了全球首个基于 SDN 架构的敏捷物联解决方案和全球首款 32 路 x86 开放架构小型机昆仑服务器。

在长达 30 年的发展历程中，华为经历了三次研发转型。第一次转型是在公司成立初期，当时世界上的通信产品几乎被诺基亚、爱立信、摩托罗拉、西门子等巨头公司垄断，华为想要在产品方面占据一席之地十分困难。世界级的企业信息化解决方案大师 IBM 用一句话唤醒了华为：解决方案就是用 10% 的产品来满足客户 100% 的需求。于是，华为在客户解决方案领域打开了一条新的发展道路，从此华为的行业级市场空间得到了大幅度的扩展。

---

① 资料来源：华为公司网站，http://www.huawei.com/cn。

第二次转型是在全球化趋势引领下的研发转型。为了拓展国际市场，参与全球竞争，华为通过整合全球资源，在世界各地建立了 26 个研发中心。无线通信技术中心在瑞典，工程技术中心在日本，软件工程中心在印度，从而节省了研发成本，提高了研发效率。

第三次转型是研发服务对象的扩展。以前的华为只将服务对象定格在运营商层面，包括中国电信、中国移动等。考虑到企业客户和终端消费者的市场需求，转型后华为的服务对象面向运营商企业，而且也面向很多行业客户、企业客户，同时也会面向终端的消费者。①

3. 企业研发借鉴

华为公司的发展壮大很大程度上依赖于其研发水平的不断提升和研发产品的不断升级。作为我国民营企业的领军代表，华为企业在研发服务方面有很多值得其他企业学习和借鉴的地方。

首先，华为拥有强大的研发团队。实力雄厚的研发团队离不开对研发人才的培养，华为公司在猎取和培养人才方面在国内甚至国际上都是屈指可数的。在选才方面，公司通过校园招聘和社会招聘两种途径进行，校园招聘看重的是大学生的可塑性，而社会招聘则看重的是个人对于专业技术的掌握程度和实际操作能力。在育才方面，公司通过规范严格的入职培训帮助员工快速走上工作岗位；实行“导师制”培养方式，在实现新员工工作能力提升的同时还可以帮助导师实现自身发展；塑造“狼性”的企业文化价值观，培养员工勇于争先的精神。在对人才的激励方面，实行高薪激励、股权激励和内部创业激励，公司员工不仅拥有远高于行业平均水平的薪资，还可以分到公司股权，真正成为公司的一分子，同时公司还鼓励有志向创业的员工，申请作为华为的代理商，并可以获得华为提供的设备使用期等，让离开的员工可以与华为一起共同取得发展。

其次，“审时度势”是华为成功的关键因素。纵观华为公司的研发发展历程，无一不是站在科技发展的顶端进行研发创造，对于世界科技发展趋势和形势的准确把握，是华为公司得以迅速成长以至于立足世界强企之林的重要因素。除了对世界科技形势的把握，对市场需求的估计也是华为进行研发活动需要重点考虑的因素。

最后，合作研发成为华为的主要研发形式。华为的内部研发以研发核心产品为主导，将一些边缘化的研发产品通过外包的形式分给其他专业化的研发公司进行研发。通过与其他研发公司的合作，从而更好地提高研发活动的效率，保证研发产品的质量和应用效果。除此之外，华为还通过与世界顶级的研究机构合作开发产品来提升华为研发产品的层次。

① 资料来源：华为公司网站，http：//www. huawei. com/cn。

第六章　技术转移服务业发展模式

进入 21 世纪后，无论是在经济、政治还是科技方面，各个国家和地区都展开了激烈的竞争，以应对新技术革命的挑战。一个国家或地区的综合国力和国际地位越来越体现在科技创新能力以及反映经济实力的科技转换率。科技服务业在国家发展战略中已经成为一项关键产业，其不仅能够推动科技发展，而且有助于加速产业结构优化升级的历史进程。积极发展科技服务业已经成为增强国际竞争力的关键性途径之一，而在整个过程中又必须结合本国国情及经济产业状况。在科技服务业发展突飞猛进的大时代背景下，技术国际化已经成为一个不可忽略的现象，技术创新和技术进步在技术转移过程中实现。发展高科技产业，促进产业结构优化升级，是经济发展赋予技术转移的职责。由于我国科技服务业起步晚，理论还不成熟，还有待对技术转移进行积极的尝试和探索。虽然中国的经济在近十年取得了令世界瞩目的腾飞，但技术开发能力及相应的市场化活动受传统经济、政治体制的影响较大，因而还处于初始阶段。在此期间，美国、日本等发达国家则是另外一种局面，他们不断增强技术开发力量，积极进行技术转移体系建设，通过一系列手段推进技术转移进程，如加强技术转移立法、完善技术转移机构设置、规范技术转移参与者激励机制等，不遗余力地在人力、物力、财力等方面支持和推动国内、国际技术转移活动，取得了辉煌的成绩，借助跨国公司成为全球高新技术发展的主导者。

我国自从加入 WTO 后，进一步加快对外开放的步伐，顺应时代潮流，利用技术转移成为我国技术创新的核心内容。相较于发达国家，我国落后的科技实力是不可否认的事实，我国技术转移活动的微成效、低效率在很大程度上归咎于国家技术转移体系的缺失，无论是在技术转移的投入还是在取得的成果方面都远远落后于主要发达国家。因此我们通过对技术转移服务业进行全方位的剖析和解读，并考察美国、日本技术转移体系的运行情况，借鉴他们的经验教训，从而促使我国技术转移体系进一步完善，并在国内外技术转移活动中取得新发展。

第一节　技术转移服务业发展历史演进

回顾漫漫人类历史，技术、知识的传播和转移总是与其问世无缝衔接。从长期的复杂演化过程来看，人类技术转移方式大体上可以归纳为以下四个主要发展阶段：

一、以技术传递为主流的阶段

古代农业经济社会是技术传递的典型时期。在交通工具极度匮乏的年代，步行、骑马或骑骆驼成为主要的出行和运输方式。由于当时的语言文字仅用于简单的日常交流，技术难以通过文字的形式进行保存和传播。国家间、地区间的技术传递主要是通过军队、传教士和商人等人员的流动来实现。由于交通不发达，商人、传教士和文化传播者等个体成为地域性的技术传递的载体，将零星、散落的技术向外界进行传递。诀窍、秘方等技术是个人生存的手段，为个人所独有，再加上所有者严格控制传递的对象，因而技术转移通道受阻而无法向外界转移传递。这种现象在中国尤为明显，“传内不传外”“传男不传女”的各种规矩在中国历史上不少见，只有具有父子血缘关系的后代才有资格成为技术的继承者。总而言之，传播范围狭小、传播方式简单、传播速度缓慢是古代技术转移的主要特点，从而导致技术转移对国家的经济发展贡献微乎其微。

二、以技术传播为主流的阶段

工业革命期间是技术传播的主流时期。专利制度随着资本主义经济的发展应运而生。国际技术转移活动的有效开展得益于专利制度的建立和完善。专利制度对发明创造者授予专属权，明确规定保障发明创造者的正当权益。专利制度通过鼓励发明创造者向社会公开传播成果，从而极大丰富了技术资源。技术的传播介质对于技术转移具有重要作用，工业革命阶段诸如方法、诀窍、科学文献、数据、公式等广泛、丰富的传播介质有效地提高了工业时代的技术转移的成效。与主要依靠人员流动来实现技术转移的农业经济社会相比，工业时代的技术不仅可以物化在商品中还可以作为单独的商品，因而技术转移的方式也突破单一性、呈现多样性，贸易和投资成为国际技术转移的主要形式。这一阶段的技术转移在内容、形式和规模上相对简单和狭小，与现代工业经济社会和知识经济社会还有较大的差距。

三、以技术转移为主流的阶段

现代工业经济社会是技术转移的主要时期。第三次工业革命即科技革命的爆发推动了世界经济高速发展，各国加强了政治、经济、文化的交流，技术转移越来越频繁。信息技术的出现使技术转移传播介质更具多样性。转移时间短、转移速度快是这一时期技术转移的主要特点。与此同时，技术类别更体现多样化，适用性技术、高新技术存量巨大，可供技术使用者有针对性、有选择性地进行使用；无论是科学仪器、技术装备等硬件还是设计方案、操作程序等软件在技术市场上都纷纷涌现。

四、以技术全球化为主流的阶段

在当代知识经济社会，全球化是一个不可逆的历史进程，技术全球化趋势日渐明显。人类社会的科学技术活动的特征主要体现在三个方面：一是为实现研究开发产出的最大化目标，科技研究开发资源在全球范围内的配置普遍遵循比较优势原则；二是全球科学技术活动的管理需按照共同的国际规则，研究开发活动不再由某个国家或地区主导，比较优势的存在使得研发活动更具全球性，各国在科技成果的交易中必须严格遵守国际统一的制度框架和标准，各国的科技成果受知识产权保护；三是经济全球化使得研究开发成果具有全球性，随着科学技术知识的溢出和扩散，科技研究成果得以在全球范围内应用。这三个特征相辅相成，共同促进了新时期技术的全球化。在知识经济时代，技术转移成为全球产业转移的核心，将科技与经济紧密联系起来。

第二节　技术转移服务业趋势

今天，随着科技和经济发展模式的转变，作为将科技成果转化为生产力的重要途径，技术转移呈现出自己的发展趋势，具体表现在以下几方面：

一、创新更具开放性

在经济一体化和信息全球化的今天，资金、人才、技术、信息等要素突破国界，在全球范围内流动，加快了技术转移全球化进程，国际的技术转移主要通过跨国公司、研发机构与政府实现。同时，初具形态的国际技术转移运营方式体系与国际经济合作相辅相成，互相促进，共同制定全球技术战略，组建技术转移一体化网络结构。单个企业把控整个价值创造过程——从技术研发到产品上市，是一种传统型的创新，是封闭式的。而在资本全球化和知识经济时代，技术创新具有较强的不确定性，技术创新的方式更要与时俱进。全球化背景下，技术转移的进一步发展必然要以多个创新主体间协作的开放式创新为前进方向。美国的亨利·切萨布鲁夫教授最先提出开放式创新概念。当企业面临技术开发成本不断提高、产品生命周期日益缩短的激烈竞争环境时，为实现利益最大化，亨利·切萨布鲁夫教授鼓励企业积极利用外界资源进行创新，同时将企业内部价值创造率较低的专利向外界转移，以所有人的身份通过授权的形式提供给有相应技术需求的企业，从而无论对于所有者还是使用者来说都实现了价值创造。以美国为例，近年来专利申请数量较多的企业中，研发团队创造的所有专利中只有约 1/3 用于本企业生产的产品，而其余的专利则通过授权、出售或交换等方式向外界转移。

二、技术经营成为时代特点

技术经营作为一种新型的技术转移模式，在创新从封闭式到开放式的转变阶段开始兴起。科研成果的商品化和市场化问题一直是各国技术转移中的难点，为了解决这一问题，技术经营应运而生。几年前一项对日本制造业的调查显示：日本制造业中 80% 的科研成果在从基础研究到商品化的过程中消失，而没能实现市场化。科研成果商品化的实现必须要以充足的资金和懂得经营和技术的高端人才团队作为支撑，基础研发是一个漫长的过程，资金尤其不可或缺，此外专业技术人员在从研发到产品化和市场投放的整个过程中扮演着重要的指导和服务角色。技术经营作为一种重要的战略模式开始兴起。首席技术官承担着把握企业技术创新的方向和规划技术发展战略的职责。技术经营策略将与技术研发、技术转化和技术应用等环节有关的参与者联合起来，包括科技研发人员、企业家、投资人、律师、职业经理人等各领域人才，形成一个复合型技术转移网络，从而极大地降低技术转移风险，实现技术利润最大化目标。在技术市场化与产业化的大科学时代，技术经营必将成为特定发展阶段的标志，成为当代技术转移新趋势。

三、大规模技术专利投资与经营公司兴起

鼓励企业通过购买和联合开发等方式获取战略性技术，积极利用外部资源是技术经营的一个重要特点。随着技术经营的不断发展，一些公司开始充当技术所有者和技术使用者的桥梁，通过购买专利获得专利所有权，然后将专利授权给其他公司使用，从而赚取利润差，“专利海盗”正是用来形容这类中介机构的。技术经营成熟化和普遍化催生了大量从事发明与专利交易的专业公司，并迅速成长，初具规模。这类公司不同于盗卖专利的“专利海盗”，而是将发明和专利本身作为产品，从而进行投资和经营，随着这类技术专利投资与经营公司的快速成长，以专利技术为主要内容的资本市场和产业链迅速构建起来。技术专利投资与经营公司的利润是非常丰厚的。在众多的专利投资公司中，阿卡西亚较具有代表性，据统计，2010 年阿卡西亚累计专利授权近千次，其中仅仅 31 项专利授权就获得了超过 13 亿美元的收入。为了追求规模经济性，专利投资与经营公司不断扩张其规模，甚至有些公司所拥有的专利超过 6 万个。一些规模较大的专利投资与经营公司的投资业务遍布全球，其中不仅包括美国、加拿大等发达国家，还包括中国、印度等发展中国家。

四、技术专利与技术标准不断融合，技术垄断日趋严峻

随着发明和专利逐渐具有商品的属性，拥有专利和发明的企业能够通过交易而获得巨额利润。无论对于企业还是国家，巩固和提升在尖端技术领域的话语权和领先地位的可行途径就是建立专利标准化原则，为专利创立技术标准，在谋求超额利润的同时为产业发展导航。

随着生物技术、4G 网络、纳米材料、人工智能等新兴技术的不断涌现和成熟，新一轮以智能为特征的产业革命正蓄势待发，在新一轮产业革命中，技术标准毫无疑问将会成为核心竞争力。在产业竞争过程中，技术专利与技术标准的融合成为一种明显的趋势，对各个国家和地区企业的竞争力产生了深刻影响。技术发达国家以及跨国公司为了追求垄断利润，采取各种措施不断巩固和强化在技术领域的垄断地位，在全球范围内建立研究与开发联盟组织作为一种新的技术转移战略。美国、日本、德国等技术发达国家通过制定各种行业技术标准，在技术转移领域对技术欠发达国家设置各种障碍，使技术标准成为更加难以突破的贸易壁垒，从而在全球技术经济领域牢牢掌握主动权，非常不利于技术欠发达国家的技术追赶。

五、与技术相关法律法规日渐成熟

与专利和知识产权保护相关的法律和制度的形成和完善是使得专利交易能够在美国等

技术发达国家迅速兴起和盈利的重要原因。在经济全球化的今天，知识产权制度建立起了国际准则，完备的产权对象、严格的产权保护趋向、强烈的知识产权保护意识表明国际标准正逐步完善、趋向成熟。科学技术成果在当代技术转移中因知识产权制度的建立而具备更高的商业价值，知识产权制度逐渐成为经济发展运行机制的重要组成要素。专利保护和知识产权制度在国际贸易中引起了各国的重视，这两者的密切结合加剧了各国之间的贸易竞争。技术与贸易摩擦因专利和知识产权制度的存在而愈发尖锐和敏感。国际性和区域性的保护知识产权的组织在扩大知识产权保护的地域范围和优化技术转移环境中发挥了重大作用。此外，各国在法律保护方面采取了较为强硬的措施，日益健全、成熟的产权制度基本建立起来，知识产权对象体系随着知识产权对象的范围不断扩大而逐渐完善。日渐成熟的专利法律技术体系为优化技术转移环境提供了法律依据。国际知识产权保护作为一种有力的贸易保护手段，在经济、科技和贸易等领域构成发达国家的竞争优势，并成为国家对外关系的重要组成成分。

六、中介机构发展空间大

我国技术转移中介机构最突出的特点就是以政府或高校为依托，这些中介机构的市场化与商业化都还有待于进一步提升，以充分发挥其中介功能。为了达到活跃中介行业、鼓励民营中介机构的发展这一系列目的，国家应当承担起政策制定者的职责，如制定优惠发展政策与完善税收补贴方案等。现阶段我们必须正视的一个重要问题是，我国绝大多数的技术转移中介机构的工作人员专业水平低，所以要加快提升技术人员自身专业能力，以达到发达国家水平为目标，以超过发达国家为前进动力。以美国的 TLO（技术转移机构）为例，该机构对技术转移的工作人员设置了学历门槛，只有具有博士学位的人员才拥有准入资格，他们以技术经理的身份专注于研究某一领域的知识，在从事技术转移工作时能够对该领域非常熟悉。此外，他们还主动去钻研专利、许可、利益分配等相关法务知识，在能够准确地把握市场需求与动态的基础之上运用法律知识以谋求利益最大化。复合型人才的储备是完善的中介机构组织的必要元素，是技术转移中介机构的一项重要资产。

七、民营企业孵化器潜力十足

资金短缺往往会成为企业在技术转移中的困扰之一。企业资金短缺问题在一定程度上可以通过企业孵化器得到解决，但是现阶段我国为数不多的孵化企业的自身业务能力有限，而且国有企业孵化器占据绝大部分的资源。在国际民营企业孵化器的刺激和引导下，我国民营科技企业孵化器开始走向正轨。由于起步晚，我国的民营企业孵化器大多存在活跃度不高且良莠不齐的问题。为解决民营企业孵化器所面临的困境，必须充分调动政府的积极性，充分利用政府的行政指导作用，通过一系列激励政策的实施来鼓励民营科技企业孵化器的发展。此外，为了保证民营科技企业孵化器的质量，一个行之有效的措施就是提高行业准入门槛。政府鼓励政策与监管制度“双管齐下”，为民营孵化器的发展创造一个良好的发展环境，以制度作为保证，整个孵化体系的效率将得到质的提升。

八、政府扮演重要角色

在技术转移过程中，参与主体往往具有投机取巧、坚持利益最大化等特点，不乏机会主义、利己主义等行为。所以，政府在技术转移中扮演的角色有着重要的意义，主要体现在以下几方面：第一，政府可以作为技术转移信誉体系的建立者和维护者，将技术转移过程中的各个参与主体的行为与信誉情况进行密切追踪并记录在案，建立一个信誉评级系统。通过这一举措，各个参与主体在技术转移合作中能坦诚相待、诚信合作，从而尽可能保障机会主义行为不再产生。第二，技术转移中的潜在矛盾往往是由利益分配不一致而引发的，在科技成果的定价问题上通常容易引起分歧。政府可以引进一个在技术、市场、财务等方面都拥有专业背景且中立的第三方，在技术转移过程中，为转入和转出双方提供有效的指导和沟通，这会大大提高交易的成功率，尤其是在技术定价方面。因此，由政府带头引入一个第三方机构显得尤为必要，这种机构在技术、市场、财务等方面都具备专业领域的能力和经验。第三，各项优惠政策的制定、充足财政基金的支持、各种经济手段的实施等动作主体都指向政府，以期其创造良好的国内技术转移环境。第四，政府在国际技术转移中充当“润滑剂”。政府凭借其行政身份，直接干预重大技术转移项目，加强对技术进出口的管理和监督，对各方关系进行协调和维护。

九、技术性的合作与交流将进一步加强

无论是在国际经济竞争还是科技竞争中，高技术产业领域都是各国各地区的必争之地，其重要程度不言而喻，相应地，各国在这一领域展开了激烈的竞争。为了降低研发风险、共享人力和财力资源，越来越多的公司甚至国家倾向于选择合作研发模式。当代科学技术以一种迅猛的速度发展，跨国公司在研究与开发领域面临的技术问题也越来越复杂。为了应对这一难题，技术性战略合作网络纷纷在跨国公司之间搭建起来，成为一种新的技术转移方式。工业化国家中的大型跨国公司之间形成的技术性战略合作网络则显得尤为密集。技术诀窍和技术优势通过这个网络在合作者之间相互流动、相互补充，既解决了跨国公司在研发方面的难题，又提高了技术创新能力，巩固了技术领先地位，还提高了技术的利用率和价值创造率。在知识经济时代，高技术涉及非常广泛的领域，甚至会触及人类目前无法解决的问题，只有高技术产业之间加强合作与交流，才能共同运用所掌握的高技术以攻克难题。国际科技合作交流需求日益攀高，国际形势也日趋缓和，通过各种方式进行的研发合作越来越频繁，国际研发联盟是其中的突出形式。美国 IBM 公司为巩固其在计算机产品领域的龙头地位，在全世界建立起了一张研究与开发网络，包括 400 多个战略联盟，日本东芝公司、德国西门子公司成为 IBM 的战略联盟合作方。

第三节　技术转移服务业主要发展模式

人们对技术转移模式的认识是一个渐进过程，随着国际技术转移的实践而不断深入，

不同类型的技术转移模式为技术学习提供了不同的途径。技术转移过程可以看作是一个闭合电路，输入端和输出端固然应该是关注重点，位于输入端和输出端之间的区块，也是完善技术转移机制不可忽视的地方，它真正展示了技术转移的关键环节并阐明了技术转移机制之于国际技术转移效果的重要性。在讨论国际技术转移问题时，国际技术转移的模式通常作为一个独立的研究问题。不同的技术转移模式涉及不同的所有权和成本问题，更重要的是所转移的技术类型以及技术转移程度也会因技术转移模式的不同而有所差别，而后者决定技术接受者的受益程度。

一、国际技术转移载体角度

在技术转移的不同发展时期，其载体存在差异。在早期阶段，商品贸易是技术转移的主要途径，随着商品在不同的主体之间的流转，其所承载的技术也随之得到转移和传播。而随着技术转移的不断成熟，其载体也经历着一个从间接到直接的演进过程。

（一）进出口的商品

这种技术转移模式是将技术物化在有形商品中，随着商品的进出口，从而实现转移的。这些载体商品主要包括关键设备、成套设备，甚至整条生产线以及其他参与国际贸易的商品。最常见的技术转移是国际机器设备和软件购销。通过商品的载体作用实现的技术转移，利弊共存，主要有以下几大缺点：①容易形成对国际技术的长期依赖。如果对引进的机器设备只停留在表面上的使用，而忽视了更深层次地学习机器设备所承载的隐性技术，那么企业从引进的机器设备上获取的收益是非常小的，其技术能力没有得到本质上的提高，更不用说在进口的机器上进行改进和创新了。如此循环往复，进口方跟不上技术的发展步伐，丧失自主技术创新能力，将永远只能扮演技术设备引进者的角色。②成本高。进口机器价格高昂的原因在于，内含于机器设备中的隐形技术也是具有高价值的，其价格包含在机器设备的进口价格中。③冲击国内相关设备的制造。在国内技术水平还比较低的情况下，对国外机器设备的进口若不设置任何限制，那么可能出现的情况就是，制造相关设备的国内企业因竞争力不足而被国外企业挤出国内市场。但是，商品转移技术的方式也有其优点：①省去研发过程，缩短形成制造能力的时间，迅速投产获利。随着产品的引进，物化在产品中的技术迅速为引进者所掌握，从而省去了漫长的具有较大不确定性的研发过程，并迅速形成制造能力，抢占产品市场，获得经济效益。②在最快获取现有技术的基础上进行模仿、技术改进和创新。由于技术物化在机器设备和软件中，在使用这些商品的同时，引进方还可以对机器设备和软件中所包含的隐性技术进行深入挖掘，从而通过改进创新形成自己的技术优势，摆脱对国外技术的依赖，形成自己的竞争力。③通过技术培训积累技术能力。通常技术培训会将进口的机器设备和软件进行打包，以帮助进口方学习使用产品，在此过程中，进口方除了掌握其软件的使用方法以外，还可以通过“干中学”和“干中用”深度挖掘内涵的技术，积累技术能力。

（二）对外直接投资

跨国公司进行技术转移最基本也是最主要的方式就是对外直接投资（FDI）。对外直接投资主要有三种形式——国际合作经营、国际合资经营和外商独资经营。通过对外直接投资，国外子公司从跨国公司获得了资金、设备、专利技术甚至专有技术等。母公司具有绝对的决策权，而子公司则处于一种被动的状态，只能作为技术的接受者，并保证不再随便转让或扩散得到的技术。对于发展中国家来说，对外直接投资也具有两面性。其缺点体现在以下几方面：①被投资企业要有较高的技术能力。发展中国家的被投资企业只有 FDI 带入的技术的使用权，而所有权还是属于跨国公司。被投资企业必须要有一定的技术能力，才能与跨国公司进行技术联系并在此基础上进行模仿。FDI 溢出效应的强弱受到被投资国技术有无的制约，绝大多数国家 FDI 技术溢出效应不明显的重要原因应归咎于技术的缺乏。②FDI挤占被投资国家市场。跨国公司借助 FDI，凭借资金、技术和品牌优势，以寻求利益最大化为目标，迅速占领被投资国市场，发展中国家企业由于技术劣势难以追赶上跨国公司，其发展必然受到抑制。③FDI 会挤出东道国的国内投资。东道国的竞争会随着跨国公司的大量涌入而越来越激烈，当地企业被挤出市场，总体上来说，东道国的资本减少了。④东道国企业容易对跨国公司的技术产生依赖。跨国公司的技术具有转移的批次性，发展中国家只能局部地掌握次要技术。长此以往，作为技术需求者的发展中国家对跨国公司的先进技术产生严重的依赖性，最终将丧失研究和开发能力。但是，FDI 也有其可取之处：①FDI 能缓解发展中国家外汇不足和储蓄不足的压力。特别是当外资将机器设备转移到发展中国家时，可以避免外汇的支付，也无须用国内储蓄从国内买方获取相应的机器设备。②FDI 带来的较为先进的技术能够对产业结构进行调整。③FDI 产生的溢出效应能够加快当地企业的技术进步并提高生产率。

（三）国际技术贸易

知识产权保护制度的建立使得技术也可以在技术市场上作为一种商品进行交易。技术作为国际技术贸易的直接对象，在交易中实现了转移。国际技术贸易具有以下几大优点：①极大程度地节约研发成本。由于购买方只拥有一定期限内的技术的使用权，通过技术贸易支付的费用远远低于技术需求者自主研发技术的成本。②保证技术使用的即时性。通过国际技术贸易，技术需求者可以立即获得技术，避免内部研发所需经历的漫长等待期，缩短追赶技术领先国所需要的时间，此外还可以通过技术运用的先人一步，领先推出产品，首先占领市场。③可以规避研发失败的风险。研究开发工作都具有较大的不确定性，任何企业都要做好面临研发失败的风险准备。通过国际技术贸易购买技术则可以规避这一风险，并直接使用较为先进的技术。但是，国际技术贸易的缺点也不容忽视：①购买方容易形成技术依赖。当购买方仅仅以使用为目的参与国际技术贸易时，由于自我研发意识和能力的欠缺，会越来越依赖技术提供方。②企业的技术能力不能因技术的购买而提高。技术引进企业如果缺乏对引进技术进行学习、积累自己技术能力的意识，没有对引进技术进行创新，那么技术引进企业的技术能力将会停滞不前，难以提高市场竞争力。

（四）技术人员流动

技术人员也可以充当技术转移的载体，在跨国界的流动过程中实现技术转移。21 世纪，人才国际化成为一种不断增强的趋势。人才流动亦具有多样性的特征，发达国家之间的人才主要呈现相互流动的特征，而“回流”则是发展中国家人才流动的主要现象。人才回流在技术后的技术追赶过程中发挥了重要作用。在技术领先国家的大学、实验室或新技术企业学习、工作或从事研究的技术后的留学生、出访技术人员，返回自己祖国时，一并把接受的新知识、掌握的新技术尤其是隐形技术带回了国内，从而实现了世界一流技术的转移。

二、参与主体的参与程度角度

在技术转移活动中，技术转移模式根据各个参与主体的参与程度大致可分为以下四种模式：

（一）衍生企业模式

衍生企业是指那些运用高校科研成果从事产品生产和提供服务的公司，一般为高校自身所有。高校通过衍生企业能够方便地将自行研发的科技成果进行转化，实现其商业价值。衍生企业在技术转移过程中发挥了重大作用，它也体现了高校的第三功能，即不同于传统的高校只具有教育与研究责任，设立衍生企业的高校还肩负着将新技术发明进行商业化并将之转化为整个社会的财富的社会责任。在我国，冠以“校办企业”“高校企业”头衔的企业都是高校衍生企业，它们通常由高校的研究中心设立。高校和研究中心的技术或人才都可为衍生企业所用，衍生企业的运营资金则是来自于内部或外部的风险资金。

与高校之间的特殊关系使得衍生企业没有购买技术许可证的企业那样的资金压力，而且技术的有效性及延续性都能得到持续。在高校技术转移中，衍生企业模式可以看作是对技术许可模式的一种有效替代，也可以看作是对技术许可模式的补充。

在知识经济时代，高科技产业的更新速度非常快，衍生企业模式是高校技术转移的一种必然结果。衍生企业的人员具有双重身份，既是企业运营者又是技术的创新者，他们不仅负责技术开发工作，还需将其转化为现实的生产力，如此一来，信息能够在技术的研发、商品化与产品营销过程中有效传递，从根本上解决了技术许可模式中隐性知识传递难的问题。

（二）技术许可模式

随着知识经济的不断发展，创新企业主动加强了对知识资产的管理，设置专门的知识产权管理部门已成为世界著名公司保护知识产权的一项必要措施。由于专利和技术诀窍相较于商标、著作权、运营法等知识资产而言包含更多的信息，因而就显得更具价值，更应该加强法律保护力度。除了将这些高价值专利和技术自行进行商品化外，所有者还可以将之许可给其他企业使用，获得丰厚的技术许可收入。技术许可模式借助具有法律效用的技术许可合同将技术的所有者与技术的需求者联系起来，技术需求者向技术所有者支付一定的费用从而获得一定期限内的技术成果使用权。技术许可模式能够为技术所有者带来丰厚报酬以补偿前期的研发投入，并具有转化速度快、效率高的特点，所以被广泛应用于比较成熟的应用型技术的转移。

（三）合作研发模式

合作研发模式是指企业与高校、科研院所等科研机构签订契约，共同作为技术研发过程的参与方。与委托研发不同的是，合作研发是由参与方共同投入人力、物力、财力等资源进行某项技术的研发。这种模式最大的特点就是合作方能够优势互补。一般来说，研发难度大、研发价值高、可替代性不强的科研项目才会采用合作研发模式，该模式能够最大限度地降低单方研发带来的风险。

合作研发模式分为横向合作研发模式和纵向合作研发模式两大类。横向合作研发模式是生产同类型产品企业间最常见的合作方式，合作双方因具备类似的知识而具有更高的合作可能性。生产同类型产品的企业具有相同的技术路径，可以避免技术专用性问题，知识、技术能够在企业间通畅流动，因而可以提高企业和整个行业的利润。纵向合作研发模式主要适用于企业与其生产价值链上下游的企业开展的研发活动。在纵向合作研发模式中，参与者一般以三种组合形式存在——企业与供应商，企业与用户，供应商、企业与用户。纵向合作研发模式能够为研发活动整合来自于生产价值链各个维度的信息，提高市场的灵敏度。上下游企业之间的技术援助缩短了技术研发周期，提高了其创新绩效。

（四）企业孵化器模式

企业孵化器模式（business incubator）又称为企业创新中心（Business Innovation Center）或企业创企业中心，是指一系列拥有特殊功能的机构或公司，专为一些刚刚起步的高科技中小企业提供“孵化”服务，提供一系列新创业发展所需的管理支持和资源网络，在它们创业初期，为它们提供资金、场地、共享设施、管理和财务指导，融资、法律、市场推广等各方面专业服务，降低新创企业的创业风险和创业成本，提高企业的成活率和成功率，帮助中小企业的高新技术成果进行技术转移从而获得利润，使企业慢慢做大做强。企业孵化器的主要目的是帮助处于初始阶段的相对弱小的新创企业成为能够独立运作并健康成长的企业。

我们可以把孵化看成是一种帮助创业企业成长的运作机制，孵化器就是执行孵化机制的社会经济组织。这种运作机制的初级形态是为被孵企业提供一些硬件设施和优惠政策，诸如办公场地和办公设备等；中级形态是为被孵企业提供一些与创业有关的中介、培训和管理服务，诸如法律培训和管理咨询等；高级形态是形成企业孵化器自身的商业运作模式和企业文化，使得企业孵化器和被孵企业能够形成良性的互动成长；甚至是形成“毕业生”的“校友联盟”，以进一步促进“毕业生”的发展和企业孵化器的发展。需要指出的是，这三种形态是随着企业孵化器的实践发展而逐步出现的。一般来说，高一级形态也包含着低一级形态的功能。

第四节　国内技术转移服务业存在的问题

我国技术转移体系建设起步时间晚，尽管在近几年取得了较大成绩，但是我们必须正视存在的诸多问题，尤其是当前技术转移体系与所实施的自主创新战略不相适应，与设立的建立创新型国家的重大要求不相符合，技术转移体系仍然比较薄弱，有待于进一步建设。此外，我国当前的技术转移体系还无法满足经济发展的全部需求，国家在研发方面的大量投入尽管产生了一定的成果，但是转化率极低，离产业化的实现还有较长的路要走。

一、技术需求与供给不对称

技术转移供需双方不对称主要归因于两方面：一是社会分工不同，二是发展水平低。在各大主体中，基础研发任务主要是由大学、科研院所承担，然而对技术的实际应用和发展缺少关注。作为技术创新的主体之一，企业更多地关注技术成果是否能够产业化和市场化，某项技术成果只有满足了这两个指标才能激发企业的需求。相反，那些需要耗费大量时间才能商品化的高风险技术很难引起企业的兴趣。

二、各个主体对技术转移的支持力度不够

大学作为技术转移体系中主要的技术输出者，在知识创新方面投入了较多的时间和精力，其技术产出也与投入成正比，但是大量从校园生产的技术并没有越过围墙进入市场，究其原因在于普遍缺乏对大学研发人员技术转移的激励并且其产权难以得到保障；科研院所的主要任务依然停留在技术层面。技术是一种商品，但由于科研院所对经济行为缺乏认知，技术更多的是“库存”而没有进入市场进行交易。由于大学和科研院所的科研成果的输出通道受阻，多数企业无法对技术的商品化和市场潜力进行测试检验，大量技术成果因转移失败而在技术市场上失去了价值。

三、技术转移服务机构问题凸显

技术转移服务机构主要是指那些为技术转移过程提供各类服务的机构。它们更多地充当技术需求者与持有者之间的纽带，在大学、科研机构等技术输出方与企业等技术需求方之间搭建起一座沟通的桥梁，为技术流动清除障碍，打破了以往创新体系内各参与主体间的封闭状态，为各主体之间的技术交流建立起了一种互动渠道，从而实现资源的优化配置和有效整合。我国技术转移服务机构还处于起步阶段，还不成熟，各种问题凸显。它缺乏一批服务能力强的示范机构，而行业龙头的带头作用对一个行业来说是非常重要的。技术转移活动在运行、服务、营利三大模式以及人才队伍建设等方面都需要一批优质服务机构充分发挥示范作用。政府主导的中介服务机构一般都存在较大的体制问题，非市场化运作成为其向外扩展的最大障碍。市场化运营的技术转移中介机构的规模较小，服务能力普遍不强，无法满足市场的需要。我国的技术转移服务机构陷入了两难的境地，非市场化运作的政府服务机构和完全依靠市场化运行的民间机构都存在不同程度的缺陷。因此，建立一个具有自我发展能力的、有一定规模的、有较强服务能力的示范机构就显得尤为迫切。这种机构需占有并且能够独立运用丰富的资源和资金，具备一套有效的盈利模式，能起到带动技术转移服务机构整体发展的示范作用。

四、政策支持力度疲乏

技术转移的效果在一定程度上由政策的完善与否和其支持力度大小决定。与技术转移有关的职能部门没能对技术转移扶持政策进行系统考虑、研究和设计，因而现有的与技术转移有关的政策就显得零敲碎打。知识、技术、人才等要素在地域之间的流动集聚，使得高校、研究机构、政府和产业主体之间的联系更加密切，从而使资源在优化配置的基础上进行更有效的结合。但是随着技术市场的快速发展，相关需求主体对技术转移提出了更高的要求，甚至超出了供给主体的能力范围。要完成技术转移所承担的历史使命，就必须对与技术转移相关政策进行进一步整合、优化，从而在效果和效率上实现快速提升。在现行的技术转移政策体系中，与技术经营有关的法律法规尤为缺乏，在专利和知识产权得到法律保护的基础上，技术成果也应该以法律的形式划定其所有权。此外，在财政、金融、产业、技术等方面也应该制定相应的政策，以形成一个完整的政策闭环，为技术转移提供动力和扶持。

五、技术转移法律体系还不健全

相互独立、各自为营是现有的技术转移法律法规的突出问题，各种法律文件都或多或少地对相关法律法规有所提及，技术转移法律体系还比较散乱，因此引发了一系列问题，如各项政策之间缺乏协调配合、信息披露缺乏制度向导、技术转移法律规定缺乏强制性、执法不到位的现象频现。以现有的技术转移法律法规对税收优惠的相关规定为例，税收优惠政策主要偏向技术转移方，而同样在技术转移过程中发挥重要作用的技术供给方和技术转移服务机构并没有被列入该项政策的受众之列，严重挫伤了这两大主体在技术转移过程中的积极性。法律监管不到位和法律约束力度不够是技术转移中介服务机构急需解决的问题。除了《科技成果转化法》《国家级示范生产力促进中心管理办法》等几部全国性质的法律是专门为科技服务业制定的以外，只有在《合同法》《民法》中才能看到部分涉及科技服务业或科技服机构的条款。至于能够用来规范科技服务机构各项行为、明确其权利和义务的一整套法律体系至今尚未出台，致使在真正解决与技术转移有关的法律问题时面临无法可依、无章可循的处境。

此外，我国的知识产权保护意识淡薄，相关法律体系还不健全，无法为知识产权提供强劲的保护力度。由于知识产权保护的法律环境建设还不到位，必然会对技术经营活动的开展造成不利影响，国内企业知识产权利益无法避免地受到他方的攫取。我国在专利成果与技术转移战略技术方面的法律也是不健全的，急需引起立法机构的重视。

对人才、机构进行奖惩的具有法律解释力的配套措施没有进行具体细化，没有以法律的形式对奖惩机制进行明文规定，使得行政执法部门在执法过程中有失偏颇，而且不利于调动高端技术转移人才的积极性。社会缺乏对技术转移人才和技术转移机构的深度认识，相关法律法规必须明确政府部门对技术转移进行宣传、对社会进行引导的义务。

六、科技成果评估机制亟待优化

在对技术进行转移之前，对拟转移的科技成果进行评估是一个必不可少的程序。虽然《科技成果评估试点工作管理暂行规定》从范围、内容、形式等方面对科技成果的鉴定进行了细化的界定，但远远无法满足技术转移对信息多层次、全方位的需求。以科技成果为例，目前只对科技成果进行模式化等级划分，而很少关注科技成果的一些关键性指标，如生产可行性、现实经济性等指标。科技成果的投入产出情况、市场转化力以及价值创造能力等都是评估一项技术成果的重要考核指标，而在中国现行的技术成果评估体系中却很少涉及或者根本就没有涉及。而且，由于经费不足、人才稀缺等客观原因，科技转移服务机构对很多待转移的科技成果无法进行技术认定，进而无法提供有效的技术成果评估。即使一些技术转移服务机构能够对部分科技成果提供评估，但相关的意见多数由该领域的专家出具。评估主体的单一性使得评估结果不能全方位反映一项科技成果的各个方面，如技术难度系数、经济价值、收益和风险等，这在一定程度上阻碍了技术转移的开展。

七、交易结点模糊和诚信问题突出

技术转移与一般的商品交易的不同之处在于其对象为“技术”，“技术”具有几大独特的属性——无形性、复杂性和不确定性。技术的无形性属性决定了技术转移和技术交易具有隐蔽性特征，技术的转移过程也是使用权或所有权的交接或变更过程，技术能够在参与转移的双边渗透。技术交易是一个复杂、长期的过程，各个交易结点多有重叠、界限模糊的现象，使技术交易完成结点的判断成为一个技术性问题。信息不对称也是技术转移过程中的一个严重问题，这一问题的存在衍生出了一系列更为严峻的问题，如诚信问题。在技术转移过程中，技术转移方的诚信问题较为严重，为了获得更多的利益，他们往往会有意隐瞒所提供的技术可能存在的风险，并对相关信息进行过多的粉饰，向技术转入方夸大了技术投入市场后所能带来的收益。诚信问题并非单方地发生在技术转移方，技术转入方的诚信问题也尤为严重，单方面毁约、违约和逃约现象在业界时有出现。诚信问题若得不到及时有效的解决，必将损害技术转移参与各方的合法利益，严重阻碍技术转移的进行。

八、对外技术依存度高

一个国家对技术引进的依赖程度可以通过对外技术依存度这个指标来反映。降低对外技术依存度是建设创新型国家的要求，也是提高国家技术安全的重要保证。长期以来，我国通过以技术换市场的“曲线救国”战略以解决独立研发难的问题。这一战略推动了我国的工业化进程，但是长期“拿来主义”式的技术引进并没有改变我国技术落后的事实，我国的自主创新能力也没有得到有效提高。我国的技术发展陷入了一种恶性循环的状态——落后、引进、落后、再引进的状态周而复始。自主研发能力不足，而国内市场对技术又有大量的需求，使得技术长期依赖于国外的提供。我国历年来对外技术依存度居高不下，平均值高达60%左右，而国际创新型国家的对外技术依存度不到我国的一半。要想摆脱对国外技术的过度依赖，我国必须提高自主创新能力。

九、高校、科研院所和企业的作用被忽略

在技术转移服务业发达的国家，高校、科研院所和企业往往是技术转移的三大主体。由于我国技术转移服务业还处于起步阶段，技术转移体系尚未健全，我国从事科学研究的高校、科研院所并不能完全满足企业的技术需求，技术的供给和需求还不能有效匹配，科研成果在市场转化、价值创造等方面的实用性与预期相差甚远。相较于发达国家60%～80%的科技成果转化率，我国在提高技术成果转化率方面还有很长的路要走。由于长期依赖于国外技术，我国企业普遍缺乏创新能力，其新技术接受能力也有待进一步提高。

第五节　发达国家或地区技术转移服务业发展经验

在我国技术转移服务业起步晚、发展程度低、体系还不健全的不利条件下，我们应该以开放的心态和好学的态度向发达国家取经，学习借鉴其先进之处。在此基础上，结合我国技术转移服务业的现状，进行吸收、改良和创新，从而扭转我国技术长期落后于欧美发达国家的局面，建立起自己的技术优势，实现技术的转化和价值创造，提升在国际市场上的技术竞争力。

一、美国发展经验

在技术转移服务业高速发展的今天，美国不仅占据着全球经济霸主的地位，在技术领域也走在世界前列，是全世界技术发展的风向标。美国拥有领先于世界的科技成果，这也是今天美国之所以能成为全球性的超级强国的主要原因之一。在市场化经济中，大量优秀的科技人才储备以及基于知识产权保护的科技转移体系是美国科技快速成长、与时俱进的重要保障。20世纪70年代开始，技术研发支出就已经在美国财政支出占据较大的比例。经过几十年的发展，美国科技领域取得了辉煌的成就，技术开发和转移能力都居于世界领先水平。美国在几十年的摸索和经验总结下已经建立了一整套成熟的技术转移体系，为技术欠发达国家提供了成功的范例。

（一）构建高效运转的技术转移中介机构

美国的技术转移中介机构主要分成两大类：一类是联邦政府出资建立的官方机构，属于非营利性的机构；另一类是民间资本自行建立的中介机构，一般以营利为目的。在技术转移中介机构设立之前，国家实验室、科研机构、高校和企业之间处于一种隔离状态。技术转移中介机构作为一种“黏合剂”，将这些技术转移主体有机地联系起来，实现信息、技术的互联互通。技术转移中介机构的存在有效地解决了供需双方的信息不对称问题，能够快速地为供需双方匹配合作伙伴。技术转移中介机构的另一个重要作用就是为高校、科

研机构和产业界搭桥牵线，将高校和科研机构的最新技术成果产业化，推动产业的发展和优化升级。技术转移中介机构承担着对外提供最新的技术信息的职责，其业务范围甚至包括为技术转移主体提供法律咨询和技术评估服务、办理各项专利申请和注册事宜。技术转移中介机构有效地推动了技术转移服务业的发展。以下是美国几个最具代表性的技术转移中介机构。

第一，1989 年，美国能源部、联邦小企业局等联邦机构共同出资设立了罗伯特·C.波德国家技术转移中心（NTTC），这是美国第一家完全由政府资助的技术转移中介机构，其职能主要包括技术转移、网络信息服务、专业培训和技术转移出版物发行等。第二，美国联邦实验室技术转移联盟（FLC）成立于 1974 年，经《联邦技术转移法》特别许可，FLC 负责组织技术转移政策和法律讨论，随后建立起了一张多层次的服务网络，在促进技术在全国范围内的转移、加强技术转移主体之间的信息交流和咨询等方面发挥了重要作用。截至 2015 年，FLC 与 343 家联邦实验室建立了合作关系，参与了2 584 个研究设施的搭建，为外界提供专业咨询近 1. 8 万次，向 26 个实验室颁发了技术转移联盟国家奖。FLC 还根据不同的主题开展讲座和培训，其中就包括针对技术转移入门者主题、技术授权主题、联合研发主题和技术商业化主题等。第三，高校技术经理协会（AUTM）主要是为高校的技术转移服务。它同样是一个非营利组织，实行会员制，其会员主要来自美国众多高校、科研机构、企业和政府机构的知识产权经理。AUTM 设立的初衷是为了支持高校的技术研发活动和推动全国高校研发成果的转移，实现科技成果向生产力的转化。联邦实验室研究和技术应用办公室（ORTA）主要负责为研发活动提供服务信息、技术援助和应用评估报告等。

（二）建立完善全面的技术转移法律体系

美国科技创新成果转移的高效发展在很大程度上得益于完善全面的技术转移法律体系。为了鼓励技术的流动，加强国内技术转移行为的规范化，减少高校、科研机构、实验室等研究机构在技术转移过程中所遇到的种种障碍，加快技术向产业界的流动，从 20 世纪 80 年代初开始，美国联邦政府就着手于技术转移法律体系建设，到目前为止就已经出台了 20 多部与技术转移有关的法律法规、政令。凡是技术转移过程中涉及的部门和环节都有相应的法律条文。美国与技术转移有关的法律体系涉及各个层面，对商标和专利在注册过程中可能涉及的法律问题明确提出了解决依据，知识产权保护法保障了技术所有者的合法利益。该法律体系还以法律的形式保证了联邦政府实验室和高校研发的自主权。为了提高科研人员的研发积极性，一系列技术转移的激励政策陆续出台，其中就包括设立国家基金，并建立起绩效考核制度。这些举措都反映了技术转移对于美国的重要性。美国设立的与技术转移有关的法律法规，从对知识产权的保护到对从业人员的激励都做出了相应的规定。该项法律体系从设立运行到逐步发展完善只用了 30 多年的时间，这 30 多年的法律建设工作为美国的技术转移构建了一个良好的法律支撑体系，有力地支持了美国国内技术转移的顺利开展。

（三）重新定位政府的服务职能

美国政府体系中有专门的部门负责技术成果转移工作。政府的服务职能随着 1980 年

《史蒂文森—韦德里技术创新法》的颁布而得到进一步强化，该部法律明确指出联邦政府必须肩负技术转化职责，尤其是针对国家投入的研究开发成果。另外，政府部门在推动技术转移过程中应扮演的角色在该部法律中也有做出明文规定，技术在政府和企业之间之所以能够通畅地进行转移也得益于此。一般来说，如果某项研究项目是由政府出资支持的，则该项技术成果的所有权和使用权就由政府拥有。对于某项由政企合作研发的技术，如果合作企业技术成果转化能力不足，那么政府有权选择其他企业，由有能力的企业将相关技术成果进行商业化。美国强化政府在技术转移中职能的形式多种多样，“总统令”和“总统备忘录”就是其中常见的形式。2011 年 10 月，由奥巴马发布的《总统备忘录——促进联邦资助高增长行业的技术转移和商业化》就要求建立目标和绩效评估机制，简化不必要的行政程序以提高行政效率，为地方和区域合作搭建平台，在技术转移中充分发挥美国商务部的协调作用，为私营部门的商业化提供技术和政策支持。“总统备忘录”的出台加速了技术转移进程。在利益分配方面，对权力主体进行了调整，削弱了政府的发言权。《拜杜法案》在调动了广大科技人员的积极性方面作出了重大贡献，它重新界定了由联邦政府资助的研究成果的归属，首次统一规定联邦政府资助的各项科研成果，其专利权优先属于高校、非营利机构以及企业等发明者。美国政府的职责根据技术转移的需要进行了有目的性的调整，强化了政府的服务职能而弱化了政府在利益分配中的话语权，通过这些举措准确定位政府职能，加速技术转移。

（四）建立稳定的财政支持机制

相对稳定的财政投入为技术转移注入资金资源，是政府支持技术转移的一项重要举措。多层次、多元化的技术转移投入机制对美国整个国家技术转移体系来说是一个不可缺失的关键环节。联邦和州政府等公共财政部门为技术转移建立各类资助计划，私人部门同样对技术转移给予重大的资金支持，风险投资、保险机构等各类投融资机构通过建立天使基金、风险投资基金为技术转移募集资金，并将资金合理地投向有助于推动技术转移的领域。为了使相关规定能够得到强制执行，美国还以法令的形式对技术转移支出比例做出明文要求，从而在法律层面上为技术转移提供了资金投入保障。《史蒂文森—韦德里技术创新法》明确规定，各联邦机构的下属技术转移部门的财政预算不得低于全部研发预算的 0.5%。为了加速技术研发部门的技术成果向中小企业转化，1995 年美国颁布《国家技术转移促进法》，该法律要求美国国家科学基金会为 FLC 的工作提供资金支持，且数额不得低于每年预算的 0.008%。在小企业创新研究计划实施不久之后，美国政府于 1992 年又出台了小企业技术转移计划，这两个计划相辅相成，为高新技术小企业和高校、联邦研发基金中心等非营利性研究单位的技术转移活动的开展提供了必要的资金支持，加快了创新技术向市场产品转化的速度。为了保证小企业技术转移计划能够正常运转，美国对于研发经费超过 10 亿美元的联邦部门，都明确规定了研发基金在其经费预算中的比例。2004 年美国国防部、美国能源部、美国国家科学基金会等联邦部门就将该比例从最初的 0.15% 提高到 3%，极大地满足了小企业与非营利性研究机构在技术转移项目上对资金的需求。2010 年，美国国立卫生研究院（NIH）和美国国家科学基金会建立创新竞赛计划，双方出资总额达到 1 200 万美元，这就是著名的“i6 挑战”计划，该项计划的主要目的是给政府和民间的创新创业机构搭桥引线，建立合作伙伴关系，为创新不足的市场引流。清洁能源技术的转化一度成为美国环保部门一项棘手的工作。2012 年，在美国商务部的带动下，清洁能源国家孵化器计划开始实施，该计划前后向 5 个专业孵化器共投入 300 万美元。向小企业提供创新券是跨国家实验室试点计划在技术转移财政投入机制的一种极具创新性的举措。小企业利用价值总额高达 2 000 万美元的创新券解决了清洁能源技术的引进问题。除联邦政府外，州政府的地方财政支出中也包含技术转移预算。为了提高经济发展水平，美国州政府积极支持本地主导产业技术转移。概念验证基金是美国南达科他州设立的一项为创新概念技术和经济可行性论证提供资金支持的项目，该项目的受益群体不局限于创业者、高校和现有南达科他州企业，其他实体若有意将其技术成果在南达科他州商业化，也可以按规定向该基金申请资金帮助。由南达科他州政府经济发展办公室设立技术商业化与创新项目，该项目向小企业和高校创新团队资助的金额达到 20 万美元，主要是为了帮助这些技术研发主体在技术成果商业化的关键阶段解决资金问题，从而加速创新技术商业化的进程。

二、日本发展经验

“二战”后，战败国日本实现经济的迅速崛起是一件令整个世界都匪夷所思的事。经过半个多世纪的恢复和发展，日本不仅经济处于世界领先地位，其在技术领域虽不及稳坐霸主地位的美国，但也以领先者的姿态影响着全球的技术市场。从最初由于技术落后而依赖美国技术供给到进行自主创新，再到成为世界主要的技术出口国，日本的技术在摸索中不断前行。现在的日本研发领域具备强大的创新能力，也是新技术最重要的生产国之一。我们可以学习日本技术转移的经验和教训，为我国技术转移服务业的发展提供借鉴。

（一）政府成为技术转移的重要促进者

任何经济发达的国家都十分重视技术转移，日本也不例外。日本政府在整个技术转移体系中扮演着总指挥的角色，对技术转移的大方针就是实施计划性的干预，通过制定法律、政策以及重组政府机构等举措，有力地促进了技术转移活动有序展开。

1. 建立技术转移法律体系

日本政府在推动经济社会发展中向来重视法律的重要作用。在出台重大政策前，必先推出有关法律，从而保证政府的政策制定和执行有法可依。为了推动技术转移工作，日本政府部门和立法机构非常重视技术转移法律体系建设，经过长期的努力，一系列与技术转移有关的法律从无到有并逐渐完善。《企业合理化促进法》等企业相关法律明确了企业在技术转移中的权利和义务，《TLO 法》《产业振兴法》等技术转移专门法律作为《专利法》《特许法》等技术转移基本法律的补充和升级，使得技术转移法律体系更为立体和全面。

2. 政府职能部门职责明确

日本的管理机构体系由政府实行集中式管理，经济产业省和文部科学省是日本最主要的两大政府管理部门，这两个部门甚至能够对半官方机构进行垂直管理。其行为主要是通过国会立法进行规范，综合科学技术会议的职责主要是协调这两个部门在技术转移中的分工。总的来说，垂直式的管理架构是日本的技术转移管理机构体系最显著的特征。

日本最高立法机构是国会，对日本全国技术转移工作进行指导和规范的参议院和众议院这两个职能部门也是通过立法的形式确定其职责，法律条文中明确指出参众两院不能作为技术转移管理的参与者。日本内阁的科技决策权则由综合科学技术会议掌握，主席拥有该机构的最高权力，由日本首相担任。这一机构负责制定宏观政策，决定国家层面的研究领域，研究科技发展方针，在政府各部门与学术界、产业界之间发挥着纽带和润滑剂的作用。参众两院跳出政府各部门的职能边界，其制定的科技政策更全面，能对各省厅进行灵活有效的协调。为了补充已有政府职能部门在某些方面的缺位，日本政府另设文部科学省来加强政府对技术转移的管理，政府确定的发展科技的综合战略和方针是该部门为各省厅制定科技政策的主要依据。除了根据国际趋势和市场需要制订研究开发计划之外，文部科学省还负责对可行性低的计划进行调整，推进整个计划的实施也属于文部科学省的职责范围。文部科学省有效地解决了学术和科学技术研究之间长期存在的不协调问题，该机构还极其重视具有独创性的研究人员的培养，通过制定各项政策与措施向高校、科研院所和企业等研发机构发放研发经费，加大知识产权保护力度，积极推进尖端技术的开发。

（二）建立完善技术研究开发体制

政府科研机构、高校和企业三大主体组成了日本技术研究开发体制。

1. 政府科研机构

国立研究所是日本重要的政府科研机构形式之一，在技术应用和发展研究领域取得了辉煌成就。日本几十个国家级国立科研机构按性质可以分为两类。一类是具有法人的特殊单位，一般具有较大的规模和雄厚的实力，其设立必须上报国会，经过决议后才能开展相关活动，这类机构主要负责分配研发经费。另一类则是以研发活动作为工作重心的研究所，理化研究所就是其中一家研发实力雄厚的机构。由于政府性质的科研机构数量较少，政府部门对这些机构实施直接管理，这些机构的职责也由政府明确规定。机构负责人的确定过程也是非常审慎的，首先必须经过内阁认可，而委派任务则是由文部科学省或上级主管省厅完成的。文部科学省和各省厅的职能处在机构负责人任职期间负有监管职责。这与我国有很大的差别，我国所有的科研机构都隶属于某个局，科研经费不是由专业司统一拨付，而是按照科研项目的性质由相应的司局负责，对于那些在行业系统上有重叠交叉的项目则由几个省厅共同管辖。

2. 高校

高校主要从事科学研究即基础研究，通过与企业紧密合作，从而实现研究、开发和应用的有效对接。日本高校向企业转移技术主要通过两种途径。一种是非正式途径。日本的专利申请和维护费用是非常高昂的，高校的研究者因无力承担这些费用，大多选择将发明创造向外界转移，中小企业也是其转移目标之一，专利的申请则由企业全权负责。这样一来，创新技术被高校的技术创新人员成功转移到了工业部门。作为回报，日本企业通常会给相关的学校院系或教师的实验室提供资金以支持研究开发，一些参与研究的学生或教师甚至可以在企业的技术岗位担任要职。这种技术转移途径不仅快捷方便，而且交易费用低，因而一度成为高校和企业之间最主要的技术转移途径。然而，这种技术转移途径的弊端在实际操作中逐渐显露出来。一方面，高校技术研究人员与企业之间的技术转让只是简单地以文字的方式记录下来，在这个过程当中，并没有明确的法律条文确定上述的权利义务，一旦发生纠纷，将无章可循。另一方面，在这种非正式技术转移过程中，由于研究者对研究成果价值评估能力有限，往往不能从企业方面获得对等的回报。企业也无法保证能够充分地开发科技成果的商业价值，不利于整个国家技术转化率的提高。另一种是正式途径。企业与高校院系以签订合约的形式进行特定项目的开发，高校院系向企业提供技术成果，企业则以捐助设备或支付现金的形式作为交换条件，企业还可以根据项目需要派遣技术人员参与研发。此外，大学教授还会定期受到企业的邀请，向企业的技术人员传授最新的研究成果。除企业和高校签订合约外，设立技术授权办公室（TLO）也是一种常见的正式途径。高校及研究者个人授权 TLO，作为受托方的 TLO 将全面负责科研成果的申请专利、营销、转移等工作，并代表委托方处理包括知识产权纠纷在内的所有与技术有关的法律问题。日本的 TLO 为促进产学结合、加快技术转移等方面作出了突出贡献，是将高校技术成果产业化的主要方式之一。

3. 企业

在日本技术转移体系中，企业一直是最主要的力量。“二战”后，日本从最初积极引进欧美国家先进技术到在引进的基础上加以消化吸收，再到自主研究开发和技术反向出口，日本企业的技术开发意愿不断增强。日本企业在技术创新上具有两大明显的优势。一是他们通过将技术融入产品中，从而顺利地实现从产品生产阶段向市场营销阶段的过渡。另一个则是他们建立了一个为技术模仿和追赶服务的全球技术信息狙击系统。企业也会接受政府委托进行一些事关国计民生、具有重大战略意义的基础技术进行研究开发，由国家支付一定的费用。日本政府为促进企业技术发展制定了多项行之有效的政策，其中就包括政府对研发企业直接给予补贴。企业新技术和新产品的研究和开发往往需要耗费大量财力和物力，一些规模较小的企业根本无法负担巨额的研发经费、设备费和运转费。对于这些困难企业，政府都会提供资金支持。此外，企业还可以享受日本税务部门的特殊税收优惠，凡是在新技术研发过程中发生的支出都可以按一定比例进行税务减免。企业在引进新技术时通常会发生资金周转困难，此时政策性银行甚至政府影响下的金融机构会按照政府的指示向企业提供低息贷款。

三、德国发展经验

德国和日本这两个国家非常相似，不仅都是第二次世界大战的战败国，而且各自的经济都在战后迅速实现了恢复和崛起。德国借助强大的工业基础和战后保留下来的大量科技人才，在技术拥有量和出口量两方面都遥遥领先很多欧洲国家，德国的科技水平甚至在世界范围内都占据领先地位，其科技产出能力也位居世界前列。据统计，2015 年德国专利商标局总共受理了 66 889 件专利申请案件，较 2014 年增长了近 2 百分点，商标的申请数量比 2014 年增长了 3.8%。德国在全球创新领域保持着领先地位是其强大的科研创新能力的有力证据。德国在技术转移方面不乏成功经验，我们可以有选择性地进行借鉴，为我国技术转移工作的开展和相关服务机构的建设提供经验上的指导。

（一）完善的技术转移体系

1. 供需契合的德国高校科研

企业与高校共同研发的模式在德国非常普遍。技术研发费用投入的增多以及难度的加大，使得大量的企业和高校响应政府提出的校企合作政策，从而节约研发成本并借力对方的研发实力降低研发难度。德国实施的校企合作政策中高校为主要的技术供给方，企业为主要的技术需求方，使得供需能得到高效匹配。我国高校教师和科研人员开展的社会性课题研究的性质与德国的校企合作政策比较相似。两者的差异体现在我国高校教师主动申请课题研究项目，负责解决和改善应用方案，而较少提供创新技术成果。绝大多数的课题研究项目都有期限限制，合作关系不具有可持续性。而在德国的校企合作中，企业更加具有主动性，根据自身对基础研究和应用研究的需求，主动向高校和专家团队寻求技术支持。这种校企合作模式既带动了教育又拉动了生产，企业开拓产品市场的需要在校企合作模式的引导下能与高校产生的研究成果直接契合。目前，我国的校企合作主要在解决毕业生就业问题上发挥作用，还处于校企合作的初级阶段，而德国校企合作则结合科研的供需方，在企业和高校之间建立一种长期可持续的合作关系，高校根据企业对各种创新技术的迫切需要开展科研活动，既提升了科研开发效率又为高校科研成果转化提供了通道。

2. 市场化运行的技术转移机构

成熟的市场化技术转移体系是科研研发与需求两大主体之间能够供需匹配的关键，也是德国技术创新成果能够成功进行转化的有效媒介。自负盈亏的市场化运作中心和政府性质的公益性运作中心是德国完善的技术转移体系的主体部分，史太白研究中心和弗朗霍夫研究机构是市场化运作机构的代表，德国技术转移中心、公共研究机构则是由政府主导建设的具有公益性质的机构。另外还有大量的技术转移中心或技术转移机构对以上两大类主要机构进行有效补充，这些技术转移中心或技术转移机构大多由有推广新型技术需求的高校、州立科学院以及企业等设立。德国的技术转移体系运作规范，不同的技术转移机构能够在功能上互补，分工明确，各司其职。完善的技术转移体系包含不同层次的技术转移机构，既有官方的公益性质的技术转移中心，又有完全市场化运作技术转移中心，还有市场化和公益性兼具的技术转移协会，能够针对不同企业的研发需求提供相契合的服务。大量的市场需求有效地提高了高校的创新能力，逐步解决了科研与技术成果转化相脱节的问题。完善的技术转移体系使德国科研水平一直居于世界前列，并服务于实体经济创新。

（二）构建多方合作和科研利益共享机制

德国在创新成果市场化推广之余，参与到技术转移模式的各个主体都能获得相应的许可收入，即鼓励不同层次利益相关者都能获得成果转化后的科研奖励，这极大地保障了科研人员的经济收入和激发了他们的创新热情，从而不断开展新一轮的创新研究。

1. 可持续的合作机制

德国的校企合作是指学校与企业进行长期的基于市场项目基础上的科研开发合作。在这种合作框架下，不少高校以学校的各项硬件软件资源为基础，以专家学者的智力支持为依托，形成稳固可持续发展的共同开发模式，长期承担某些企业的科研开发和技术创新工作。因为可以节约研发成本，同时跟进技术创新发展的趋势，企业在高校中会有固定的专家教授组成的研发团队，可以长期在校企合作的框架下进行市场项目的研发和更新，以满足不断变化的市场需求。一般情况下，校企合作由于在前期协议框架中约定了最终的技术转移利润分享机制，高校和企业将在研发初期、研发中期以及后期研发成果推广过程中相互协作，使科研转化出来的产品能够面向市场销售，从而获得共同利润。若高校的科研机构所创新研发的技术产品已经无法匹配企业市场需求的变动，那么企业将持续搜索其他能够替代原有研发团队的组织或者选用市场化的技术转移机构协助技术创新。在这一过程中，高校也可以根据其科研专利等科研成果选择合适的企业或机构帮助其实现技术转移。

2. 合理的科研利润分享机制

利润分配机制是德国科研成果成功转移的一项重要的制度保障，使从事技术创新的研究人员和为技术转移提供服务的人员在技术转移过程中获得收益的权利、得到法律的保护。除了向所在的研究机构缴纳部分收益外，大学教授或科研人员有权独自决定其科研成果的应用方式以及专利的处置，对于一些重大的科研成果，他们还能从政府部门获得实际净收益 30% 的奖励。2002 年，德国政府部门对有关法规条款做出部分修改，明确规定发明者所属的研发机构而非发明者本身拥有研发成果产权。没有与研发机构签订雇佣合同的非在职科研人员，只需在研究机构进行登记，研发成果产权就可以自由处置。技术转移部门在许多德国高校和研究机构是一个必不可少的职能部门，在一项新的科研成果诞生后，高校技术转移部门和市场化运作的技术转移中心会在第一时间与研发人员联系，首先对研发成果的市场化开发价值进行评估，然后为项目进行专利申请，并为之支付包括申请费用和维护费用在内的各项费用。技术转移部门的另一项重要工作则是与相关技术新成果需求的中小企业进行接洽，使得技术成果向产业界进行转移。在整个技术转移过程中技术转移部门的最后一项工作就是对项目收入进行分配。德国马普协会是一家拥有 78 家研究所的非营利性的私营机构。这些研究所的所有科研经费有两个重要来源，即由德国国家科技发展基金和企业各承担 50%。技术转移协会由于支付了前期的专利申请和维护费用，因而拥有 32% 的许可收入分配权；下属的专业研究所可获得许可收入分配的 37%，作为承担前期研发成本的回报，许可收入的 1% 则归属于技术转移部门；剩下的 30% 则由科研人员所有。这种规范的技术转移有利于科研成果在产权人和发明人之间进行合理分配。德国马普协会的利润分享机制极大地保障了科研人员的利益、调动了科研人员的热情和动力，因此得到了德国法律的保护，受到了业界的推崇，众多高校和科研机构内部也采用类似的许可收入分配方式。

第六节　技术转移服务业典型企业案例

在经济全球化的今天，国际技术转移已经成为常态，然而不同企业因所属行业不同其技术转移也各有特色，下文将通过几个案例来揭示不同企业的技术转移模式，以期为我国企业的技术转移提供参考。

一、麦当劳餐饮公司案例研究

美国《财富》杂志评定的世界500强企业中少有餐饮公司，麦当劳餐饮公司则是为数不多的以餐饮为主业的公司之一。麦当劳餐饮公司的前身是一家由麦当劳兄弟开办的小镇汽车餐厅。为谋求长远的发展，麦当劳兄弟将为数不多的特许经营权向外界出售，一批加盟店陆续出现。克洛克而非麦当劳兄弟使麦当劳真正成为“特许经营王国”。1954年，麦当劳兄弟和克洛克就克洛克拥有全美国特许经营权一事达成协议，克洛克因此全权代理麦当劳餐厅的特许经营。在1962年克洛克买下麦当劳兄弟的餐厅后，麦当劳特许加盟体系进一步完善。美国本土麦当劳餐厅中超过80%是通过特许经营来开设的。

特许经营也是麦当劳等世界著名的快餐业公司的服务技术在中国市场成功转移的主要方式之一。1990年麦当劳以合资公司的形式开始进入中国市场，由北京农工商联合总公司委派董事长，总经理一职则由美方代表担任。中国第一家麦当劳店于1992年在北京王府井开业。麦当劳中国发展公司把中国大陆市场划分为北方区、华东区、华中区和南中国区四大区块。在北京、上海两大一线城市，麦当劳与当地的北京三元和上海华联进行合资经营。而在其他城市，麦当劳则选择其他的战略，每进入一个新城市，麦当劳都会注册一个新公司，并在当地寻求合作伙伴。截至2017年底，麦当劳在中国大陆已有2 400多家连锁餐厅。

中西经济环境的差异是导致很多企业跨国经营失败的直接原因之一。在获得直接特许方式带来的利益之前，特许经营的公司往往会面临诸多困难。实力雄厚的国际特许经营企业才会选择直接特许，而对于当时的麦当劳来说，直接特许并不是最理想的方式。直接特许的方式比较适用于有着相当的文化传统和经济发展水平的国家。由于中国历史传统文化和当时的经济发展水平与美国有较大的差别，麦当劳放弃了直接特许的进入模式而采取了间接特许的方式，这种方式降低了因中美两国文化差异和经济发展悬殊带来的经营风险，使得西方特许经营企业以低风险、低投资的优势进入中国市场。受许人在获得特许人的授权后有权销售指定区域特许权是间接特许最本质的特点。特许人与受许人签订授权合同，受许人向特许人支付特许费后获得二级特许人资格。二级特许人承担着在东道国销售特许权、挖掘潜在受许人和培养合格受许人的义务，与此同时，二级特许人有权收取特许加盟费和特许权使用费。在进入一个新的市场时，二级特许人有权直接与当地的合作伙伴签订特许合同，并向加盟店提供设备和服务。间接特许具有快速扩张的特点，成为开展跨国特许最受青睐的方式之一。特许人可以节省一笔可观的对每个加盟者进行管理的经济成本，二级特许人更了解东道国当地市场文化特色和经济发展情况，可以因地制宜地对特许体系进行改进，并充分利用销售渠道、挖掘客户资源。一个能干的和拥有丰富资源的二级特许人可以使得一个国际化的特许经营品牌更好地本地化。灵活的间接特许经营模式是麦当劳在中国取得巨大成功的重要原因之一。中国城市经济发展水平不平衡，因而麦当劳对不同的城市应制定与其发展水平相适应的经营模式，在中小城市采取间接特许方式，而直营方式则比较适合沿海较发达的大城市。业绩良好、经营稳定的餐厅通常可以获得更高的转让费用，并且这些转让的加盟店只要不出现重大的管理失误，其业绩一般可以得到维持或提升。麦当劳通过将经营权转卖给加盟商获得大量的资金去开发新的市场，以提高在华市场份额，获取更多的砝码以应对激烈的竞争。

二、上海大众汽车公司案例研究

1938 年德国大众品牌诞生。由于“二战”时期的市场环境差，直到 20 世纪 50 年代，德国大众才开始迅速发展。经过短短几年的发展，德国大众就成为世界第四大汽车生产商，并在世界十大主要汽车制造商名列中占有一席之地。20 世纪 70 年代末，德国大众的生产产地和子公司就已经大量出现在美洲和非洲大陆。德国大众纷纷在美国、墨西哥、巴西等美洲国家和南非等非洲国家设立跨国公司。然而在 20 世纪 70 年代，德国大众的轿车出口因两次石油危机受到严重挑战，日本汽车制造工业的崛起更是加剧了德国大众的困境，丰田、本田等日本汽车公司不断开拓国际市场，在美国这个世界最大的汽车市场上占据最大的市场份额。20 世纪 60 年代至 70 年代是德国大众抢占亚太市场的主要时期。这一时期，大量为生产甲壳虫轿车和客车的生产装配线在泰国、马来西亚、菲律宾等东南亚国家建立。到 20 世纪 70 年代末，上述生产线因德国大众产品市场份额的急剧下滑而纷纷关闭。

中国改革开放以后，国内市场对轿车有着大量的进口需求，从 1980 年的 19 570 辆到 1985 年的 105 775 辆，5 年间对轿车的进口需求增长了近 5 倍。这一现象反映了国内轿车市场在改革开放后得到迅速发展，但是国家每年需要支付大量外汇的事实也是一个需要正视的问题。20 世纪 80 年代初，国家建立了实现轿车工业现代化的目标，引进外国先进轿车技术是在当时汽车制造水平落后的不利条件下最快见效的方式。对于外国轿车制造商来说，在那个时期进入中国市场是一个绝好的时机。

国家或地区之间转移发生与否受到多重因素的综合影响，这其中就包括技术、资源禀赋、生产函数、经济规模、产品和生产要素市场结构。同样，上述因素也决定技术转移的成功与否。20 世纪 80 年代，中国当时的汽车制造技术水平远远落后于德国，并不满足上述几项条件。德国和中国在汽车制造行业的巨大差异并没有阻碍轿车生产技术向中国转移，甚至有些生产线在政治环境许可的条件下开始迁入中国。

通过谈判，在不背离双方各自的发展战略目标的情况下，中德双方最终决定以合资经营的方式建立友好合作伙伴关系，实现共同发展和德国先进技术向中国的转移。

1982 年 6 月，一项试装配合同在德国大众和上海拖拉机汽车公司之间签订，CKD（Completely Knock Down 是贸易专用名词，指全散装件 CKD 是以全散件形式作为进口整车车型的一种专有名词术语，在当地生产的零部件以较低的关税和较低的工资，利用当地劳动力组装成整车，并以较低零售价出售）试装配生产的主要作用是了解国内市场需求以及测试消费者对预生产车型的接受程度。试装配生产这一过程也是中国合作方培训员工、积累经验的过程，中国员工对轿车的性能、结构和技术有了更加深刻的了解，并对一些不适应中国路况的产品进行改良。试装配生产为中国汽车制造企业培养了一批高质量的员工队伍，为合资项目的建设和投产储备了人才资源。

1984 年 10 月，德国大众和中国三家企业正式签署了合资经营合同。对于技术和专有技术的转让在合资合同中以合资协议附件的形式作了专门规定。技术转让协议涉及许多有利于合资公司发展的条款，而且合资公司配套企业也从中获益良多。这为中国引进技术的消化吸收、引进轿车国产化进程和新产品的自主开发奠定了基础。在合资公司经营过程中，德国大众按照合资合同要求向合资公司提供了有效帮助和及时的咨询，并促使其上下游合作厂商向中国合作者转让技术或提供服务。合资合同和国产化发展计划附件对引进轿车工作作出了详细有序的安排，也培养了合资公司的技术开发能力，为合资公司自主开发新产品奠定了必要的技术基础。

第七章 检验检测认证服务业发展模式

如今全球开启了新质量时代，对维护国家和社会公共安全、推动产业结构优化升级具有重要作用的国家质量基础成为国际竞争的关键，如日本的“质量救国”政策、美国的《质量振兴法案》、德国的“以质量推动品牌建设、以品牌助推产品出口”政策。我国在党的十九大报告中提出“我国经济已由高速增长阶段转向高质量发展阶段”；将“质量为先”作为基本方针写入《中国制造2015》，将“质量至上”作为基本原则写入《服务业创新发展大纲（2017—2025年）》①。其中，检验检测认证服务业在质量强国中发挥着不可或缺的作用。2005年，联合国贸易发展组织和世界贸易组织在《出口战略创新》中提出包括计量、标准、认证认可和检验检测四个方面的国家质量技术基础。我国国家三大质量基础设施指检验检测、计量和标准。

检验检测认证在市场经济运行中，通过解决供需双方信息不对称的问题，节约了市场交易成本，便利了市场交易，促进了市场经济体制有效运行。这一方面保护了消费者利益；另一方面也为执法部门提供技术保障，提高了政府管理经济社会的能力和效率。在国际贸易中通过为贸易双方提供产品质量符合性评价，可解除技术壁垒、促进贸易便利化与自由化。从产业关联的角度来说，检验检测行业作为生产性服务业，贯穿于产品生产的各个环节中，为制造业提供参考标准，提高生产效率，提升产品、服务与管理质量，促进技术进步和产业升级。因此，本章通过详细介绍检验检测认证服务业的产生及发展，解读该行业的发展趋势，吸取发达国家及地区先进的发展经验，为检验检测认证服务业进一步发展提供参考依据。

第一节 检验检测认证服务业发展背景和趋势

检验检测认证起源于工业化时代，是经济发展、分工细化、技术进步和消费者意识加强的产物。作为完整的技术链条，计量、标准、认证认可和检验检测是提升国家质量竞争能力的基石，在各自领域均有明确的定义，但在日常中容易把从事相关工作笼统称为检验，因此在介绍检验检测认证服务业之前，本节简要介绍其相关定义及分类。

① 支树平．建设质量强国迈向质量时代［J］．品牌与标准化，2017（12）．

一、检验检测认证服务业相关概念

（一）检验检测定义及分类

检验检测是商品交换活动中买卖双方根据自身需求让技术机构按相关标准对产品进行检验、测试的活动。国际标准化组织对检验的定义为“被检产品的实际性能与设计标准的符合性评价，并结合测量结果进行观察判断得到详细的评价指标”；对检测的定义为“使用技术操作手段，针对不同产品按其规定的方法和步骤进行性能测试”，侧重于使用专业设备进行测量，不涉及评价。在日常生活中，检验与检测的含义几乎等同。根据我国《检验检测机构资质认定管理办法》，检验检测机构是指“依法成立，依据相关标准或者技术规范，利用仪器设备、环境设施等技术条件和专业技能，对产品或者法律法规规定的特定对象进行检验检测的专业技术组织”，即泛指从事检测活动、检验活动（或两者皆有）的各类技术机构。

检验检测市场按照参与者的性质可划分为政府检验检测、第三方检验检测和企业内部检验检测。根据检测的产品类型又分为特种设备检验检测，药械检验检测等，由于其涉及产品范围太广，目前尚无统一的分类。而其中使用最广泛的是质量检验检测，即指“质量检验检测机构受产品生产商或使用者的委托，综合运用科学方法及专业技术对某种产品的质量、安全、性能、环保等方面进行质量检验检测并出具质量检验检测报告，从而评定该种产品是否达到政府、行业和用户要求的标准”。质量检验检测行业，按检测标准可分为贸易保障检测、消费品检测、工业品检测、生命科学检测和建筑工程质量检测五大类。

（二）认证定义及分类

国际标准化组织和国际电工委员会将认证定义为“由第三方确认产品、过程或服务符合特定要求并给以书面保证的程序”。在我国，根据《中华人民共和国认证认可条例》，认证是指“由认证机构证明产品、服务、管理体系符合相关技术规范、相关技术规范的强制性要求或者标准的合格评定活动”。按认证对象可分为体系认证和产品认证两大类。体系认证是指“第三方机构对企业的管理体系或产品进行评价，以认定该企业在某个体系上合格”。常见的体系认证有 ISO9001 质量体系认证、ISO14000 环境体系认证、食品卫生安全管理体系认证等。产品认证按强制程度又分为强制性认证和自愿性认证。常见的强制性认证有美国的 UL 认证、欧盟的 CE 认证、我国的 CCC 认证等。有些国家的强制认证同时也是国际贸易中的通行证。自愿性认证是在强制性认证之外，根据不同群体的需求进行的自行认证。认证是基于检验检测基础上的一种符合性评定，合格评定和传递信号是认证的两大基本功能，因此认证服务对机构的权威性、独立性和公正性要求极高。在第三方机构进行产品强制性认证时，往往还需要国家政府技术部门的认可。

二、检验检测认证服务业发展状况

19 世纪，法国国际检验局、瑞士通用公证行、英国天祥集团的陆续设立，标志着现代检验检测服务业的兴起；1903 年，英国制造商使用“BS 风筝标志”标志着认证制度的诞生。经过近百年的发展，检验检测认证行业在全球范围已形成较为成熟的体系，一些历史悠久的检验检测认证机构也一直处于该行业的领先地位。

我国检验检测产生于计划经济时代，按照部门设立国有检测机构及各自的标准和政策体系，并管理各自的下属实验室。1989 年我国向国内民营资本开放进出口商品检验检测认证市场，2002 年则大规模开放市场。2005 年履行加入 WTO 的承诺，外资检验检测认证机构逐渐进入中国检验检测认证市场。目前中国的第三方检测市场由外资和民营检测机构主导，限制性检测市场由国有检测机构主导，整体已覆盖国民经济行业的 20 个门类、96 个大类。我国现代认证认可体系起源于20 世纪 80 年代，当时以部门划分的体系使得认证行业存在分头管理、重复认证、效率低下的局面。2001 年国家认证认可监督管理委员会成立，实行统一管理和分级负责的行政监管，经过多年的发展，目前已建立了一个既符合国际通行规则要求，又符合我国国情的中国特色认证认可监管工作体系。①

本节分别介绍了在全球层面以及中国层面上检验检测认证服务业的发展现状并结合政策环境等分析该行业未来的发展趋势。

（一）全球检验检测认证服务业现状及趋势

检验检测认证服务业由于产业关联性强且随着消费者意识的增强，如今已成为全球增长较快的行业之一。对于产品及服务质量、健康、安全、环境的要求以及立法的不断加强是推动检验检测认证市场增长的主要动力；产品多样化、产业分工细化及供应链延伸则进一步推动了该行业的发展；个人可支配收入的增长、贸易全球化及新兴经济体的增加，为检验检测认证市场的迅速发展提供了良机。

1. 全球检验检测认证服务业现状

第一，行业总体发展良好。据前瞻产业研究院统计，近年来全球检测行业保持了 10% 左右的快速增长，是目前发展最快的行业之一，即使是在金融危机冲击下，检验检测认证市场规模依然有所增长，具有较强的抗风险能力。② 在认证方面，国际标准化组织发布的《2016 年管理体系认证调查》报告显示，2016 年发布的有效证书共 1 644 357 张，比 2015 年的 1 520 368 张增长 8%。

第二，欧洲仍处于行业领先地位，新兴国家发展迅猛。从图 7－1 可以看出，2016 年欧洲占全球检验检测认证行业市场份额的 43%，其次是亚太地区占全球份额的 33%，然后是北美地区占市场份额的 19%。其中大型的检验检测认证机构如瑞士通用公证行、法国必维国际检验集团、英国天祥集团等龙头企业主要来自于欧洲，近年来业绩呈稳定的增长，可见欧洲仍然处于行业领先地位。由于检验检测认证活动是伴随经济发展而产生的，因此在工业化进程相对较慢的发展中国家，其检验检测认证产业的发展也相对落后。近年来，伴随着新兴经济体的快速发展，其检验检测认证业务的需求量也在不断上升，检验检

① 周元根．浅析认证行政监管的发展与改革——关于认证行政监管现状的调研报告［J］．中国计量，2014（2）：41－44.

② 数据来源：前瞻产业研究院发布的《2018—2023 年中国第三方检测行业发展趋势与投资决策支持研究报告》。

测认证行业也将伴随着制造业的转移，逐渐向发展中国家转移。

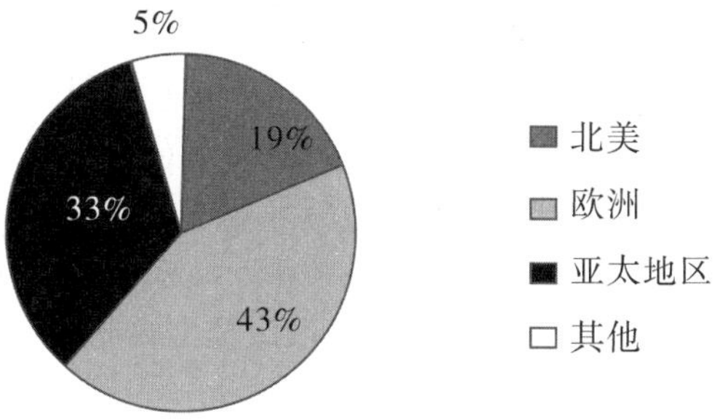

图 7－1　2016 年全球检验检测认证行业市场份额

数据来源：2017 年 MarketsandMarkets 发布的市场调研报告 Testing，Inspection，and Certification（TIC）Market by Service Type（Testing，Inspection，Certification），Sourcing Type（In－house and Outsourced），Application（Consumer Goods & Retail，Agriculture & Food，Chemicals），and Geography－Global Forecast to 2023。

第三，第三方检测机构成为市场主力军。在市场经济发达的美国、欧盟、日本等地区均已形成了较为成熟的检验检测认证市场，并形成了一批在国际上极负盛名的第三方检测机构，第三方检测机构已成为检验检测认证市场的主力军。前瞻产业研究院数据显示（图 7－2），从全球第三方检测行业市场规模来看，近年来平均增速约为 10%，2016 年市场规模约为 1.34 万亿元。

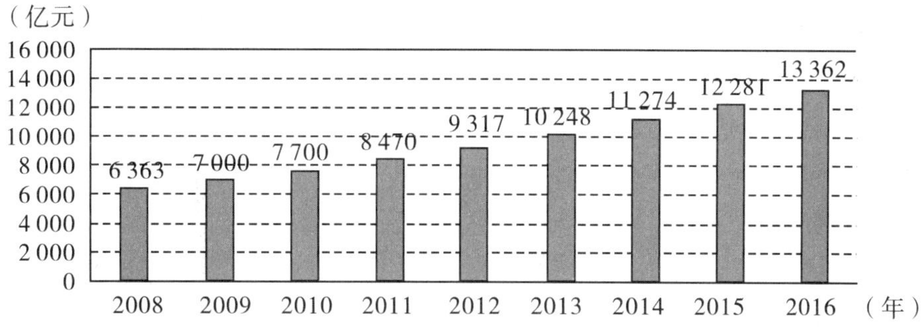

图 7－2　2008—2016 年全球第三方检测行业市场规模走势图

数据来源：前瞻产业研究院发布的《2017—2022 年中国第三方检测行业发展趋势与投资决策支持研究报告》。

2. 全球检验检测认证服务业趋势

第一，行业将持续快速增长。得益于标准统一的趋势、新兴国家商品消费的增长、全球产品召回事件的增多、全球假冒和盗版活动的激增、消费者对健康和产品安全意识的增强以及在各个行业实施严格的政府法规和标准等，2023 年检验检测认证市场规模估计将达到 2 479.4 亿美元，其间复合增长率将达到 5.02%[①]。

第二，检测体制总体趋势一致，国际互认合作加强。随着全球化和检测活动的跨国进行，各国检测体制总体趋势一致，即政府或行业协会通过考核、认可等市场准入规则对检测机构进行行业管理，将检测、合格评定的业务市场化。各独立检测机构根据委托人的要求，按照自身提供的服务进行市场化运作，并协商确定费用。在认可方面，随着贸易的密切往来，多边、双边互认趋势进一步加强。2016 年，据国际认可论坛多边互认协定年度报告显示，国际认可论坛多边互认协定延伸至 ISO/TS50003：2014 能源管理体系第 4 级子范围——提供能源管理体系审核和认证的机构要求以及 ISO50001：2011 能源的第 5 级子范围管理体系——要求与指导[②]。

第三，"互联网 +" 成为行业发展新趋势。随着互联网技术和电子商务的发展，德国、美国、日本、欧盟等国家和地区积极推动"互联网 + 制造业"的全面升级，如德国"工业 4.0"旨在提升制造业的智能化水平，其技术基础是物联网及网络实体系统；中国围绕"中国制造 2025"，推行机器人、物联网等产品认证。

第四，全球检测认证机构并购活动增多。目前，全球检验检测认证行业仍处于碎片化、市场集中度不高的局面，全球著名的检验检测认证跨国经营机构均通过并购、合资等方式迅速进入市场空白领域并扩大自身规模，从而获取该行业可观的规模效应。随着产业分工的细化、产业链的延展，检验检测认证市场也将会进一步细分，企业并购活动将会更加激烈，企业规模将逐步增大。

（二）中国检验检测认证服务业现状及趋势

我国检验检测认证行业起源于计划经济时代，政策导向性较强，因此政策环境影响着行业的发展速度，因此在介绍我国检验检测认证行业的发展现状及未来趋势前，先要简要分析该行业的政策环境。

1. 中国检验检测认证服务业政策环境分析

表 7 -1 回顾了我国检验检测认证服务业自产生以来重要的政策内容。1989 年，民营资本开始被允许进入该市场，2002 年得到快速发展，2005 年允许外资独资企业进入。近年来，国家政策不断给检验检测认证行业尤其是第三方检测认证机构带来重大利好，越来越多民间资本进入该行业，激活市场。其中，2011 年发布的《国务院办公厅关于加快发展高技术服务业的指导意见》文件，对于我国检验检测认证行业具有历史性意义。此前，检验检测认证行业并非一个独立的行业，而是作为其他行业的辅助技术支撑部门。该文件的发布确立了检验检测认证行业作为独立的高技术服务行业而存在，因此同时具有"高技术服务业"和"生产性服务业"的双重定位。2014 年发布的《关于整合检验检测认证机构实施意见的通知》旨在解决行业内长时间低水平竞争、部分机构资源闲置的问题，助推

① 数据来源：2017 年 Marketsand Markets 发布的市场调研报告《Testing, Inspection, and Certification (TIC) Market by Service Type (Testing, Inspection, Certification), Sourcing Type (In - house and Outsourced), Application (Consumer Goods & Retail, Agriculture & Food, Chemicals), and Geography - Global Forecast to 2023》。

② 数据来源：2016 年国际认可论坛发布的《多边互认协定年度报告》。

行业快速发展。

进入“十三五”以来，我国越发重视检验检测认证服务业的发展。党的十九大做出“我国经济已由高速增长阶段转向高质量发展阶段”的重大判断，提出了推动高质量发展的根本要求。《“十三五”国家战略性新兴产业发展规划》首次将检验检测服务、标准化服务纳入指导目录；《服务业创新发展大纲（2017—2025 年）》提出“加快推进检验检测认证等质量服务市场化发展”。2018 年 1 月 26 日，《国务院关于加强质量认证体系建设促进全面质量管理的意见》要求全面贯彻党的十九大精神，以习近平新时代中国特色社会主义思想为指导，按照实施质量强国战略和质量提升行动的总体部署，运用国际先进质量管理标准和方法，构建统一管理、共同实施、权威公信、通用互认的质量认证体系，推动广大企业和全社会加强全面质量管理，全面提高产品、工程和服务质量。增强我国经济质量优势，推动经济发展进入质量时代。《国务院关于加强质量认证体系建设促进全面质量管理的意见》指出力争通过 3 ~5 年努力，使我国质量认证制度趋于完备，各类企业组织尤其是中小微企业的质量管理能力明显增强，主要产品、工程、服务尤其是消费品、食品农产品的质量水平明显提升，形成一批具有国际竞争力的质量品牌。

表 7 -1　中国检验检测认证服务业热点事件回顾

时间	文件	观点摘要
1984 年	《中华人民共和国进出口商品检验条例》	国家检验检测机构负责所有商品检验
1989 年	《关于修改〈中华人民共和国进出口商品检验法〉的决定》	开放民间资本商品检验检测市场
2002 年	《中华人民共和国进出口商品检验法》	界定了民事行为的检验检测业务，民营检测机构快速发展
2005 年	—	履行加入 WTO 承诺，允许外资独资检测机构进入
2011 年 12 月	《国务院办公厅发布关于加快发展高技术服务业的指导意见》	将检验检测行业列为 8 个重点推进的高技术服务业领域
2013 年 3 月	《国务院机关改革和职能转变方案》	要求在 2014 年整合一批业务相同或相近的检验、检测、认证机构
2014 年 1 月	国家认监委下发《关于开展“公共检验检测服务平台示范区”创建试点工作的通知》	在每个省级行政区建设 1 个国家级公共检验检测服务平台示范区
2014 年 2 月	《关于整合检验检测认证机构实施意见的通知》	要求扎实推进检验检测认证机构整合工作
2015 年 3 月	《推动共建丝绸之路经济带和 21 世纪海上丝绸之路的愿景与行动》	将认证认可工作纳入“一带一路”建设的“贸易畅通”的合作重点

（续上表）

时间	文件	观点摘要
2016年11月	32个部委联合发布《认证认可检验检测发展“十三五”规划》	首次对认证认可与检验检测进行统筹谋划和顶层设计的专项规划，明确提出了建设认证认可强国的战略目标和发展任务，体现了认证认可检验检测在国家“十三五”发展中的重要地位和作用
2017年	《服务业创新发展大纲（2017—2025年）》	提出“加快推进检验检测认证等质量服务市场化发展”
2017年9月	《中共中央　国务院关于开展质量提升行动的指导意见》	提出了建设质量强国，以质量提升促进经济转型升级的重大部署
2018年1月	《高新技术企业认定办法》	检验检测认证与标准服务作为国家重点支持的高新技术领域中的高技术服务被正式写入
2018年1月	《国务院关于加强质量认证体系建设促进全面质量管理的意见》	部署推进质量认证体系建设，强化全面质量管理，推动我国经济高质量发展

资料来源：根据互联网资料整理。

此外，“一带一路”的稳步推进推动了我国检验检测认证服务业的发展，同时也是国内实验室走出国门成为国际实验室、提高市场知名度和建立公信力的良好机遇。“一带一路”倡议明确将认证认可作为合作重点，将为检验检测认证促进贸易便利、增进双边互信、推动国际质量共治带来更大的施展空间。2017年国家质检总局局长支树平在“一带一路”国际合作高峰论坛“推进贸易畅通”平行主题会议上提出，中国将推动评价结果和标准的国际互认，推动“一个标准、一张证书”全球互认，推动安全贸易体系对接证书联网，以夯实贸易畅通安全基础。近年来为落实“五通”倡议，我国已与沿线国家开展技术交流、签署200多项技术文件、与29个沿线国家开展技术证书合作、支持内陆地区建成指定的进口产品口岸、启动中国—东盟疫病疫情监控大数据平台等。目前，认证认可的国际互认体系已覆盖全球经济总量95%以上的经济体，对于全球贸易起着不可替代的作用。中国已与30多个沿线国家建立了认证认可合作机制或签署合作协议，并与上海合作组织、东盟、海湾合作组织等建立了多边合作机制，有效解决了中国出口产品面临的重复检测认证等问题，为推动中国企业和产品“走出去”架起了互信互通的桥梁。可以说，我国检验检测认证服务业已处于政策重大利好和经济发展需求的关键时期，市场变革的步伐已势不可挡。

2. 中国检验检测认证服务业现状

2016年8月，国家统计局批复国家质检总局、国家认监委执行《认证认可统计报表制度》，标志着认证认可统计正式纳入了国家统计报表制度。此前，检验检测统计已执行国家统计报表制度。2017年7月14日质检总局、国家认监委召开的“2016年度全国认证认可检验检测服务业统计信息新闻发布会”是认证认可和检验检测一并纳入国家统计制度后首次向社会发布。下文首先介绍中国检验检测认证服务业的整体发展情况，再分别介绍中国认证认可和中国检验检测行业的发展情况。

（1）中国检验检测认证服务业整体发展情况。根据《2016 年度全国认证认可检验检测服务业统计信息》数据（表 7－2），我国认证认可检验检测已成为新兴的现代服务业，产业规模居世界第一。截至 2016 年底，全国共有 33 622 家认证认可检验检测机构，较 2015 年增长 7.02%，共实现营业收入 2 319.17 亿元，较 2015 年增长 14.79%；认证认可检验检测科研投入共计 181.72 亿元，研发收入比达到 7.84%，其中 1 061 家获得高新技术企业认定，占机构总数的 3.16%；全年共吸纳就业人口 111.6 万人，较 2015 年增长 9.09%。新增机构大多进入知识产权管理、生态农业、现代服务业等新兴领域，但机构“小散弱”现象仍比较突出。总体而言，2016 年认证认可检验检测行业仍保持了较快发展，充分发挥了生产性服务业和高技术服务业的优势，在加强全面质量管理、提升产品质量和服务质量、扩大就业容量方面成效明显，成为“大众创业，万众创新”的重要平台，为经济社会发展做出了积极的贡献。

表 7－2　2016 年中国检验检测认证服务业发展相关统计指标

指标	数据	增幅（%）
机构数量（家）	33 622	7.02
营业收入（亿元）	2 319.17	14.79
科研投入（亿元）	181.72	7.84
就业人数（万人）	111.6	9.09

数据来源：2017 年中国质检总局和国家认监委发布的《2016 年度全国认证认可检验检测服务业统计信息》。

（2）中国认证认可发展情况。第一，行业保持良好发展，供给水平提升，产业实力增强。从表 7－3 可看出，截至 2016 年底，我国共有 387 家认证认可机构，较 2015 年同期增长 31.19%；全年营业收入 254.06 亿元、利税总额 46.7 亿元，分别较 2015 年增长 15.33% 和 29.39%。颁发的有效认证证书共计 170.9 万张，较上年底增长 21.61%，其中自愿性认证证书 116 万张，占证书总量的 67.9%。以我国等同采用 ISO 国际标准开展管理体系认证为例，截至 2016 年底共颁发有效体系认证证书总数 75.1 万张，占全球同类认证证书总量的 1/3 以上，是名副其实的认证大国，正加快迈入认证认可强国行列；单位 GDP 的体系认证证书数为每 10 亿美元 66.953 张，居世界前列。此外，中国企业获得的有效 ISO9001 认证证书 44.7 万张，连续多年居世界第一。可见我国认证认可行业发展迅速，产业实力增强且发展空间巨大。

表 7－3　2016 年中国认证认可发展相关统计指标

指标	数据	增幅（%）
机构数量（家）	387	31.19
营业收入（亿元）	254.06	15.33
利税总额（亿元）	46.7	29.39
颁发有效证书（万张）	170.9	21.61
获得认可的认证机构（家）	157	11.35
获得认可的实验室及相关机构（家）	7904	12.03
获得认可的检验机构（家）	456	15.15

数据来源：2017 年中国质检总局和国家认监委发布的《2016 年度全国认证认可检验检测服务业统计信息》。

第二，行业结构布局逐步优化，地域差别明显。从机构属性来看，企业类型的认证认可机构 361 家，占机构总量的 93.28%；事业单位类型 26 家，占机构总量的 6.72%，行业结构得到了明显的改善。从企业从业人员规模来看，大型机构 67 家、中型机构 107 家、小微型机构 213 家。从区域分布来看，华北区域（主要是北京地区）占全国认证认可机构总数的 44.96%、华东区域占 30.23%、西南区域占 4.39%、东北区域占 4.65%、中南区域占 12.40%、西北区域占 3.36%，地区差异明显①。

（3）中国检验检测发展情况。第一，行业保持稳定增长，竞争逐步加强。从表 7－4 可以看出，2016 年全国共有各类检验检测机构 33 235 家，相比于 2015 年增长 6.79%，增幅较前两年有所下降，可见我国整合检验检测机构工作取得了初步的成效。营业收入超过 2 000 亿元，连续 3 年增幅超过 10%，同时从业人员占总就业人口的占比逐年提高，说明我国检验检测行业的吸引力与创造就业岗位的能力也在逐步增强。而平均每机构出具报告的份数在 2016 年虽有小幅提升，但前两年连续下降，说明该行业竞争越发激烈，市场化程度提高。从检验检测认证服务业的相关指标统计可以看出，该行业发展迅猛，潜力巨大。

表 7－4　2016 年中国检验检测认证服务业发展相关统计指标

指标	2013 年	2014 年	增幅（%）	2015 年	增幅（%）	2016 年	增幅（%）
机构数量（家）	24 847	28 340	14.06	31 122	9.82	33 235	6.79
营业收入（亿元）	1 398.51	1630.89	16.62	1 799.98	10.37	2 065.11	14.73
从业人员占总就业人口比重	0.101	0.112	10.89	0.122	8.93	0.132	8.20
全员劳动生产年率（元/人）	180 230	187 713	4.15	190 459.4	1.46	201 480.04	5.79

① 数据来源：2017 年中国质检总局和国家认监委发布的《2016 年度全国认证认可检验检测服务业统计信息》。

（续上表）

指标	2013 年	2014 年	增幅（%）	2015 年	增幅（%）	2016 年	增幅（%）
出具报告（亿份）	2.83	3.11	9.89	3.3	5.79	3.56	8.21
平均每机构出具报告份数	11 389.705	10 973.89	-3.65	10 571.3	-3.67	10 711.599	1.33

数据来源：根据 2017 年中国国家认监会发布的《2016 年度全国检验检测服务业统计报告》整理。

第二，行业结构布局逐步优化。按机构类型分类，2016 年企业单位占比最大为 63.22%，首次占比超过 6 成，且连续 3 年逐步增加；其次是事业单位占比为 34.54%，持续 3 年下降（见图 7-3），其中从事公益服务类共 8 849 家，占事业单位总量的 77.09%，承担行政职能的事业单位 1 657 家，占 14.44%（见图 7-4）。可见，检验检测机构改革与整合成效显著，市场化机制正在形成。

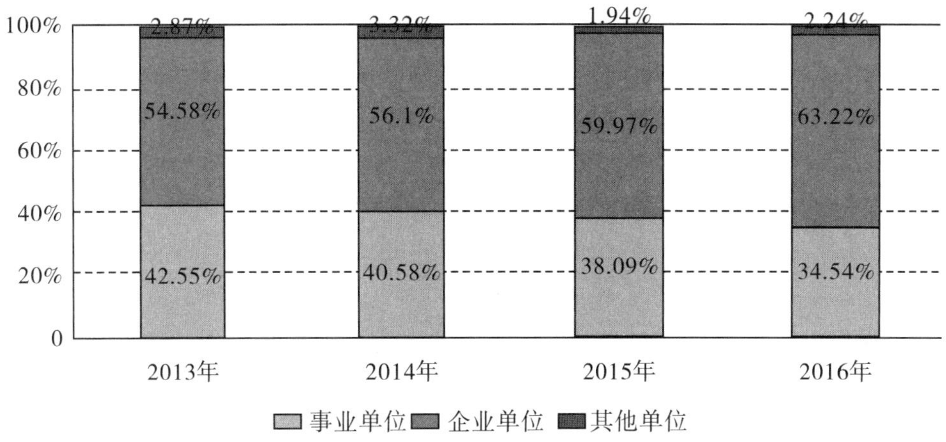

图 7-3 2013—2016 年各类机构在总量中占比变化情况

数据来源：2017 年中国国家认监会发布的《2016 年度全国检验检测服务业统计报告》，下同。

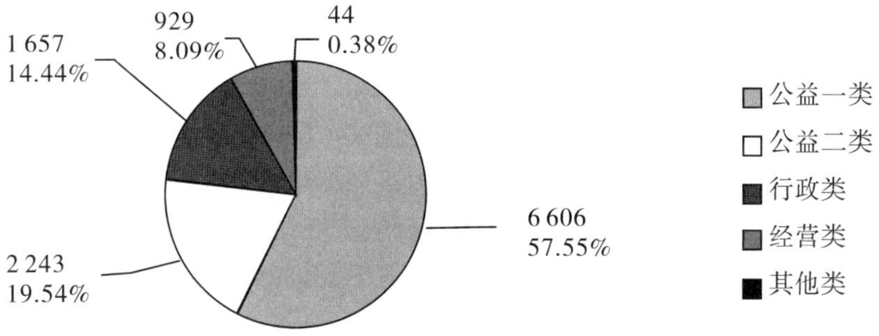

图 7-4 2016 年不同类别事业单位性质检验检测机构分布情况（家）

按资产属性来看（见图 7-5、图 7-6），国有及国有控股机构 16 773 家，占比

50.47%，同比上升2.23%；私营企业14 265家，占比42.92%，同比上升2.76%；外资企业267家，占比0.80%，同比上升0.20%。可见国有企业依然占检验检测认证机构中的大部分，但增速明显低于私营企业，私营企业连续3年占比均在上升。

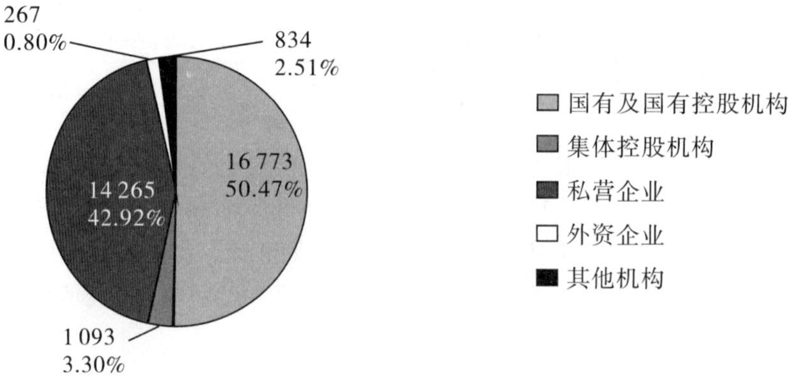

图7-5 2016年不同所有制结构检验检测机构分布情况（家）

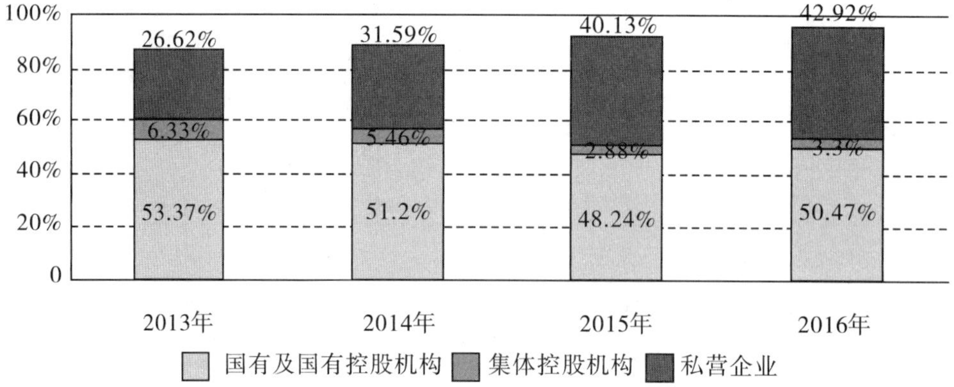

图7-6 2013—2016年三类所有制机构在总量中占比变化情况

再从营业收入及增长情况（见图7-7）可看出，国有企业的营业收入最多，但增速明显低于外资以及私营机构，可见仍存在部分国有机构资源闲置和重复建设现象。外资企业虽然数量和营业收入占比少，但平均规模大，利润率最为可观，平均每机构131.59人，是行业平均水平的近4.27倍，营业收入平均6 219.1万元，是市场平均水平的近10倍，而私营企业的收入增长率最高，可见在越发激烈的市场竞争下，其发展速度越发加快。从行业占有率来看，营收前10名的检测机构中，外资企业6家，营收规模占营收前10名的检测机构总规模的63.12%。可见，外资检测机构实力相当雄厚。

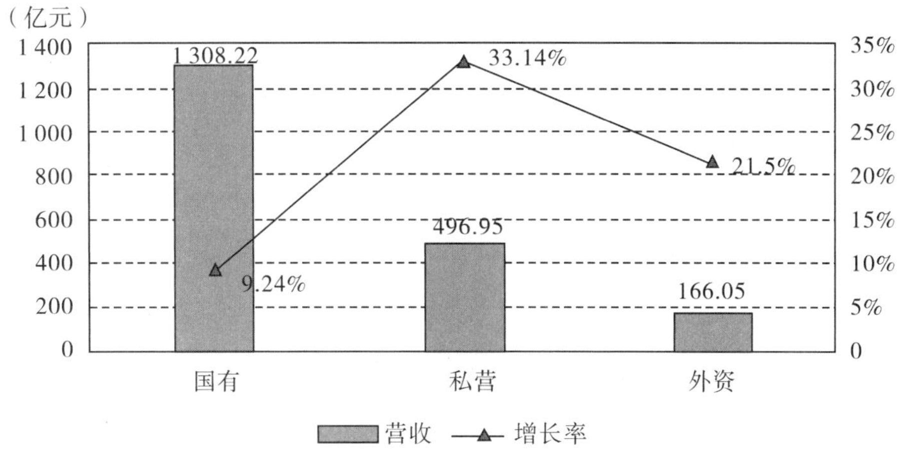

图 7-7　2016 年三类所有制结构检验检测机构营收及增长情况

第三，地区分布差异较大。根据《2016 年度全国检验检测服务业统计报告》，从六大区域来看，检验检测机构规模虽然分布比较平均，其中华东占 29.47%；中南占 23.78%；华北占 15.32%；西南占 12.12%；东北占 9.85%；西北占 9.47%；但营业收入相差较为明显，其中华东占 35.08%、中南占 27.05%、华北占 17.41%、西南占 9.62%、西北占 5.81%，东北占 5.03%，华东、中南、华北的营业收入占到市场总额接近 80%。

从省市自治区分布来看，检验检测机构数量排名前十的依次为山东省（2 344 家）、广东省（2 272 家）、江苏省（1 864 家）、河南省（1 850 家）、河北省（1 721 家）、浙江省（1 685 家）、湖南省（1 315 家）、陕西省（1 269 家），共占全国总量的 51.75%。而营业收入居前十的省市依次为广东（308.78 亿元）、北京（190.29 亿元）、上海（181.13 亿元）、江苏（177.04 亿元）、浙江（135.79 亿元）、山东（115.12 亿元）、四川（81.13 亿元）、湖北（75.14 亿元）、河南（66.32 亿元）、辽宁（58.69 亿元），共占全国销售比重的 67.28%。可见，沿海及贸易、经济比较发达的地区检验检测行业市场更活跃，收益更高。

第四，检验检测机构竞争力进步空间大。根据统计报告显示，2016 年我国检验检测机构 96% 为公司规模在 100 人以下的小微型企业；从服务区域来看，80.3% 的检验检测机构具有典型仅服务本省区域的“本地化”特征；从专利数量来看，全国检验检测机构平均拥有有效专利不足 1 件，创新能力和自主知识产权方面不足，整体竞争力还存在较大的进步空间①。

3. 中国检验检测认证服务业趋势

第一，品牌化、国际化。检验检测认证服务业作为技术密集型产业，品牌和服务网络是该行业主要的进入壁垒，也是行业内企业发展的关键因素。具有公信力、权威性、独立性的品牌是检测认证机构生命力和价值的所在。尤其如今贸易保护主义重新抬头，技术壁垒越来越隐蔽，具有广泛公信力的检测认证品牌越发成为贸易中的通行证。作为生产性服务业，优质的检测认证品牌能带动其他产业的转型升级；质量强国战略也为检测认证行业

① 数据来源：2017 年中国国家认监会发布的《2016 年度全国检验检测服务业统计报告》。

的品牌化提供有利契机。金融危机后，我国企业纷纷通过并购、合资等形式“走出去”，检验检测认证机构逐步走向国际市场。虽然目前我国检验检测认证体系仍相较落后于市场经济成熟的发达国家，但经济快速发展、贸易量大、技术进步快等特点，使我国检验检测认证行业在世界上的话语权也日益增加，越来越多的国内专家成为国际标准的牵头制定者、会议召集者甚至某些分会的主席等。国际地位的提升以及“一带一路”的推进为我国检验检测机构的品牌化、国际化的发展提供了良好的发展机会。

第二，规模化、一体化。目前全球检验检测认证行业高度分散，产品涉及范围广且每个市场相对独立，规模扩大、业务领域延伸将是该行业发展的大趋势，因此对检验检测机构不仅有“质”的要求，也有“量”的要求。具有战略眼光的龙头企业均采取强强联合的发展模式，扩张自己的业务范围和公司规模，从而取得规模效应。近年来，我国检验检测认证行业发展迅速，竞争日渐激烈，机构数量大幅提升，市场进一步细化，但小微企业的利润率远低于大型企业。与此同时，我国通过积极推动检验检测认证技术服务集聚区的建设，加大政府购买服务力度，推动我国检测认证机构规模化与业务一体化的发展。

第三，规范化、市场化。检验检测认证作为生产性服务业的评价手段，其规范化与标准化对其他行业的发展和升级起着重要的引领作用。加上如今对环境安全与质量要求逐渐提高，对绿色、环保的呼声日益高涨，国际贸易中绿色壁垒要求越来越严苛，检验检测认证标准也在与时俱进。2016 年国务院办公厅印发《关于建立统一的绿色产品标准、认证、标识体系的意见》指出，到 2020 年初步建立系统科学、开放融合、指标先进、权威统一的绿色产品标准、认证与标识体系，实现一类产品、一个标准、一个清单、一次认证、一个标识的体系整合目标。另外，在规范电商市场上，我国加大认证认可“云桥”开放、电商认证等工作力度。

随着《关于整合检验检测认证机构实施意见的通知》的下发，我国检验检测认证行业整合步伐越发加快，所有制多元化得以发展，政府主导的检验检测市场格局将逐渐被打破，行业内新的竞争格局逐渐形成。较长时间以来，我国检验检测认证机构大多以学科而不是市场服务对象来划分，导致了我国本土机构市场开拓能力较弱。以政府和国有检验检测机构作为领军的行业格局，已无法完全满足生产力发展与科技创新的需求，市场对检验检测认证行业提出更高的要求，这为民营检验检测机构建设发展、国外优质检验检测资源进入我国检验检测市场提供契机。从世界各国检验检测认证市场发展过程看，市场化变革的趋势是一致的。

第四，信息化、多元化。2016 年我国探索引入“互联网 + 监督检查”等模式，形成电商平台事前管控、监管部门事中事后监管的新机制；在推进食品农产品注册认证模式改革中，通过“互联网 +”注册认证方式，创新跨境监管通报、协查、互信的国际合作机制，落实境外企业主体责任、境外官方监管责任，强化源头管控等。“互联网 +”的时代发展背景以及制造强国和网络强国战略给我国检验检测认证行业的发展带来了新的发展机遇，信息的快速传递减少了物流成本和人力成本，同时通过减少人为干预与主观判断，进一步保障了品牌的公信力和检测的可靠性。云计算和大数据为机构规模化和业务多元一体化提供了技术保障。“中国智造”和 5G 时代的到来，也催生了行业的变革，物联网、智慧城市、智慧家庭势必都将成为检验检测认证亟待开发的新领域。

第二节　检验检测认证服务业主要发展模式

国际上检验检测认证行业发展主要有市场推动和政府主导两种基本发展模式。市场推动的发展模式是先发国家（先行工业化）民间集资先组建机构，后由政府设立法规进行规范；政府主导的发展模式是后发国家先由政府设立法规、制定标准，以政府为主建立机构及对产品进行检测认证，后逐步发展为政府授权第三方机构进行。这两种模式中，检验检测认证行业的特点、现状和政府作用方面有明显区别[①]。

一、市场推动的发展模式

市场推动的发展模式主要出现于市场经济成熟的欧美发达国家，这些国家主要特点是市场化程度高、产业结构比较成熟，检验检测认证行业伴随着经济贸易的发展而产生，根据市场需求出现和成长。经过多年发展积累，检验检测认证行业已形成了一套完整的以企业为主体、比较完善的检验检测认证体系，并且服务领域相对较广，受其他国家的认可度较高。市场推动型的检验检测认证市场以第三方机构为主体，同时在涉及食品安全、国家安全等特殊领域保留了适度少量的政府实验室。

作为行业发源地，欧洲的检验检测认证行业竞争非常激烈，政府较少干预行业发展。目前全球大型检验检测认证机构主要来自欧洲，均具有上百年的发展历史，它们最初的业务是提供与贸易相关的检验和测试服务。美国也存在大型的全球知名的检验检测认证机构，呈本土化和专业化倾向。

在认证上，英国是最早产生产品认证制度的国家。1903 年，英国制造商在符合尺寸标准的钢轨上使用世界上第一个认证标志——风筝标志；1919 年，英国政府颁布了《商标法》，规定经第三方检验机构检验合格的产品方可使用风筝标志；1921 年，英国标志委员会成立，负责管理风筝标志的发放和使用；1922 年，开始对各类产品的标志实行注册，风筝标志成为受法律保护的认证标志；1926 年，英国标志委员会向英国电气总公司颁发了第一个《风筝标志使用许可证》；1975 年，开始在家用电器和其他安全设备和产品上使用风筝标志。受英国的影响，发达工业国家开始采用质量认证制度，第三方检验检测认证业务开始得到发展。

市场推动型的检验检测认证机构有如下特点：

一是历史悠久，公信力强。具有独立性、公正性和权威性的品牌是检验检测认证机构得以存在和发展的前提，也是其价值来源。由于公信力的培养是个长期过程，市场推动的具有悠久历史的大型检验检测认证企业具有先发优势，而且在发展过程中重视品牌的树立和信誉的提高，其公信力在全球范围内也得到了承认。

二是市场开拓能力强。以市场需求为导向的机构可以敏锐地把握市场的动向，从单一

---

① 郭朝先，王虹，谢圣利，等．国际检验认证行业发展的基本模式及其启示［J］．中国市场，2012（11）：82－88.

业务逐步发展到多元化业务，从国内市场的开拓发展到国际市场，通过建立广泛的实验室网络、高效的内部管理获得可观的利润。业务的多元化和国际化，使企业通过自身规模化巩固了企业的地位，也提高了自身的竞争力，不断积累的从业经验和与时俱进的技术水平，使其具有足够的能力面对新兴行业的发展。

三是自主创新能力强。像瑞士通用公证行、德国莱茵集团、美国保险商实验室等都是历史悠久、实力雄厚、行业领先的公司，都经历了由非营利机构向市场化企业转变的过程。尽管很多欧美大型国际机构往往能够获得政府的财政支持，尤其是公益性检验检测认证机构，但通过管理模式的创新、自主创新能力的增强，这些机构大都从长期有政府支持转变成自负盈亏且获得可观利润。

二、政府主导的发展模式

政府主导的发展模式主要出现在东亚等的后发国家，如日本、韩国和中国等。这些国家主要特点是工业化起步较晚，发展速度较快，政府在经济运行中具有重要的引领作用。检验检测认证行业的出现是以政府为主导，由政府制定标准和建立机构。但随着市场经济的不断发展和完善，政府在检验检测认证行业中所发挥的作用逐步发展成引领、授权、购买、与行业组织合作等。如韩国强制性安全认证最初是由政府签发批准证书，后变为由被政府授权的认证机构实施认证。随着经济全球化的发展，两种模式逐渐趋于一致，即具有市场推动型发展模式的国家政府逐步增加对检验检测认证行业的监管与支持力度，政府主导型的国家则逐步“去行政化”，为第三方检验检测认证机构创造良好的发展环境。尽管如此，政府主导型的检验检测认证机构与市场推进型的机构有一定的区别，具体如下：

一是权威性多来自政府授权。由于市场化发展较晚，市场经济中规范性有待加强，发展历史较短的检验检测认证企业公信力主要来源于政府的授权，因此政府的权威性十分重要。政府授权方式主要通过认可，即通过专门的政府部门管理，授权给通过政府认可的检验检测认证机构，将政府的一部分权威赋予这些机构。在企业发展过程中，再逐步培育市场公认的公信力。

二是业务主要集中在国内市场。由于政府主导的检验检测认证机构具有行政化背景，其业务围绕政府规定的强制性认证和自愿性认证展开，业务地域性特征明显，主要检测本国产品或本国进出口产品，在市场没有开放前，行政垄断特征明显。随着贸易全球化、市场化的发展和国家经济体制的改革，很多大型的检验检测认证机构也不断增强其市场开拓能力，加强其标准、认证国际互认的能力，提升其竞争力。

三是面临国外同行业机构的竞争威胁。由于政府主导的检验检测认证机构发展历史较短，在放开市场竞争后，面对欧美等发展较成熟且具有丰富经验的大型跨国检验检测认证机构，其发展压力较大。近年来，随着经济的发展，亚洲已成为最具增长活力的区域，具有先进技术和雄厚资本的外资企业的进入对本地的检验检测认证机构构成了竞争威胁，但企业体制改革和机构整合也给本地企业带来了做大做强的良好机遇。

第三节　发达国家或地区检验检测认证服务业发展经验

经过上百年的发展，一些发达国家的检验检测认证行业已形成了较为成熟的行业体系，一些跨国经营的大型检验检测认证机构市场开拓能力较强，有些标准已上升为国际标准，在国际贸易中成为必不可少的通行证。相比国外检测机构成熟的市场运作机制，我国检测机构组织体系大多以学科而不是以市场服务对象来划分，市场开拓能力还有待提升。因此，吸收其可借鉴之处，有助于我国检验检测认证行业进一步建立自身优势并提升国际竞争力。此外，得益于“平台示范区”的建设，我国部分发达地区的检验检测认证行业具有良好的发展势头，分析这些地区的成功经验也有助于该模式的进一步推广以及助推该行业的发展。

一、欧洲检验检测认证发展经验

作为检验检测认证起源地的欧洲经历了上百年的发展历史，已形成了一套成熟的检验检测认证市场模式和规范化管理的检测认证产业。大部分市场经济发达的国家检验检测认证行业水平居于世界前列，其主要发展经验如下：

（一）标准统一体系完善

在检验检测认证行业发展方面，欧盟建立了完善的法律法规及标准体系，包括基础条约、条例、指令和决议等，规定在欧盟市场流通的产品必须符合欧洲标准，取得欧洲标准化委员会认证标志和 ISO9001 认证，并加贴强制性安全合格标志。电工产品还需符合低压设备指令和电磁兼容指令。

1985 年，欧共体理事会通过了《关于技术协调与标准的新方法》，明确了技术法规制定的基本要求，各成员国按照统一的“协调标准”制定本国的标准体系。2008 年 7 月，欧洲议会和欧盟理事会通过了《关于认可和产品营销相关市场监督的要求》，各成员国按照该要求实施监督。在标准制定方面，欧洲国家普遍实行“自下而上、从上到下”的形成过程，即由检验检测认证机构、协会基于市场自身需求提出标准，经政府采信后上升为国家标准，各成员国在欧盟层面进行标准协调后，再转化为国家统一标准。欧洲国家利用身处欧盟的优势，参与标准的制定并借助标准统一互认的优势，极大地促进了本国国际贸易及检验检测认证行业的发展，产生了一批国际知名的检验检测认证机构①。德国在欧盟统一的强制性安全认证外，还引入在某些方面更严格的安全认证，在欧洲具有极高的认可度，也让其产品成为“质量”与“信誉”的担当，大大提高了其产品质量和产业的综合实力。

① 沈伟民，黄芳．欧美发达国家公共检测研究与服务机构发展动态及趋势［J］．上海计量测试，2003，30（4）：4－8.

（二）政府监管第三方主体

市场经济发达的欧洲国家政府普遍较少干预检验检测认证市场，更多的是认可约束、行业自律和社会监督。根据欧盟的要求，各国只能有一个国家认可机构并接受政府部门监督，从而实现对行业的宏观和间接管理。除在特殊的领域由政府实验室检测外，其他检测服务都通过对第三方检测结果予以采信的方式，并建立完整的监管制度体系，第三方检验检测认证从标准制定到认证收费都由市场控制，构成该行业的主体并接受社会监督。第三方检测实验室作为经营性社会检验检测机构的重要组成部分，以及检验检测认证行业发展的重要推动力，通常指与供需双方在行政上没有隶属关系、在经济和技术上没有利害关系的第三方实验室，其市场公信力是行业和检测机构生存发展的关键所在，因此第三方检测机构的服务质量日益受到社会重视。世界各国政府和行业协会对检验检测市场均实行市场准入制度，对检测机构进行资格评审并定期考核。这种政企分离的模式，为行业的稳定高效发展提供了重要保障。

（三）机构规模化与多元化

目前，检验检测认证市场仍处于高度分散、行业集中度不高的局面，大型综合性检测认证机构基本上都来自欧洲。这些大型综合性检测认证机构为迅速进入新的市场，在全球范围内展开了较大规模的并购、合资运营和属地化管理，在短时间内获得网络资源附带的资质、渠道和人才，提高空白领域的检测能力。如英国天祥集团通过收购瑞典的一家认证机构以及美国的实验室，获得了相关认证资格，进入认证市场。另外，又由于检验检测认证行业属于技术密集型产业，具有初始投入大、成本随需求量递减的特点，规模化经营使其能够获得规模效应，降低成本，提高竞争力。如荷兰应用科学组织将 14 个与产业发展、公共检测与服务有关的研究机构组合在一起，组建独立的、非营利性的技术研发与服务机构，不断归并整合，使其成为欧盟第二大应用研究机构。

经济发展、新兴行业的增加和跨国经营带来了需求的多元化，大型综合性检测认证机构逐步从单一业务向多元化一站式服务发展，产业链不断延伸，从传统的质量安全向绿色环保等新领域发展。法国必维国际检验集团创立于 1828 年，通过不断扩展业务领域，由最初只提供费率、船舶、设备信息的单一业务模式发展为现今总部拥有六大部分、提供多元化综合性服务的全球知名大型检验检测认证企业。

（四）技术研发和人才培养

欧洲检验检测认证行业重视技术研发和成果的转化。荷兰应用科学组织专门设立中小企业服务中心帮助中小企业制定发展战略和进行技术创新，促进科研成果转化为生产力。英国国家物理实验室是英国贸工部下属的世界领先的计量检测科学实验室，它积极吸引年轻科学家加入，负责技术咨询，研制和出售标准物质，转让研究成果。瑞士通用公证行等大型第三方检验检测认证机构的平均培训费用占其营业收入 2% 以上，其中用于高层管理人员的培训费用比例更大，通过培训，储备一批创新人才和管理骨干。

二、美国检验检测认证发展经验

市场经济发达的国家主要将检验检测认证机构划分为政府公益性检验检测机构和市场化第三方检验检测机构两类，两类检验检测机构定位与边界非常清晰。美国是世界上最主要的国际标准制定国，控制着高科技和产业发展领域的制高点，同时也是检验检测认证服务业大国，既有世界著名的商业检验检测机构美国保险商实验室，也有由美国国会每年拨付几十亿美元经费、人员属于公务员的政府实验室，如美国国家标准与技术研究院。

（一）政府公益性检验检测机构

在西方发达国家，政府实验室被定义为承担公益性、基础性标准研发与检验检测服务工作的技术机构，同时受政府委托监管市场化检测行为，实施行政行为，在检测市场中只起监督与引领的作用，不参与经营类检测业务的市场竞争，独立于检测市场之外。在关系公共安全的领域，如食品安全、药品安全、消费品安全、计量校准等，需设立必要的政府实验室，由于政府部门的权威性，一些重要领域的检验检测也必须由其承担，如兴奋剂检验检测、反恐领域等。美国政府公益性检验检测认证机构长期得到政府部门的有效支持，并作为政府实验室定位，为政府部门的行政行为及其战略意图服务，确保其为政府行政提供技术支撑和科研创新的能力。美国国家标准与技术研究院、美国国家食品与药品监督管理局和美国国家环保署的国家实验室就是此类代表，这些公益性检验检测认证机构在管理上分工合作，同时依托政府的长期经费支持，保证公共检测研究与服务的有效实施。美国国家标准与技术研究院成立于 1988 年，前身是 1901 年成立的美国国家标准局，负责发展和提高计量检测技术、技术标准和与之相关的基础技术研究等领域，是美国商务部的技术管理部门。其主要作用是为政府提供政策依据，撰写技术规范标准，负责建立强制性国家标准，帮助企业创新和研发，提升美国国家竞争力，在保障国家安全方面起到了重要作用。美国国家食品与药品监督管理局隶属于美国健康与人类服务部和公共卫生部，主要作用是保障美国生产或进口的食品、药品、化妆品、生物制剂、医疗设备和放射产品的安全。

（二）市场化第三方检验检测机构

市场化第三方检验检测机构根据市场需要配置资源，积极参与检测市场竞争，以技术、服务、品牌等方面的优势占领市场，实施市场行为。根据其盈利属性有营利性检验检测机构和非营利性检验检测机构两种存在形式。根据国际著名检验检测认证机构由非营利转型为营利的经验，社会化检验检测认证机构的专业化、规模化、市场化、国际化发展是必然趋势，是适应市场竞争的必然选择。如成立于 1894 年的美国保险商实验室是美国最大的产品安全检验机构和全球十大认证机构之一。其建立的 UL 模式是国际公认的最具权威的产品安全检测和鉴定的权威体系，它所制定的标准有 75% 被美国采用为国家标准，比 ISO9001 系列更专注于产品的安全性，在一些国家 UL 标准是获得 ISO9001 认证的前提。其权威主要来源于它的独立性，其经费来源也经历了完全依赖于政府到逐步减少依赖的过程。美国保险商实验室在具有权威性的同时也完全实现了市场化运作，将UL标准贯穿整个产业链，针对产业链的不同环节设计不同的认证方案，还提供产品生产前的生产线安全性能设计服务和产品售后的卖场与消费环节跟踪检测服务；通过全方位的服务满足不同国家和地区的不同需要，把帮助客户以更快的速度和更实惠的价格拿到各地市场的市场准入作为中心目标。如在大中华区，美国保险商实验室针对中国“世界工厂”的特性，推出其全球认证服务中最具经济效益的“一站式多国认证”国际营销方案，即为出口企业汇集分析各国规范不一的法令，通过一次产品送检获得多达30个国家和地区的认证，大大节省了企业成本①。

三、上海、广州、北京等地建立平台示范区经验

“国家检验检测认证公共服务平台示范区”是我国“十三五”规划出台后推进的一项国家重点工程，同时也是我国检验检测认证行业业态的新尝试。2014年1月，国家认监委下发《关于开展“公共检验检测服务平台示范区”创建试点工作的通知》（国认实〔2014〕2号）；2016年，国家认监委下发《关于开展“国家检验检测认证公共服务平台示范区”创建工作的通知》（国认实〔2016〕11号）正式创建“国家检验检测认证公共服务平台示范区”。创建主体包括三类：①检验检测认证服务业集中程度高、知名检验检测认证机构数量较多的县级以上产业聚集区；②大中城市规划设立或自然形成的检验检测认证服务业集聚区；③以检验检测认证服务业等高技术服务业为主要发展方向的省级以上经济技术开发区、高新技术产业园区。从示范区的建设范围可看出，示范区对区域内政府配套设施和政策支持及检验检测认证机构要求极高。地区支持主要包括当地的政策支持、土地支持、财政支持、产业支持等。机构要求有龙头企业带动或数量密集的检验检测认证机构及质检技术机构体系的支持。2014年上海市闸北区获批建立全国首个国家级示范区，随后宁波市高新区、重庆市两江新区、北京市中关村科技园区、广州市海珠区等相继建立“国家检验检测认证公共服务平台示范区”。

我国建立“平台示范区”的目的是通过开展国家检验检测认证公共服务平台示范区的创建活动，引导我国检验检测认证行业产业化聚集和集成发展，形成“新常态”下的检验检测认证服务业态，不断提升检验检测认证服务业的行业产值和服务效能，其具体作用如下：

第一，推动检验检测认证全产业链的发展。检验检测认证全产业链指在产业集聚区中，以检验检测认证服务为核心构建起来的检验检测认证产业体系，包括上游的检验检测设备及耗材试剂的研发制造产业，核心的中游检验检测认证机构，以及下游的技术咨询、人才培训、物流及法律服务等。检验检测服务的发展依赖于上游设备的研发制造和下游人才培养，又由于该行业产业关联度极高，其自身巨大的需求也会带动上下游产业的发展。上游和中游的关联融合可推动检测技术创新发展、检测仪器设备更新等。中游和下游的关联融合可推动产业链纵向延伸。建立平台示范区有利于实现区域检验检测认证机构的整合

① 曾品固，万江．从美国UL模式看中国安全鉴定和管理体系［J］．软科学，2012，26（3）：69－71.

和结构优化，推动监管一体化，有利于检验检测服务业转型升级。

第二，形成产业集聚效应，提升产业影响力。建立公共检验检测服务平台示范区，目的是希望通过龙头检测企业引导我国检验检测认证行业产业化聚集和集成发展，形成适应“新常态”的检验检测认证服务业态，提升检验检测认证服务业的行业产值和服务效能，使检验检测认证机构向规模化、品牌化、专业化发展，发挥规模效应，形成优势品牌，为企业下一步开拓国内及国际市场创造有利条件，推进国际化进程。同时，也有利于政府强化事中事后监督，更好地发挥政府作用。

第三，发挥地区特色，助推产业发展。检测企业实验室可分为三种类型，即送样检测实验室、采样检测实验室和仪器校准实验室。这三种实验室均对距离远近比较敏感——地理位置直接影响物流成本和客户需求，因此检测服务具有一定的区域性特征。检测企业的一般做法是在企业集中地区设立实验室，在经济发达区域建立实验室检测服务网络中心，以便于贴近客户。检验检测认证示范区方便区域内企业就近检测，促进中小企业检验检测便利化，节省大量时间、经济成本，吸引更多高质量的企业进驻，支撑先进制造业。同时发达的检验检测认证服务可以进一步细化企业的专业分工，实现规模生产和分工深化带来的效率提升，从而实现产业结构和产业组织形态的深化。因此，具有高技术服务业和生产性服务业双重定位的检验检测认证服务业已成为引领经济发展“新常态”的重要突破口。另外，由于区域特色不同，检验检测认证示范平台建立的目标和方向也不同。如闸北区作为国家服务业综合改革在上海的唯一试点区，利用自贸区的优势，已集聚大量全球著名的检验检测机构入驻；广州借助珠三角强大的出口产业优势和毗邻港澳台的地理优势，提高国际化程度；北京依托其高校和科研院所优势，将构建多层次的检测认证服务市场。

第四节　检验检测认证服务业典型企业案例

我国实行市场开放及经济体制改革以来，在检验检测认证行业中早已实现多元体制并存的局面，在各种所有制中均有取得良好发展的典型企业，下文将通过几个案例来揭示不同体制检验检测认证企业的发展模式，以期为我国检验检测认证服务企业的发展提供参考依据。

一、外资检验检测认证机构——瑞士通用公证行

（一）企业背景

瑞士通用公证行 1878 年成立于法国鲁昂，现总部位于瑞士，是全球检验、鉴定、测试及认证服务的领导者和创新者，也是国际公认的品质与诚信的全球基准，目前是全球第一大认证机构。如今服务网络遍及全球，拥有超过 2 400 个实验室和分支机构、员工超过 95 000 名。凭借卓越的技术经验和公信力，瑞士通用公证行提供的检验检测报告、认证证

书已经成为检验检测认证领域的重要标准①。它拥有 9 大业务板块，服务于 11 条行业主线，覆盖农产和食品、化学、建筑、消费品和零售、能源、工业制造、生命科学、矿产、石油和天然气、政府及公共机构、运输行业领域。各业务线拥有世界领先的专业能力，满足持续变化的客户需求，为客户定制应对全球挑战的解决方案。

（二）企业经营情况

2016 年瑞士通用公证行全年经营业绩实现稳健增长，全年营收达 60 亿瑞士法郎，同比增长 6.0%（按固定汇率计算）；调整后息税前利润为 11.98 亿瑞士法郎，同比增长 2.5%；调整后营业利润达 9.19 亿瑞士法郎，同比增长 2.4%；净利润为 5.86 亿瑞士法郎，同比增长达到 4.5%。其中营业收入的 30% 来自亚太地区，中国地区业绩增长显著②。

（三）企业在华情况

1991 年，瑞士通用公证行集团和隶属于国家质检总局系统的中国标准科技集团在北京共同建立了 SGS 通标标准技术服务有限公司，成为国内最早以法人资格提供检测认证服务的外资机构。经过 20 多年的发展，如今在我国已建成 78 个分支机构和 150 多间实验室，拥有 15 000 多名专业人员，服务对象包括国内外企业、政府及机构③。其发展历程从独家垄断到多家竞争，与中国检验检测认证行业的发展密切相关。在刚成立时，通标公司照搬总公司的所有模式，经过本土化的发展，如今其业务管理模式已能实现接近按客户需求配套供应，进一步提升母品牌的实力与声誉。

（四）企业特色

第一，多元化与规模化。从瑞士通用公证行主要发展历程（见表 7－5）可以看出，其发展历程可划分为成立及发展时期、多元化经营时期和全球化经营时期。最初其主要检验农业谷物，业务模式单一。从 1950 年开始，瑞士通用公证行的管理层意识到通过多元化战略能保持企业长远的竞争优势，因此在这段时间内，瑞士通用公证行把握每一次全球发展的机遇，通过不断在海外设立实验室、子公司等形式，逐步把业务扩展到石油、消费者测试、环保等领域。此外，瑞士通用公证行通过收购企业不断壮大自身规模，从而获得该行业的规模效应，也获得了迅速进入空白领域检测市场的资源、人才。2016 年瑞士通用公证行加大了收购力度，完成 19 例全球收购，比 2015 年新增 10 例。在中国，包括烟台华健检测工程有限公司在内的一系列实验室、单一服务业检测商也被瑞士通用公证行收购，进一步向上游延伸产业链。

---

① 数据来源：瑞士通用公证行公司简介，https：//www. sgs. com/en/our－company/about－sgs/sgs－in－brief。

② 数据来源：2017 年国家认证认可监督管理委员会认证认可技术研究所发布的《国内外上市检测认证机构 2016 年业绩汇总》。

③ 数据来源：SGS 通标标准技术服务有限公司公司简介，https：//www. sgsgroup. com. cn/。

表 7－5 瑞士通用公证行主要发展历程

1878 年	成立于法国鲁昂，为欧洲的粮食贸易商提供谷物运输检验服务
1879 年	在法国三大港口设立了办事处
1913 年	在欧洲有 45 个办事处，成为行业谷物检验的领导者
1915 年	公司总部搬到瑞士日内瓦
1919 年	更名为瑞士通用公证行
1928 年	在世界各地 21 个国家设有办事处和分支机构
1939 年	通过在欧洲收购实验室的形式扩大了其原材料、矿物和金属的检验和分析业务；开始在南美经营，在阿根廷和巴西设立办事处，提供农产品检验服务
1950 年	业务开始多元化
1962 年	收购已处于石油和石化产品的测试领导者地位的多家公司
1965 年	收购无损检测专业公司
1981 年	在股票交易所上市
1989 年	收购了英国雅斯利认证公司，从此把第三方认证服务纳入了其服务范围，同时通过收购成立了生命科学服务公司
1991 年	和中国标准科技集团（质检总局下属单位）成立了合资公司——通标标准技术服务有限公司

第二，重视本土化。由于检验检测认证行业对区域及距离有较高的要求，因此瑞士通用公证行作为跨国经营的企业极为重视本土化，通过建立子公司、实验室等贴近客户所在地，从而第一时间为企业提供定制化服务。为降低文化差异带来的冲击，瑞士通用公证行极为重视员工的培养。如 2011 年通标公司与东华大学共同发起职场预备役项目，该项目旨在提升应届毕业生的竞争力，也为公司储备人才奠定基础。其校企联合的成功实现，也受到社会各界的关注与好评。瑞士通用公证行在中国各分支机构也注重开展公益性活动，如保护环境、爱心支教、贫困帮扶等。

二、经营类政府检验检测机构的改革——国检集团

（一）企业背景

中国建材检验认证集团股份有限公司（国检集团）总部位于北京，其业务起源于 20 世纪 50 年代。2016 年，国检集团在上海证券交易所主板上市，成为 A 股首家“中国”字头、集检验认证为一体的上市公司，是行业性检验检测机构市场化改革的典型代表，是国内建筑和装饰装修材料及建设工程领域内极具规模、综合性的第三方检验认证服务机构，并先后圆满完成三峡大坝、奥运工程、京沪高铁、G20 和 APEC 场馆建设等国家重点工程的质量保障任务。

国检集团主营业务包括检验、认证、安全生产技术服务、检验仪器设备研发销售、延伸服务五大综合业务平台；服务对象包括建筑材料生产及流通企业、建设工程建设及施工单位、太阳能光伏产品生产及应用企业、碳排放权交易单位、各级产品质量技术监督部门、工商管理部门、安全生产监督主管部门及消费者等①。

（二）企业经营情况

国检集团2017年实现营业总收入7.51亿元，比上年增长了12.89%；营业利润1.75亿元，比上年增长了32.94%。目前在全国有22家分支机构、9个国家级中心、14个行业级中心、8个标准化组织、12个协会、2个计量中心、2个环境试验站，完成1万余项检测授权项目，年出具检测报告55万份，拥有境内外客户20 000余家，连续5年被评为认证机构认可风险分级评估A级机构②。

（三）企业特色

第一，整合优势资源，进行市场化改革。国检集团是中国检验检测认证机构整合过程中的成功范例，它的成功离不开其规模化的发展。我国政府检验检测认证机构普遍存在重复建设、规模较小、实力差距不明显等问题，仅通过市场化自由组合的方式实现整合具有相当大的难度，因此需要借助行政干预的推动，实现内部资源整合及企业的扩张。2005年是国检集团市场化轨迹的“转折点”。2005年以前中国建材检验认证采用行政化运作模式，规模小、业务收入低；2005年22家检测中心经过资源整合组建为中国建筑材料检验认证中心，2009年改制为中国建筑材料检验认证中心有限公司，2011年变更为中国建材检验认证股份有限公司，通过6年实现了事业单位—有限公司—股份公司的转变。

自改制以来，国检集团首先调整组织结构，通过取消事业编制达到“去行政化”，并采用事业部组织结构形态和公司治理模式。在市场开拓上，坚持以市场为导向，不断拓展检验检测领域，提升技术服务水平，创新服务模式，开发出“北京地铁服务模式”“上海迪士尼服务模式”，提供“一次申请、多种认证、全方位服务”的“一站式”服务。在国际市场上，通过并购、重组、对外合作等方式实现区域性扩张，树立起品牌效应。

资源整合能帮助企业在市场化改革前期实现规模的快速扩张，增强其市场化改革的信心，尤其是对于起初规模比较小的企业而言，效果更加显著。同时，整合后作为区域内的成功范例，反过来能进一步推动区域内检验检测认证机构的整合进程，提升区域内检验检测行业的整体竞争力。

第二，重视品牌化。作为中国建筑行业检验检测认证的领先企业，国检集团并不是通过领域多元化来实现扩张，而是注重自身的品牌建设，其通过积极开拓国内外市场和构建广泛的服务网络，树立建筑行业检验检测领域的民族品牌。其通过服务于政府机关、科研院所质量监督，为国家重大工程建设提供公共技术服务平台，树立起品牌的权威性；通过指导消费者购买建材类产品以保障消费者权益，打响品牌的知名度；通过实验室建设、培

---

① 数据来源：中国建材检验认证集团股份有限公司简介，http://www.ctc.ac.cn/CTCjieshao/jituanjianjie/。

② 数据来源：2017年中国建材检验认证集团股份有限公司发布的《审计报告及财务报表》。

训等，增强品牌的持久影响力。而品牌的成功建立则增强了企业的信心和市场化筹资能力，减少了其对行政拨款的依赖，反过来也提高企业管理者和员工对市场化运作的信心，进一步推动机构的市场化改革。可以说，国检集团的成功转型能为经营性政府机构、检验检测机构的改革与整合提供充足且良好的经验。

三、民营检验检测认证机构——华测检测认证

（一）企业背景

成立于2003年的华测检测认证集团股份有限公司（华测）总部位于深圳，是国内检测行业首家上市公司，也是中国第三方检测与认证服务的开拓者和领先者。

华测是中国合格评定认可委员会认可的实验室和中国质量认证中心的合作实验室，也是国家强制性产品认证指定实验室。除通过了国内的认可外，华测还通过了美国、英国、新加坡等的权威机构的认可，检测报告具有广泛的国际公信力。作为一家综合性、国际化、专业化的民营企业，华测是一家集检测、校准、检验、认证及技术服务为一体的综合性第三方机构，在全球范围内为企业提供四大业务（生命科学、贸易保障、消费品、工业品），为15个行业提供“一站式”解决方案。

公司总体业务模式为：公司研发部门研究国内外标准，包括国家、行业、企业标准，研发新的检测方法，通过配备设备和人员，确定运作流程，提升检测能力、扩大检测范围；营销部门依托公司优秀的品牌效应主动向客户推广公司的检测服务项目，获取客户订单，经过实验室检测，出具数据并提供检测报告。为适应检测业务“客户多、金额小、频率高”的特点，公司在不同地区设立实验室，在经济发达地区建成了门类齐全、布局合理的实验室检测服务网络，如今在全国拥有60多个分支机构、近130个实验室，在海外多地设立了海外办事机构①。

（二）企业经营情况

华测每年可出具约150万份具有公信力的检测认证报告，服务客户9万家，其中世界500强客户逾百家，营业收入连续多年居中国检测行业榜首。2016年营业收入165 226.07万元，比上年同期增长28.30%；营业利润12 942.23万元，利润总额15 500.63万元，分别比2015年下降了35.22%和28.06%。导致营业收入增长但利润下降的原因主要是其收购项目及扩张。②

（三）企业特色

华测的成功不仅有外部环境的助力，如政策红利、深圳市政府对民营企业的支持，也离不开其自身的发展。华测总体发展目标为坚持自主创新，建立遍布全国的实验室检测服

① 数据来源：华测检测认证集团股份有限公司简介，http：//www.cti-cert.com/aboutCTIInit.do? id=28。

② 数据来源：华测检测认证集团股份有限公司2016年年度报告。

务网络，扩充实验室检测服务的范围，并逐步向海外市场拓展，发展成为具有国际竞争力的大型综合性检测服务提供商。华测的企业特色有以下几点：

第一，拥有全球化视野。最初华测仅靠订单实现走出国门；2012 年，华测美国子公司的开业，对周边市场起到很好的辐射作用，开始实现人员“走出去”。2013 年，华测开始国际化全方位布局，并加快一系列海外投资、跨国并购。一方面，全球化的布局可以提升国内外品牌知名度，并及时掌握各行业的国际动态，与时俱进地进行检测方式研发，有利于开拓本地市场；另一方面，由于接近客户，公司可凭借快速的反应、本土化的策略、人工成本较低等优势主动开拓市场，增加客户黏性、提升盈利能力。

第二，以信誉和规模取胜。华测在检测认证过程中严格遵守作业程序，客观出具结果，不受来自商业、财政等方面的干扰和行政人员的干预。为确保检测结果的真实性，华测不仅在内部有着严格的职业操守要求，还会定期主动进行比对测试。良好的职业操守为其赢得了业内的公认并凭借强大的研究开发能力、广泛的服务网络和丰富的检测产品线，华测将已建立起来的品牌公信力充分转化为盈利能力，保持公司在行业内的领先地位。

近年来华测坚持以市场为主线，合理布局实验室和基地中心，各项主营业务稳定发展，业务结构趋于均衡分布，抗风险能力不断提高。同时，华测陆续在国内外建立区域检测中心，进一步增加及扩大检测基地规模，拓展区域辐射影响力。针对并购后的整合风险，公司还设立了专门部门，对重要整合事项进行密切跟踪和及时调整，制定推行因地制宜的管控措施。

第三，重视人员培养。华测负责人坦言，由于文化差距，华测能拿下海外众多市场的关键原因在于通过员工攻克客户，因此，华测十分注重对自身员工的培养。华测员工按职能分为生产、销售、技术、财务、行政五类。目前在职员工约 6 300 名，硕士以上学历占 9%，本科学历约占公司的 50%，专科学历约占 30%，可以看出公司大部分员工受过良好的教育。在销售技能上，公司有专门的技术支持部门会定期给客服人员和销售人员进行专业知识的培训和考核，以提升员工整体的专业技能；在员工的个人成长上，公司倡导“以人为本”，给每位员工都制定了个性化成长方案，相继推出了“阳光计划”“春蕾计划”等员工培养计划，在员工得到成长的同时也增加了员工的“黏性”，在一定程度上也降低了技能人才的流失率。

第八章　创业孵化服务业发展模式

第一节　创业孵化服务业发展背景和趋势

一、企业孵化器产业界定及分类

孵化器，本义指人工孵化禽蛋的专门设备。后来引入经济领域，指一个集中的空间，能够在企业创办初期举步维艰的情况下，提供资金、管理等多种便利，旨在对高新技术成果、科技型企业和创业型企业进行孵化，以推动合作和交流，使企业“做大、做强”。从国家层次来看，孵化器是以促进科技成果转化、培养高新技术企业和企业家为宗旨的科技创业服务载体。它是国家创新体系的重要组成部分，是区域创新体系的重要内容。

创立目的和盈利目标不同，导致不同主体针对特定服务对象而建立的孵化器类型也产生差别。经整理和归纳可分为以下七种类型：

（1）政府主导型企业孵化器。国内早期的孵化器基本都属于政府主导型企业孵化器，这类企业孵化器不以盈利为主要目的。由于国家政策的引导和支持，政府涉及的企业孵化器更多从长期考虑，既能解决区域产业转型又能带动当地就业。在筛选企业入驻孵化方面条件较低，并且为了降低企业创业成本，科技企业孵化器的场地建设绝大部分是由政府投资建设，或采取资产划拨、委托管理的方式由孵化器管理团队经营使用，或由企业孵化器自行建设。在企业需要的时候，政府也提供相应的政策优惠和行政咨询服务，以降低企业与政府相关机构的沟通成本以及市场中存在的交易成本。但在其建设发展中，不免存在管理机制僵硬、资金渠道单一、管理团队提升难等问题。

（2）综合型科技企业孵化器。综合型科技企业孵化器的投资主体十分多元化，除了政府作为主导方外，还包括民营企业、社会组织、中介机构、高校研究机构等社会资本，可形成“1+1”“1+2”“1+N”的多方融资结构。大型民营企业可通过注入新孵化项目获得新资源、新活力，与孵化企业形成优势互补；各类中介机构可通过孵化企业拓展自己的业务渠道；高校研究机构与孵化企业的融合可以实现科研成果的市场转化，实现协同发展。

综合型科技企业孵化器追求的是企业的快速发展，企业在国家政策支持的基础上，充分利用和吸纳各方面资源，比如风险投资的入注、市场渠道的拓展、企业的并购上市等。同时在发展期间，企业会收到来自社会资本方提供的培训课程、导师建议等，以提高团队的综合素质，同时弥补运营方面的经验不足。另外，通过配置和共享创新资源，进一步降低创业成本和缩短产品开发周期；通过向孵化企业投入天使基金扶持优秀科技人才创业；

通过引入风险投资，促进企业对外的资源共享和产品落地，最终达成上市或并购，向科技园区或城市输送规模化发展的科技企业以及成为“新常态”经济下的新引擎。

（3）垂直领域型孵化器。垂直领域型孵化器是专注于某一行业、产品或者某项技术市场化的孵化器，也称为专业孵化器，常见的例子有：互联网产业创意园，医药产业孵化器，创客空间等。专业型孵化器的投资来源也十分多样，不仅有政府科技部门，还有一些以专业见长的科研单位和高校，或者是个人研发者。该类孵化器一般在产业垂直方面有着庞大的人脉以及行业资源，为特定行业创业者提供除资金和技术以外的多项增值服务。

（4）高层次人才孵化器。高层次人才孵化器是专门针对某一领域或者范围的特定的人才所成立的孵化器。这类孵化器一般由政府成立，给予拥有特殊背景或技能的创业者除基础创业服务之外的专业化服务和特殊优惠政策。例如位于成都双流的电子科大科技园（天府园）的“蓝色梦想——高层次人才众创空间”是国内首个高层次人才孵化器，将在全国范围内引进包括长江学者、国家“千人计划”、省级“千人计划”、成都市人才计划等在内的高层次人才初创项目，重点关注集成电路、军民融合、光通信等领域。除了提供一系列基础孵化配套服务，还将针对高层次人才在资金、市场上进行推广，特别是在产业资源对接、科技成果转化等方面给予全方位创业支持。

（5）国际孵化器。在创业创新孵化器迎来全面升级之际，不少机构将目光瞄向了海外顶级孵化平台，以便于实现国内国际创新创业资源共享。此类孵化器专为吸引外国企业助力孵化而设立，以实现“双剑合璧”的效果。比如，联才工坊由海航集团旗下的海创空间与硅谷顶级科技创新企业加速器 Rocket Space 联手打造，旨在将国内优质资源与硅谷超凡的运营理念相结合，打造全球科技领域顶级创新创业生态体系，为科技创业者和企业创新提供全球服务共享平台。

（6）虚拟孵化器。“互联网 +”下虚拟孵化器体系通过网络链接起创业企业、孵化器、产业、大学、政府与中介，通过网络将知识专利完成技术转移和技术成果商业化。所有创业活动均可以从线下转到线上，使“一站式”孵化模式便捷可行。领先的虚拟孵化器已经着手建设“线上圈”，开始利用虚拟教练、虚拟助手、虚拟商场、虚拟环境等完成咨询、培训、服务等功能。部分虚拟孵化器开始把各种资源集中在“云”端，以更方便注册用户访问与使用。在“互联网 +”时代，基于移动互联网和互联网的智能化、体验式的线上场景组合，将被应用到创业虚拟孵化体系中。

（7）创业投资主导孵化器。在 20 世纪 90 年代后期，出现了一种新型的孵化器——创业投资孵化器。这类孵化器是市场化孵化器的典型，是一个经济主体中股权投资发展的产物。该类孵化器以创投机构为主导，以市场化运营为方针，配备一定的创业股权投资基金，不以招收入孵企业为盈利目标，而是沿袭了股权投资的一贯投资理念，融合风险投资、多元化控股和专业孵化功能，向企业提供日常运营、战略规划、市场推广和股权结构等方面的支持。而孵化目标则是将企业成功推向市场，通过 IPO、并购或股权转让实现盈利。

二、创业孵化服务业发展历程

自 1959 年美国第一家孵化器“贝特维亚工业中心”诞生至 2018 年，孵化器行业走过了近60年的发展历程；中国第一家孵化器“武汉东湖创业中心”创立于1987年，至2018年已有30多年的历史。

自第一家孵化器成立以来，国内各种类型的孵化器如雨后春笋般显示出勃勃生机。我国发展企业孵化器的初始时期，其基本特征为各级政府以特定政策支持孵化器的建立与发展并投入大量资金。在2000年科技部颁布《关于进一步提高科技企业孵化器运行质量的若干意见》后，中国创业孵化服务业进入大发展阶段，我国的创新体系的重点逐步转向了孵化器及其企业，科技人员创业形成热潮，孵化器的数量也不断增多，孵化器的商业模式出现了独特的新变化。

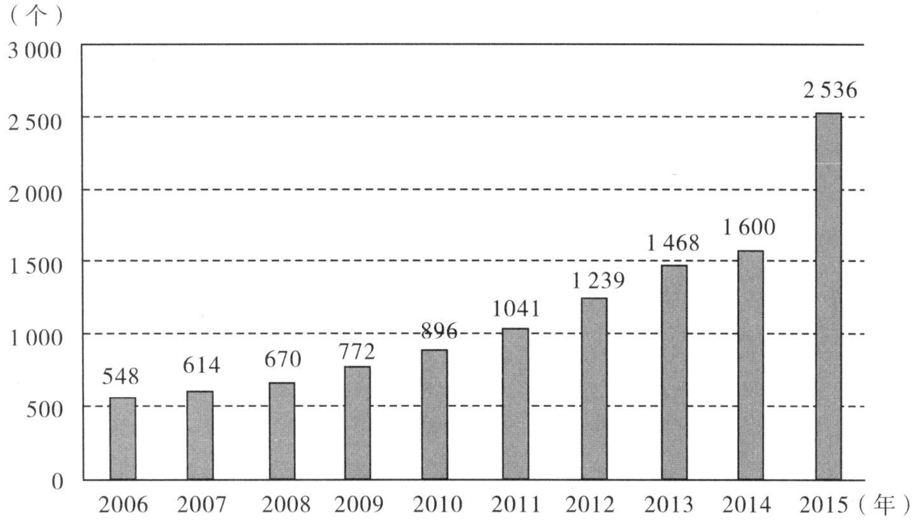

图8－1 2006—2015年全国科技企业孵化数量变化

资料来源：整理自科学技术部火炬高技术产业开发中心。

如今我国企业孵化器经历了30多年的发展，已经进入稳定发展期。根据科技部火炬中心统计，自2011年起国家大力推动孵化器建设，目标是为创业者降低创业成本，推动创业创新建设，为创业者提供优质的创业环境，以创业带动就业。火炬中心最新的数据统计显示，中国2015年科技型企业孵化器面积已超过8 680万平方米，同比增加26.21%。在孵企业从业人数也突破166.2万人，同比增加17.3%。

三、中国创业孵化服务业发展政策环境分析

国家近年来大力鼓励“双创”行动，频频出台扶持创业的孵化服务业利好政策。表8－1为国家对创业孵化服务业颁布的部分鼓励政策。

表8-1 中国创业孵化服务业优惠政策示例

时间	颁布单位	政策	简述
2012年	科技部	《国家科技企业孵化器“十二五”发展规划的通知》	把发展孵化器事业列入政府工作计划和科技工作考核目标； 优先安排孵化器新建和扩建用地，减免相关税费，向孵化器返补一定比例的企业税收； 进一步研究和制定促进孵化器发展的政策措施，各级政府要加大对国家级孵化器房产税、城镇土地使用税、营业税和所得税优惠政策的落实力度
2013年	财政部、国家税务总局	《关于科技企业孵化器税收政策的通知》	对符合条件的孵化器自用以及无偿或通过出租等方式提供给孵化企业使用的房产、土地，免征房产税和城镇土地使用税；对其向孵化企业出租场地、房屋以及提供孵化服务的收入，免征营业税
2014年10月9日	国务院	《关于加快科技服务业发展的若干意见》	构建以专业孵化器和创新型孵化器为重点、综合孵化器为支撑的创业孵化生态体系； 加强创业教育，营造创业文化，办好创新创业大赛。引导企业、社会资本参与投资建设孵化器，促进天使投资与创业孵化紧密结合，推广“孵化+创投”等孵化模式。整合创新创业服务资源，支持建设“创业苗圃+孵化器+加速器”的创业孵化服务链条，为培育新兴产业提供源头支撑
2015年1月28日	国务院常务会议	众创空间	要在创客空间、创新工场等孵化模式的基础上，大力发展市场化、专业化、集成化、网络化的“众创空间”，实现创新与创业、线上与线下、孵化与投资相结合。要加大政策扶持。简化登记手续，为创业企业工商注册提供便利。支持有条件的地方对“众创空间”的房租等给予适当补贴。健全创业辅导指导制度，支持举办创业训练营、创业创新大赛等活动
2016年8月11日	国家税务总局	《关于科技企业孵化器税收政策的通知》	对符合条件的孵化器自用以及无偿或通过出租等方式提供给孵化企业使用的房产、土地，免征房产税和城镇土地使用税；自2016年1月1日至2016年4月30日，对其向孵化企业出租场地、房屋以及提供孵化服务的收入，免征营业税和增值税。符合非营利组织条件的孵化器的收入，享受企业所得税优惠政策

资料来源：根据公开信息整理。

四、中国创业孵化服务业的瓶颈与挑战

（一）中国创新型孵化器盈利问题

现阶段的中国创新型孵化器大部分是民营背景，房租支出与孵化器营收之间的平衡是当下民营孵化器可持续性发展所面临的一大难题。民营孵化器在中国的孵化场地的来源基本依靠孵化器运营者自寻场地，自付房租。而创新型孵化器在起步时为了招揽初创企业入驻同时能够产生维系运营的现金流，则必须通过租赁工位获得收入来支付房租。但众所周知，初创企业面临的一大困境就是资金短缺，因此才会选择价格低廉、有共享办公设施的孵化器进行创业。基于同样的出发点，若是孵化器设定的工位租金过高，则一定程度上加大了创业者的创业难度，或是将一些优质的创业团队拒之门外。因此，租金与孵化器提供的创业优惠的费用则难以平衡。从现状看，许多民营创新型孵化器中孵化的大部分是互联网企业，而互联网企业的经营模式恰恰是颠覆了传统行业的盈利模式——在早期阶段以获取用户流量为首要任务，不考虑盈利。在不盈利的在孵企业身上若要获取现金回报无疑使创业者雪上加霜。而房地产商和物业所关心的是按时收齐房租，那么压力则落在了运营者的肩上。如此下去，为了维系运营的孵化器不得不提高工位租金，若无持续的资金支持，终究无法在短时间内实现盈利维系运转，而通过股权溢价带来利润则更是遥遥无期。

（二）导师资源匮乏

孵化器的导师机制源于美国，美国成功的孵化器案例给中国创新型孵化器做了许多成功的示范。因此，在国内也掀起了一阵导师入驻孵化器的潮流。许多孵化器为了拉拢学员，招揽孵化项目，纷纷公布各自的导师名单，以及提供的培训课程等，以彰显自身的软实力。导师一般以知名企业创始人、高管以及与孵化器有紧密合作关系的投资人为主。导师的作用在于向创业者提供对行业的深度了解、对产品的提高与完善、对用户痛点的把握以及对企业发展等的意见或建议。

而实际上，国内的孵化器导师机制并不健全，或者说并不成熟。在导师机制的起源地美国，创业孵化器的孵化过程中基本要求创业者与导师共同经历至少一个月的透明接触，让导师全程参与创业起步，或者让创业者与导师群体在线实时交流。与美国孵化器的导师相比，国内创业导师与创业者之间的交流大部分仅限于每周一次或两次的创业沙龙。由于导师基本上都是以兼职形式在孵化器提供教学，创业者私下与导师交流的机会其实并不多，导师的孵化灵活性也受到很大的局限。分析其中原因，归结为以下几点：第一，导师基本是以受邀之类的被动形式参与孵化器培训，与孵化成果并无实际利益关系，与创业者也仅限于几面之缘，无实际利益关联，对导师的激励机制也非常有限甚至没有。单纯的声誉激励无法调动导师的积极性和主动性，被动性的邀请教学可持续性非常有限。第二，能够说服加入孵化器的导师人才也局限于孵化器运营者的人脉圈，无法有效扩展招收范围。第三，创业者并不积极。有的导师反映，在开头的几周内有积极的创业者会尝试频繁联络导师，但是随着时间推移，热情也逐渐衰减。因此在造成创业者与导师之间的互动不积极

这方面来说，原因是双向的。第四，我国创业导师往往身处社会一线，自身本职工作应接不暇，能抽身从事公益性质的创业辅导的时间更是相当有限。第五，导师虽与创业者有了交流，项目的实际情况对导师而言也相当透明，可是由于我国的天使投资行业才刚刚起步，除了极高的失败率之外，导师的投资机会也相当有限。种种局限性造成了中国孵化器导师机制不完善和创业者求助无门的局面。光靠孵化器运营者的人脉和资源无法大幅度提升孵化成功率，靠管理者“刷脸”的困局需要改变。

（三）高素质管理人员稀缺

孵化器的管理团队是一个孵化器在实施落地环节的决定性因素。具有专业知识、行业经验的人才在市场经济发达的当下社会中一直是决定着事业成败的关键。美国企业孵化器的经理都是公开招聘择优录取的。早在 20 世纪 90 年代初，美国孵化器协会就统计出孵化器的管理团队中，60% 的人有企业管理经历，43% 的人经营过自己的企业，39% 的人从事过管理咨询工作，31% 的人从事过金融业务，26% 的人从事过财务管理，47. 5% 的人有研究生学历，42% 的人具有大学学历。可见，高素质的管理队伍是创新型孵化器成功运作的保证。

根据欧美最新一代的成功孵化器发展趋势来看，大部分孵化器的创始人都有着丰富创业经验或者是有着专业知识。如 YC 创始人保罗·格雷厄姆、创享空间创始人比尔·格罗斯、LA Amplify 创始人保罗·布里克尔特、科技之星创始人马克·苏斯特，都是成功的连续创业者。这一特性与成功的风险投资家有着高度一致的共性。这类人才熟悉创业的每一个环节，并且能够有效地预估创业者在创业道路上的潜在风险并起到积极有效的预防作用。相比之下，中国的孵化器管理人员基本以国家委派形式就任，有创业实操经验的人员较为罕见。除了部分创新型孵化器和风险投资驱动型的孵化器中，倾向聘请有创业经历或者财务或法律背景的人才协助管理之外，大部分政府主导背景的管理人员构架需要调整。

五、中国创业孵化服务业发展趋势

（一）中小型孵化器将迎大面积倒闭

孵化器数量在经历了野蛮增长之后，当前很多孵化器已经出现经营难以为继的状况。由于创业投资的特殊性，对于大多孵化器来说，资本回报的周期相对较长。同时，政府对孵化器的补贴扶持也将更多的转向优质孵化器基地。尤其对中小型孵化器来说，在面对快速变化的创业环境时，其应对能力明显不足——难以找到可持续盈利模式、缺乏足够资本以及缺乏行业支撑的孵化器，必将导致大面积的倒闭。

（二）一线城市势力逐渐向周边辐射

未来孵化器将在全国范围内逐渐推广，而不是仅仅局限于一线城市，尤其一些拥抱一线城市资源的二三线城市以及有地方政策扶持的区域，将率先产生优势效应。与此同时，这些区域孵化器还可以与地方产业集团建立良好的互动，为其推荐优质的孵化企业补充业务线。利用一线城市孵化器的辐射能力，城市之间的创业能力将形成较好的竞争和激励机制，促进全国创业环境的进一步优化。同时，中小城市的小微经济体，将成为创业潮流中一大重要群体。

（三）内部孵化企业互动性增强

孵化器内部孵化企业之间将形成较强的互动性，企业入驻孵化器后除依赖孵化器提供的有限办公场所、技术、财务、HR 服务帮助外，还应该利用入驻孵化器企业自己手中的创业经验来解决其在创业过程中遇到的难题，发挥更大的协同效应。孵化器内部将进一步鼓励入驻孵化器企业创业者互动，在广泛对接各种社会资源的同时，还可以促使孵化企业之间搭建更为广泛的人脉网络，实现资源有效匹配。

通过对发展趋势的分析，未来科技企业孵化器应结合自身实际条件选择合适的发展模式，利用好以下各类资源优势：

（1）利用政府优惠政策，营造良好发展环境。充分利用政府对孵化器及其体系建设的高度重视和大力支持，借助政府的优惠政策和资金支持，依靠政府部门的信息资源优势，营造有利于孵化器及体系建设、生存和发展的良好环境。

（2）运用科研技术优势，推动科技成果转化。在国家创新体系中，产学研合作是促进科技创新的有效途径。高校和科研院所是人才培养和科技研发的基地，产学研合作能够迅速把创新知识技术转化为生产力，实现价值创新的目标。

（3）引入企业市场运作，促进孵化体制创新。孵化器发展的过程本身就是不断创新的过程，随着国内外形势的深刻变化，孵化器的建设与发展面临着新一轮的改革。未来孵化器将向着专业化、多元化、网络化和国际化方向发展。企业市场运作促使孵化器探索孵化管理体制与运营机制的创新，大幅度提高孵化器的孵化质量和服务水平。

孵化器为新生小企业提供有利于存活、发展的创业服务环境和空间环境，是培育科技型中小企业、促进科技成果转化为生产力的有效途径。孵化器在推动高新技术产业的发展，孵化和培育中小科技型企业，以及振兴区域经济、培养新的经济增长点等方面发挥了巨大作用。未来科技企业孵化器将更多地朝着混合型发展，不仅享受政府的优惠政策，同时还拥有高效率的管理团队，按照市场规律，采取企业化运作，更广泛地吸收社会上的闲置资金，将社会资本和政府资源的优势组合，真正为新创企业提供有价值的服务，并保证孵化器的可持续发展。

第二节　创业孵化服务业主要发展模式

一、物业地产模式孵化器

（一）模式现状

物业地产模式孵化器运作与一般商业房地产运作有着明显的区别：因为存在国家税收

政策的优惠以及其他方面的补贴，物业地产类孵化器能以较为低廉的价格向入驻企业出租场地，具有价格竞争优势。对于孵化器主导方来说，运营模式比较单一造成盈利模式较为单一，仅靠提供共享办公设备、网络以及出租办公空间作为收入来源。对于被孵企业来说，入孵门槛较低，入孵费用也较低。

（二）模式特点——租赁空间灵活，靠工位盈利

该类孵化器的特点是前期投入大，后期投入小，经营管理难度较小，收入比较稳定，但是现金流量小。当前物业地产模式孵化器发展阶段以 Soho 3Q、优客工场为代表。其提供的创业环境同样也是开放的，靠出租工位收费，但是缩小了一次性租赁面积，且缩短了常规型的租赁周期，这为小团队创业者提高了灵活性。目前看来，这类创新型地产商孵化器才刚刚出现，但是体现出来的创业服务与其他几类创新型孵化器相差甚远，同时尚且摆脱不了地产商的套路，在选址方面要求极高。在以往尚未有地产人成功打造孵化器的先例，在未来是否能够实现突破还是未知数。

相比之下优客工场的市场化的物业地产模式孵化器并不同于以往的传统孵化器，而是套用创新型孵化器的模式，引入导师辅导机制、创业沙龙、天使投资等一系列的创业扶持计划，并提供价格低廉的创业服务，旨在降低创业成本，为创业者加速。

二、企业平台模式孵化器

（一）模式现状

企业平台模式孵化器是基于企业现已研发的高科技技术资源，运用技术支持，衬以企业庞大的产业资源，为创业者提供高效便捷的创新创业服务。一般来说，行业内龙头科技型企业为这种孵化器模式的主导者，因为这种企业有雄厚的资金实力作为支撑，在初期并不急于追求为被孵化企业带来利润，而将重点放在激励被孵化企业在原有技术平台上进一步实现创新。而主导企业在孵化器中亦可寻觅有助于打造未来新型业务模式的潜力股，优先获得创新资源为主导企业实现突破。目前，国内三大运营商、百度、腾讯等科技型企业都已着手建立旗下孵化器，如中国电信创新孵化基地、微软创投加速器等。

（二）模式特点——“大企业资源支持 + 内/外部孵化结合”

作为培植创新项目的方式之一，企业为创业者提供的是“开放技术平台 + 产业资源”，孵化的运作模式与大多数“风险投资”不同，需要“导师”和“培训”，优劣兼具。企业平台模式孵化器一般拥有高水平的管理团队、较强的专业顾问辅导能力，既能为重大关键技术转化提供种子资金，又能帮助创业项目提升抗风险能力，为其配置更多社会优质资源。依赖孵化器主导企业强大的资金和平台支持，形成具备创业项目天然“培养皿”的必要条件。

在项目发展模式的创新上，主导者同样注重“自下而上”的激励变革的创新。比如，谷歌的 OKR、目标自驱动模式等。员工可以自己设计挑战性的目标，自我驱动。公司可以

基于员工给公司带来的贡献、价值进行评估，而不是基于事先预设的指标完成度进行评估。公司也要鼓励员工大胆尝试，即使他们失败，也要给予奖励。比如，有的公司允许员工拿出10%~20%的工作时间，去做和工作无关的事。这不是不务正业，而是鼓励不受岗位固定职责的限制去创新。在内部孵化培育一批新的项目，从而形成平台带动项目，项目促进平台发展的内部创新良性循环。因此，盈利并不是其最终目的，依靠先进的技术招揽人才，发掘创意，形成优质项目流入端口，从“小而精”的创业企业上获取用户流量，获得资源、扩大市场占有率才是该类型孵化器的最终目标。

三、天使风投模式孵化器

（一）模式现状

天使风投模式孵化器是效仿欧美等发达国家的一种类型，是天使投资与孵化器的结合体。天使投资最早起源于19世纪的美国，通常指自由投资者或非正式风险投资机构对原创项目或小型初创企业进行的一次性的前期投资，他们和机构风险投资一起构成了美国的风险投资产业，绝大多数天使投资公司倾向于选择短、频、快的项目。天使风投模式孵化器的核心在于企业进入孵化器的开始阶段就为其提供天使投资，并在此基础上提供系统的个性成长服务。由孵化器主导者引入被孵化企业后，通过销售孵化企业的股权来吸引天使投资的入驻，同时聘请知名企业的高层管理人员或者CEO作为被孵化企业的导师，运用他们丰富的行业和创业经验来指导被孵化企业“少走弯路”，提高孵化成功率。天使投资公司会对入孵后看好的企业进行投资，并在毕业后的后续融资中退出使之实现股权溢价。该模式下较典型的孵化器包括创新工场、启迪之星孵化器、洪泰创新空间、联想之星等。

（二）模式特点——“导师+资金+场地”

该模式的孵化器是当下创新型孵化器的主流模式，是高度迎合美国成熟的创新孵化器模式。该类孵化器对项目甄选条件较严苛，一旦入选后，孵化器会为企业配备投资人导师，或定期邀请成功创业者或企业高管举行创业培训，为创业者灌输企业运营意识，以降低创业失败率。导师亦有可能是企业的潜在投资人或未来的收购者。除了导师以及一系列的创业辅导之外，提供天使投资基金也是该类孵化器的一大亮点。这类型孵化器在前期几乎属于净支出，不追求房租或者培训产生的盈利。而是在入孵时由孵化器提供天使投资基金，在毕业后的后续融资中孵化器会伺机退出，通过股权溢价实现盈利。也有极个别相当优质的项目会出现孵化器一直伴随至IPO的情况。

四、媒体创新模式孵化器

（一）模式现状

媒体创新模式孵化器是指依托自身庞大的媒介平台，以为创业者提供多维度宣传为亮点，同时凭借对创业环境以及科技型企业的长期跟踪报道而积累的经验对创业者提供扶持帮助的孵化器。现阶段较成功的媒体创新模式孵化器包括创业邦旗下孵化器 Bang Camp 和 36 氪旗下孵化器氪空间等。他们通过成熟的媒体平台为创业项目在极短的时间内造势，吸引眼球扩大用户群。同时通过对接各路投资人，形成线上至线下的一种约谈及投资的模式。

（二）模式特点——媒体支撑孵化器

媒体创新模式孵化器依靠自身媒体平台为创业者从多方面扩大知名度、吸引用户，例如举办创业大赛，使其通过与其他创业项目之间的对比突显优势，同时与到场的投资人、评委等产生联系，形成潜在的投资机会。除创业大赛以外，发布在各类媒介的持续追踪报道或者专题报道也能为创业者快速造势，为项目营造正面形象，达到扩大知名度、吸引用户的效果。

媒体创新模式孵化器筛选项目的特点是根据自身多年跟踪报道创业投资行业和科技企业发展路径的经验，总结出一套自身发现优质项目的项目筛选理论。从各个持续关注的行业积攒下的经验不仅能帮助提升孵化器在前端筛选时发掘优质项目的概率，同时在后续孵化服务时也能传授给创业者，指明初创企业未来发展路线，提高创业成功率。而且其自身经营多年的媒体平台可为孵化器提供持续的经济支持，使孵化器无盈利压力，不必急于从创业者身上获取回报，专注于发展孵化功能。

五、垂直产业模式孵化器

（一）模式现状

垂直产业模式孵化器指针对某一产业进行定向孵化，提供现有先进产业技术，同时提供孵化基金帮助特定领域创业者将技术落地，突现产业化发展。该类孵化器一般由政府或产业协会主导，招揽特定行业创业者，同样依托庞大的人脉以及行业资源提供除资金和技术以外的增值服务。这类孵化器能够把具有地方性特色或带有政府倾向性的产业扎实地发展起来，营造出品牌性的产业氛围。加之政府引导其与专业股权投资基金合作，从而使政府实现资金回报，产业实现实质性飞跃。真正实现政府的战略引导、专业公司的运营、龙头公司的带动、公共平台的支撑，聚集产业链各个环节的核心企业，健全产业创新生态系统，完成新标准创制、新业态孵化、新领军企业培育的功能要求。现我国正大力发展“产业基金 + 专业技术平台”型孵化器，如位于北京中关村和亦庄、重庆江津双福新区、上海北高新技术服务业园区等的多个云计算产业孵化器和专注网页游戏的石谷轻文化产业孵育基地等。

（二）模式特点——“基金 + 基地”，产业导向型

该类孵化器特点就是“基地 + 基金”，属于创新型孵化器中的重资产模式。虽说创新型孵化器提倡的是轻资产、重服务、引投资，但是由于产业技术平台模式孵化器同时还提

供了先进的技术平台，需要依托特定的办公环境。中关村云基地就是该类型中的创新型孵化器。它吸引了大批专注投资于云计算、大数据等创新科技行业的投资机构，其中一些是在云计算硬件设备生产、基础软件提供、云产业链应用领域具有较强实力的企业，如自主研发和生产了中国首台云计算服务器的北京天地超云科技有限公司等就赢得了多家机构的共同投资。这种“基金 + 基地”的模式，是对北京亦庄云基地的复制和延展。此外产业品牌链接了亦庄和中关村两个云基地，北京云计算产业逐步形成了南北两个集聚区。北部以中关村云基地为核心，是新标准创制、新业态孵化、新领军企业培育区，偏重于“云服务”，是中国云计算产业的创新策源地。南部以位于经济技术开发区的北京亦庄云基地为核心，是云数据中心和硬件产品的制造基地，偏重于“云后台”。如此一来，北京云计算产业布局基本完成。

六、企业孵化器的功能以及创新效应

企业孵化器在各国发展的实践证明，这种组织对于小企业的生成与发展具有积极的促进作用，是小企业创业者所需要的。孵化器的运作机制与创业密切相连，它利用社会网络创造出有效的平台，使不同的企业能力得到合理的组合，从而完成新创企业的孵化。企业孵化器改变了企业生成的传统模式，开创了以“组织”的过程来“孵化”中小企业的新模式，从而使中小企业进入市场的门槛大大降低，创建企业的投入和创业风险也大大降低。中小企业的生成变得容易，企业的“成活率”更高、更稳定。在企业孵化器最早产生的美国，未经孵化的小企业的成活率为 20%、倒闭率为 80%、而经过孵化器孵化后的小企业成活率为 80%、倒闭率为 20%。与传统创业模式相比，企业孵化器具有以下创新效应：

首先，企业孵化器的集成性克服了新创企业资源的稀缺性。新创企业建立的过程包括了创新设想的形式、创新项目的确定、研究开发、试验定型、加工制造、产品试销、市场开拓等诸多阶段，是一项综合性的系统工程。而绝大多数小企业在创立之初，普遍面临资源稀缺性的挑战，如资金不足、人才短缺、信息闭塞、无经营管理经验、产品销售和网络渠道狭窄等问题，给新创企业带来了较大的不确定性和风险性。企业孵化器的网络体系，集成了孵化培育企业的资源，把孵化服务机构、创业资本市场和信息网络有机组合成一个完整的体系，促进相互衔接、互动互补，促进人才、技术、信息、资金及其他资源的整合与合理流动，以此促进中小企业的生成和发展。

其次，企业孵化器为创业者提供创业学习的平台。创立一个企业，对于创业者有很高的能力要求，既要对外部资源、市场机会加以把握，又要懂技术、会管理、善经营，还要能协调、平衡各种利益者的复杂关系。这些能力不是天生的，需要去学习，更需要在实践中摸索积累。由于新进入市场的创业者缺乏创办和经营企业的经历，因此往往会“走弯路、出差错”，由此形成巨大的学习成本。企业孵化器为创业者提供学习的平台和机会，除了协助创业者建立各种企业管理制度、招聘企业人员外，还为创业者提供企业经营管理、市场营销、财务和税务知识、法律与知识产权保护知识及劳动、保险、人事等实务方面的培训，让他们在实践中积累必要的“隐含性的知识”，学会如何面对经营过程中的不确定性，在以后的经营中更容易取得成功。

最后，企业孵化器为中小企业生存提供局部优化的创业环境。由于高新技术的开发难度大、风险大、成本高，没有适宜的环境几乎是不可能生存的。企业孵化器为中小企业的生存发展提供必要的环境。第一，良好的政策环境。企业孵化器根据国家有关规定制定并出台一系列配套政策和规定，形成了较为完备的政策法规体系，支持科技人员创业。第二，比较完善的软、硬投资环境和条件。除了大力加强基础设施建设、完善区内功能配套外，还培育市场体系，形成了一整套的管理服务办法，调动了科技人员的积极性，提高了吸引力，使技术、资金、人才快速向区内流动。第三，良好的社会环境和文化氛围。知识的价值在这里得到充分体现，人才的作用在这里得到充分发挥，高新技术产业发展所需的创新观念、市场观念、竞争观念、风险观念、科技经济一体化观念在这里得以确立。

第三节　发达国家或地区创业孵化服务业发展经验

一、美国创业孵化服务业运行情况分析

（一）美国创业孵化服务业的发展历程

随着环境的变化和对孵化器本身认知的不断调整，美国孵化器的经营主体、服务内容、收入来源等都在不断发生变化，发展过程大致可分为以下四个阶段：

1. 初创阶段（20 世纪 50 年代末至 80 年代初期）

这一阶段的孵化器大多由政府和社区合作建立，以非营利性机构的形式存在，主要的宗旨是缓解社区高失业率的状况。孵化器提供的服务集中在对场地和基本设施的提供，以及代理部分的政府职能，提供的孵化服务十分基础。孵化器的资金来源主要是房租费、物业费以及政府补贴。

2. 系统化阶段（20 世纪 80 年代中后期）

随着新创企业对孵化器孵化服务需求的增加，政府主导的企业孵化项目效果不尽人意，因此，政府开始重新定位其在企业孵化过程中所担任的角色，从政府主导转向政府和教育科研机构以及社会团体的协同运作，孵化器的运作主体开始趋于多元化。孵化器不仅提供经营场地以及物业服务，还提供创业教育、管理咨询培训、吸引风险投资等融资手段、专业技术等方面的支持。孵化器的收入来源除了政府财政支助、房屋租金、物业管理费之外，还增加了对企业提供增值服务的收入。

3. 企业化运作阶段（20 世纪 90 年代前期）

1992 年普华大学发表的一份研究报告认为美国孵化器面临着产业危机，随着孵化器的发展，政府主导的孵化器逐渐显露弊端，很多孵化器在财务上出现困难，在管理上也差强人意，这一状况使人们意识到孵化器的中心任务是帮助创业者开创和发展企业，其本身不应该只是一个准政府机构，而应该是一个企业，孵化器开始向企业化运作发展。孵化器的

经营者是具有管理经验的专业人员，孵化器内部员工的招聘和孵化器的日常运作都按照企业的标准来执行。孵化器为在孵企业提供的服务内容也开始由提供场所、设施等硬件服务转向提供无形的智力服务，实现孵化器和新创孵化企业的价值创造。孵化器的收入结构中，提供无形的智力服务收入占较大的比例。

4. 孵化集团形成阶段（20 世纪 90 年代后期）

20 世纪 90 年代后期，出现了专业孵化互联网服务企业的创业孵化集团，这是美国孵化器产业发展的革命。它是由成功的创业者主导孵化企业，这改变了过去孵化器是政府部门发展地方经济的一种手段的定位。孵化集团主要解决了传统的孵化器的两个基本问题：一是解决了传统孵化器很难吸引高素质管理人才的问题，二是具备了独立地向孵化企业直接投资的能力。创业孵化集团这种模式大大扩展了传统孵化器的孵化功能，由优秀的创业者主导，集合高素质的经营管理人才，融合了传统孵化器、风险投资公司和多元化经营企业的特点，实现了管理、创意和投资在孵化器内的“一体化”，这种创业孵化集团已经成为新世纪孵化器发展的主流。

（二）美国创业孵化服务业的商业模式

美国孵化器商业模式特点是服务内容从向企业提供简单的场地服务、物业服务，然后到管理咨询服务，最后演变到以向入驻孵化器企业提供专业创业孵化服务和投资的模式，孵化器通过转让入驻孵化器企业的股权获取高额回报。

1. 最容易复制、扩张的联合共享办公空间模式

以 WeWork 为代表企业使用以“空间 + 活动”为核心的联合共享办公空间模式。其实，并不是 WeWork 发明了“联合办公”的概念，但是它的出现真正普及了这种模式，使其成为创业圈子中的一股势不可挡的潮流。在 WeWork 中，不同公司的初创者在特别设计的办公空间中共享办公场地，但各自独立地完成自己的工作。

自 2010 年在纽约开设第一家 WeWork 联合办公空间以来，联合创始人亚当·诺依曼和米格尔·麦凯尔维已将该公司发展成了一个全球性的品牌。公司最初成立时，面积还不到 300 平方米。但公司成立近一个月后就实现了首次盈利，此后从未亏损。2017 年，WeWork 的收入超过了 9 亿美元。

作为一种相对简单的商业孵化模式，联合办公空间以低价购买物业，经过匠心独运的空间设计，功能分区，再以高价转租，从而赚取房租差价。在 WeWork，随处可见的是由玻璃隔开的办公区、会议室、咖啡间、柔软的沙发，空间利用极为合理，办公区域里大多数都是玻璃设计，光线射进来后，使得空间看起来更大，而且几乎每一面墙、每一扇窗户跟前都能打开一张小桌子，完全没有任何被浪费的地方，有限的空间里能够容纳更多的人，而且让这些人不觉得拥挤，这样有效保证了 WeWork 的盈利。

空间内娱乐设施较为丰富，提供多种游戏设施，并设有免费咖啡、免费啤酒。WeWork 服务于创业者的同时又能让创业者感受到温情。同时，一栋楼只有“三个半”管理人员提供办公室耗材、能源供应、无线网络维护等一系列的服务。为解决深度服务方面的短板，他们整合了第三方。由第三方组织一些活动帮助在孵企业解决所需的税务、法律等

问题，WeWork 只提供场地并负责协调。

该模式最重要的一点是它从人才市场中精准定位了一批人群，这些人群有着相同的诉求，需要在社会上实现更多的资源共享。他们因为 WeWork 而形成了一个充满价值的社群，而且这种价值还在不断地滚雪球似的壮大。

从收费来讲，联合办公空间模式稍高于附近的一般办公空间，由于其常规配套服务完善，入住率非常高，适合普通的创业者、较成熟的创业者以及需要利用空间过渡的团队入孵。

2. 生活与工作结合的创业社区模式

以“空间 + 生活 + 社交”为核心的创业社区模式的最典型例子是洛杉矶的 1010 社区。1010 社区是亚美迪集团旗下主要品牌之一，亚美迪集团是一家私有化大型联合企业，股份涉及制造、分销、贸易、零售和房地产等多个行业。1010 社区位于美国洛杉矶威尔夏大道，由酒店、办公区域、休闲设施三部分构成。

1010 社区的亮点是聚集生活、工作、娱乐空间，努力实现“在一栋楼里能做所有的事情”。1010 社区的酒店区域与高端公寓酒店无异，能提供所有生活需要的基础配套设施，比如舒适的客厅、卧室、厨房、有线电视、宽带上网等。办公空间按月出租，创业者可以选择租下一张指定的办公桌、一块公共办公区或者是一个有四张桌子的小型办公室，另外有豪华的会议室和商务中心可供选择。娱乐设施配备了健身房、户外烧烤区、放映室、游戏厅、酒吧、露天游泳池等，供创业者闲暇时放松休闲。这种风格适合创意文化产业或注重生活品质的创业者。

1010 社区的商业模式核心仍然是地产，只是加上了众多与孵化器有关的元素，同时创新了孵化器的功能，将创业者的生活与工作进行“一体化”结合，使其从传统的 8 小时工作时间，延伸为 24 小时的社区生活时间，也更注重社区内部的社交。从营利模式来讲，创业社区的模式除了办公区域的租金收入，还有其他功能分区的服务性收费，收入来源更加多元化。国内和国际的早期优秀创业服务机构，也由此模式得到启发，将在系统和生态方面进行布局。

3. 整合资源主导型孵化器模式

以“空间 + 活动 + 生态”为核心的整合资源主导型孵化器模式，是美国目前主流的孵化空间模式，占 90% 以上。和前面两种模式以地产为主不同，这类孵化器更注重整合资源性质的服务。除了第三方服务机构组织的活动，孵化器全职人员也常会组织针对性很强的内部活动，以促进资金、人才、客户的有效对接。

美国顶级孵化器火箭空间孵化器公司为该模式代表，火箭空间由邓肯·洛根创办，致力于为科技类初创公司提供早期的办公场地、创业咨询以及其他活动服务。公司的经营理念为“办公即服务”，提供“即插即用”的办公场地，目前已成功孵化出优步等八家独角兽公司（市值超 10 亿美元且未上市）。

火箭空间的入驻要求相对“挑剔”，不仅要求是科技类企业，还要求入驻企业必须已经完成一轮种子融资。对火箭空间来说，经过融资的公司就等于多了一层质量的背书。公司目标并不在于追求入驻率，也不要求对入驻公司进行占股，而是一再强调火箭空间的独立性和入驻公司的质量。它最大的特点是整合资源、做生态系统，很多大公司都是其合作方。

火箭空间收入主要来源于两个方面：一个是租金，火箭空间对创业者收取每个工位每月800美元的租金，这个价格高于一般同行的价格；另一个来源于对合作伙伴的“创新服务”，包括为创业公司、创业者和合作伙伴搭建关系，该类收入也占了孵化器总收入的一半。

4. 五位一体的加速器模式

五位一体的加速器模式就是以“空间+系统+生态+投资+后台”为核心的加速器模式。国内目前对加速器的理解与硅谷主流观点理解的不尽相同，国内的观点认为应按企业的发展阶段来划分加速器和孵化器的界限，认为在企业萌芽期和初创期，对企业进行孵化的空间是孵化器，而企业发展到一定阶段，进入成长期后，对企业进行孵化的空间是加速器。而在硅谷，加速器和孵化器最核心的区别在于孵化空间是否具有帮助被孵化者快速成长的能力。具体表现在以下三个方面：

一是加速器都有能发挥实际作用的导师体系，导师在加速器不是挂名，而是能发挥实际作用，能给创业者很多具体的培训和指导；二是加速器一般都对接了较丰富的大企业生态，方便入孵企业与大企业合作对接；三是加速器更注重校友文化，由于加速器一季入孵企业一般只有二三十家，所以入孵企业与加速器的运营人员之间会建立深厚的家人文化。

加速器是美国最成功的孵化空间，数量只占硅谷地区孵化空间的5%左右。美国福布斯榜排名前十的孵化空间Y Combinator、TechStars、500 startups、DreamIt Ventures等都称自己为加速器而不仅仅是孵化器。

（三）美国创业孵化服务业成功经验

1. 政府支持与立法是企业孵化服务业发展的基础前提

从美国企业孵化器的发展历程来看，政府的作用举足轻重。美国政府对企业孵化器的支持，不仅表现在资金和优惠政策方面，更为重要的是建立和健全法律法规，使得企业孵化器的运作有法可依，健康可持续发展。但是政府并不直接参与孵化器的运营和决策过程。

2. 市场化运作模式是企业孵化服务业发展的关键

美国企业孵化服务业遵循市场化运作，同时实行现代企业的管理模式。美国发达的资本主义市场经济要求企业孵化器自由追逐利润的竞争，根据市场需求的反馈来不断改进自己的服务，以促进企业孵化器的发展与壮大。按照市场经济规律运行的孵化器，有效降低孵化成本，实现资源的优化配置，以保证自身的正常运转和可持续经营。

3. 孵化器与风险投资的紧密结合是企业孵化服务业发展的基础

伴随着风险投资产业的不断发展和壮大，企业孵化服务业与风险投资的交叉融合与互动，是未来发展的必然潮流。

美国企业孵化器结合入驻的风险投资，实现孵化器与在孵企业的双赢，加速实现企业孵化器产业化的发展。从孵化功能上看，有一部分美国创业孵化公司很好地实现了融合风险投资、多方控股和孵化器的功能，是一种典型的孵化器与风险投资的紧密结合模式。

（四）美国典型孵化器案例分析——以YC公司为例

1. 基本情况

Y Combinator（YC）成立于2005年3月，曾被《福布斯》评选为年度最有价值的孵化器，投资和孵化出了多家业界知名的互联网公司，如爱彼迎（一家联系旅游人士和家有空房出租的房主的服务型网站）、多宝箱（一家免费网络文件同步工具）、Heroku（一种支持多种编程语言的云服务平台）、Stripe（一家在线支付服务商）等。

YC与其他传统孵化器公司不同的特点在于它更像一个为锻炼初创公司生存本领而存在的“集训营”。它的面试十分严格，只有极少数的企业能通过。但一旦通过，YC除了会给被孵化企业提供一定金额的种子基金，还会给予他们创业的指导，以及定期的培训课程，以督促创业团队发展和进步。YC会为初创企业提供18 000美元左右的天使投资以换取2% ~10%的股权。YC每轮的课程申请加入的接受比率为2.5% ~3.5%。

截至2015年，YC投资过的公司一共为842家，投资过的创始人有1 667个。从YC毕业的公司已经融资了30亿美元，而市值超过了300亿美元。其中有4家的估值已经超过了10亿美元，32家公司估值超过1亿美元（包括被收购的公司）。

2. 孵化亮点

YC在每半年举办一次为期三个月的初创公司培训课程，在课程期间会提供商业辅导等。除此之外，YC亦会在每周举行一次晚餐聚会，每次都会请一些以前的成功校友、主流投资人、犀利媒体人等有经验的前辈来做分享。他们会提前到YC，走得也很晚，所以会前会后都可以进行一对一交流。晚餐对于创始人们来说，也是一个绝佳的社交和推广机会，共有100多个项目、300多个创始人，大家基本上都不认识，可以随时碰上一个人交流个人的想法，很有可能成为彼此的潜在用户或者合作伙伴，同时来自其他创始人的意见也都十分宝贵。

（1）办公室日。办公室日是YC内部工作日单独会谈时间，被孵化团队需要直接和创始人保罗·格雷厄姆或YC的合作伙伴，例如Gmail之父保罗·布赫海特、杰西卡·利文斯顿等会谈，而且受面试的团队要接受严格的检视。项目的创始人和合伙人会充分沟通项目的进展情况，遇到的问题大家一起想办法解决。在办公室日，合伙人问得最多的问题是如何更好地在毕业展示日上呈现产品和商业模式。YC内部有独创的会谈预约系统，参会团队不局限于该期学员，任何以前的YC项目都可以预约参与，但是毕业展示日前一周则全部留给本期项目，以方便为路演冲刺。

在四周之后，YC会组织一次项目展示日。不过不用真的展示项目，只需要“新生”每人进行90秒的自我介绍，这样能够了解其他的校友们都在做什么。YC希望创始人一整天都有参加，主要目的是互相了解，并且互相投票最想投资的公司。

（2）投资人坐班日。大约一个半月以后，在YC孵化的公司创始人将获得与几个关系密切的主流投资机构交流的机会，例如在红杉公司日、硅谷天使投资日等。每个项目将获得与一位机构合伙人交流半小时的机会。除此之外的“天使日”中，每个项目将会配备两个天使投资人，而这一阶段由天使投资人挑选项目，并在下一轮进行投资。在投资人坐班的时间，他会从投资人的视角给予宏观的项目建议，但不探讨签订投融资合同等细节。

（3）彩排日。在毕业展示日前一周，YC 会组织该期所有创业团队进行彩排，形式类似早前的项目展示日。YC 合伙人在这一天的工作是为创业者的路演节目提供修改意见。每次彩排路演时长与正式路演相同，为两分半钟，并由创始人录像，创业者在之后可通过录像发现路演的缺陷。同时，YC 会不断提醒，公司最好只有一个创始人负责毕业展示日和接下来的融资，其他创始人要紧密和团队在一起，保证正常的产品进度和公司的运作。

（4）校友演示日。这是在毕业展示日前一天给校友们展示的日子，观众只有已毕业的前 20 期校友。有些已经退出了的校友也做投资，而且他们会分享切身的融资技巧和创业经验。这一天基本所有人的项目已经定了型，而且有些项目经过三个月脱胎换骨，转型成功。

（5）毕业展示日。在课程的最后，YC 会订立几天为演示日，通常为三天内举行四场面对 400 位投资人的演示。在当天，硅谷的天使投资者以及其他风险投资公司的高层将会到场观看各个初创公司的产品演示。在毕业展示日结束后，YC 会协助对接创业者和投资人，进行投资后续跟进。

3. 孵化优势

（1）校友机制。最早的校友机制就是从 YC 衍生而来的。YC 的校友网络类似于由初创企业创始人组成的“兄弟会”。为期 3 个月的项目能在这些人之中创造持久的联系，且这种联系能拓展至整个网络。通常来说，校友都是彼此的第一批客户。而且每个人都非常乐于向他人提供有关托管服务供应商、交易条款等各方面的建议。在每批创业者之间产生的这种联系是通过 YC 管理层组织的晚餐或者各种形式的聚会产生的。这种关系从创业者在孵化过程中一直延续至毕业以后，YC 背景的创业者通过共享资源与经验互相扶持，带动一批又一批的创业者成功孵化。这样一来，YC 的导师则不限于外部的成功创业家或是风险投资者了，曾经的毕业学员也成了导师中的一员，解决了导师资源匮乏的难题，从而使创业孵化形成了一个良性的循环。

（2）导师模式。导师模式在美国相当火热，起因有几点：一是美国天使投资发展比较成熟，投资人接受度高，而成为导师就是近距离接触项目的一个重要途径。二是经过经验丰富的 YC 运营者们的多轮甄选和高质量培育，YC 每期培育出的创业项目本来就相当优质，成为 YC 的导师便是拥有了在毕业展示日之前提前获得优质项目的渠道。三是 YC 导师对项目有了提前预估，以及获得高度对称的信息，同时与项目投资人有了深入的交流，对创始人的人品有深一步的了解也能在后续的投资中提升投资成功率。因此美国的创投机构以及天使投资人都十分愿意利用 YC 的行业影响力和号召力为自己拉拢项目。如此循环，YC 的导师资源日益庞大，为创业者带来的帮助更是提高了 YC 的孵化成功率。

二、欧洲发达国家创业孵化服务业特点分析

孵化器在发达国家起源得更早，并且顺应各个国家的经济及社会背景，形成了不同特色的孵化服务产业。其中最为密集的应属欧洲，到目前为止欧洲共有 2 000 多家孵化器公

司，其中不乏一些颇具代表性的创业孵化器。例如成立于2010年的“创业训练营”公司，到现在为止这家孵化器总共孵化了123家初创企业，基本都来自欧洲和以色列，总共帮助它们融资了2 700万欧元，平均每一家拿到了40万欧元，并且有67%的初创企业还拿到了后续的跟进投资，现在有75%的公司仍然存活。以下将着重分析欧洲发达国家的孵化器典型模式。

（一）德国

德国的孵化器从1983年开始起步，最初由德国的大学科研机构将孵化器定位于促进产学研的渠道，发展较为迅速。如今，德国已成为欧洲孵化器最多的国家。

德国孵化器最早也由政府主导，设定区域性的产业群落，以便共享高效整合的资源。孵化中心要求入孵企业在3~6年内实现自负盈亏。初创企业在中心的前3年可能得到政府资助，个别企业获得的投资80%来自于政府支持。同时，孵化器也配备全套的培训和行政服务，提供种子和风险投资基金，以提升初创企业整体的成活率。而政府主导并不意味着仅仅是单一地提供资金和基础物业服务，同时还由政府牵头发动多方社会力量，号召企业、高校、房地产商和社会团体参与孵化器投资。另外采用股份制的经营模式，在管理人员和管理效率上进行精简和优化，鼓励外商进驻孵化器。而私人企业成立的孵化器亦可申请政府资助，并且外商与德商合资孵化器无法律障碍。近年来德国孵化器具有以下两种特点：

第一，外国企业投资孵化器数量增多，本国孵化器向境外扩张。2012年底谷歌投资了德国创业孵化器The Factory，为其提供了为期三年总计100万欧元的资金支持。The Factory将利用谷歌的资金开展创业培训、项目发布等活动支持创业企业。这也拉开了外商投资德国孵化器的序幕。而更早前，德国电信公司已将孵化器项目扩展至波兰第二大城市克拉克夫，以期发掘东欧的创业商机。德国电信早已在德国境内多处设立孵化器专注移动互联市场。而位于波兰的境外孵化器则采用开放策略，入孵企业并不强制与德国电信签署独家协议，可自由选择合作运营商，此举为德国民营孵化器的本地产业国际化发展打下坚实基础。

第二，孵化器成为产业入侵的重要手段。传统孵化器以及现阶段孵化器大部分都更倾向于科技企业入驻，而在德国，传统技术企业作为新一类孵化器入驻对象日益受到关注。逐渐有孵化器为传统企业转型升级提供了新的空间。法国开云集团曾投资德国物联网创业孵化器“火箭互联网”大约1 000万英镑，虽然目前还没有看到开云集团旗下品牌和零售商在火箭互联网的投资组合平台出现，但这是时尚集团首次青睐孵化器企业。开云集团的目的似乎在于通过孵化器的现有互联网平台打开发展中国家的市场。

（二）英国

英国的发展历经了由盛至衰的过程，城市中遗留下来许多由于产业结构调整而闲置的厂房，而英国最早的孵化器和创业基地就起源于此。20世纪80年代末，撒切尔夫人上台，大力推动私有化经济，认为私营企业的活力乃是振兴英国经济的希望所在，政府应使私营企业的经营环境尽可能顺利，推动市场“优胜劣汰”的竞争机制。为了营造私营企业复兴氛围，英国政府当时通过发布“税收刺激计划”和“内城援助计划”向地方政府提供基建投资和运营经费开发创业孵化器。运营模式从为承租的企业提供公共服务向提供创业辅导转化。英国孵化器管理人员平均为6人，所有孵化器都提供基础设施，如会议室和一些共享的服务，94%的孵化器能提供企业规划支持服务，89%的孵化器能提供企业培训支持服务，85%的孵化器能提供基本财务建议服务，81%能提供市场营销方面的建议服务，66%能提供管理培训服务，67%能提供法律方面的建议服务。

以英国L39孵化器为例，这家专注于孵化金融、科技类项目的孵化器为创业者提供每月300欧元的工位费，是邻近办公场所价格的1/2～1/3。而且L39孵化器就坐落在金融城，重点培养创业“生态圈”的形成，当初创企业完成孵化后，大部分倾向于留在金融城内继续发展，而L39的背后不仅有政府支持，还有财团的支持，这些财团也是开发金融城的股东，因此可以形成一种创业孵化产业的生态系统，同时毕业企业也方便为L39中在孵企业的新老更替提供支持与辅导。

L39的盈利模式简单且新颖。L39通过政府的支持拿到便宜房源，申请政策补助后日常的租金收入刚好覆盖了日常的活动、会议等运营成本。而最终的赚钱模式仍然是吸引有潜力的项目入驻，通过股权投资实现盈利。L39会定期与其他孵化器合作或独立举办创业大赛，吸引创业者与创业项目，为其提供展示平台，获得名次的项目与创业者还有机会以8%～10%的股份作为交换，获得免费的办公场地或者天使投资。

第四节 创业孵化服务业典型企业案例

一、孵化器典型案例——创新工场

（一）基本情况

创新工场作为一家致力于早期阶段投资，并提供全方位创业培育的投资机构，由李开复博士（曾任谷歌、微软全球副总裁）于2009年9月创办。创新工场是一个全方位的创业平台，旨在培育创新人才和新一代高科技企业。它不仅提供创业所需的资金，还针对早期创业所需要的商业、技术、产品、市场、人力、法务、财务等提供全方位的创业服务，旨在帮助早期阶段的创业公司顺利启动和快速成长。创新工场的主要投资方向立足于人工智能、电子商务、文化娱乐领域。

创新工场投资合作方主要有红杉中国、启明创投、真格基金和经纬中国，其他部分投资者还包括财富100强企业、知名创投和中美精英人士，其中有郭台铭领导的富士康科技集团、柳传志领导的联想控股有限公司、俞敏洪领导的新东方教育科技集团、YouTube创始人陈士骏等。它同时得到了来自硅谷银行、“中华电信”、联发科以及美国、欧洲、亚洲等多位顶尖投资者的鼎力相助。

在众创空间行业，创新工场的声望极高，多数空间将其作为成功模板和奋斗目标，这不仅与李开复的个人资历相关，也由于创新工场本身令人瞩目的成绩：它在不到7年时间里，累计孵化200多个创业项目，成功率高达95%。

（二）孵化特色——“嵌入支持＋投资＋辅导”

创新工场从2009年9月成立到现在一直是业界关注的焦点。其采用的“嵌入支持＋投资＋辅导”的方式，让导师从创业的早起阶段开始评估并培育项目，协助创业团队尽快成型，并迅速在市场上取得成功。创新工场的高层管理能力是非常强大的，高管团队均来自全球知名企业，成为支撑起创新工场的基础。如首席运营官陶宁来自谷歌，首席财务官李璞玉来自法国普华永道事务所，总法务官林莺来自大成律师事务所，合伙人郎春晖和张鹰来自易观国际，负责市场拓展的王世忠来自携程网创始团队。同时，创新工场的入驻门槛相对于其他孵化器来说较高，经过层层挑选，最终企业入驻率只有6%左右。

创新工场面向不同经历的创业者推出了3项不同的孵化计划，包括加速计划、助跑计划以及创业家计划。加速计划是最核心的孵化计划，其目标群体是针对有经验的，具备清晰商业计划、商业模型和核心成员的创业团队。而助跑计划则是基础性、系统性的孵化计划，针对有商业创意、初次创业的年轻创业者以及其自带的创业团队，提供各类资源辅助实现项目的成熟。创业家计划是个人创业孵化计划，周期在3个月左右，针对有丰富业界经验、希望开创视野的高端人才。创业者可以从创新工场的项目库中重新寻找合适的项目开始创业历程。这3项计划相辅相成，当项目孵化成功后，就将进入融资阶段，通过各类资源网络，使得创业团队获得天使投资或者A轮创业投资。

（三）成功案例

创新工场经过这些年的发展已经成功孵化了多个耳熟能详的创业项目，大多数都被互联网公司巨头收入囊中。例如成立于2010年8月的手机操作系统供应商点心移动是创新工场孵化的首家公司。在2011年3月点心移动获得金沙江创投千万美元级别的A轮融资，并搬离创新工场。2012年被百度以3 500万美元收购，旗下产品安卓优化大师也改名“百度手机卫士”。另外一家成立于2010年9月的照片类应用魔图精灵也于2011年11月被百度以千万美元的价格全资收购，2012年3月更名为“百度魔图”。成立于2010年8月的应用在2012年2月完成4 000万元人民币A轮融资，从创新工场正式毕业。其余还有位列安卓市场前三的豌豆夹和2013年4月被阿里巴巴以8 000万美元收购的友盟。

根据目前创新工场官方网站的统计数据，在创新工场所投资的项目中，有20个项目的估值超过了10亿元人民币。这些项目分别涉足移动互联网、内容娱乐、智能硬件等新兴行业，其中包括美图秀秀、要出发旅行网、有妖气、暴走漫画、知乎、摩拜单车等“网红”企业。

二、孵化器典型案例——3W孵化器

（一）基本情况

作为国内最早最成功的众筹创业咖啡馆，2013年8月，3W咖啡以自身平台为契机，搭建了中关村创业大街上最大的创新型孵化器——3W孵化器，其目标群体主要是互联网初创企业。3W 孵化器一期总共入驻 22 个团队，获得天使融资成功率达到 86.4%，融资总金额超过 4 000 万元。3W 孵化器提供除了场地服务外的其他服务，成立 3W 种子基金，50 万的定额资助可辅助被孵化企业从 0 到 1 的初建过程，同时，全方位提供办公地址注册、投资对接、创业培训、人才招募、媒体宣传、线下活动等方面的服务。

（二）孵化特色——“孵化 + 投资 + 猎头”

作为“一站式”企业服务生态孵化平台，3W 孵化器自创始至今已经发展出了一套完整的创业生态链，主要由 3 部分构成：3W 咖啡、拉勾网（互联网猎头网站）和孵化器 NextBig。3W 咖啡馆在经历了一段时间的亏损之后现已总体实现收支平衡。而由于创始人在互联网圈常年积累下的经验与人脉，拉勾网在上线 1 个月时简历投递量达到了 1 万次，而且获得了数百万的天使投资。借助拉勾网这个互联网垂直招聘平台，3W 孵化器每天都在为创业者以极快的速度解决着互联网企业找人难的问题。从 2013 年 7 月上线到现在，连续三轮、总计 3 400 多万美元的融资额不仅让拉勾网在众多求职网站中脱颖而出，还使整个 3W 创业孵化生态链实现了逆转，在服务创业者的同时，也成长为颇有竞争力的新锐公司。3W 孵化器旗下的孵化器 NextBig 则专注于为创业者提供创业空间和一系列解决方案、专业的办公区域、一个 1 500 万的创业基金、寻找创业导师以及一些琐碎的行政支持等。3W 孵化器倚靠中关村为扶持创业而出台的政策，允许仅凭一个工位号就可以注册公司，同时为创业者提供免费水电、无线网络、海量云存储空间等各项优惠措施以降低创业者的开销。3W 孵化器通过最大限度地运用自己的商业模式来给创业者提供帮助，而不是仅仅是对接外部的风投和资金方，例如拉勾网为初创企业招聘人才提供了较好的渠道。据官网数据统计显示，已经有超过 20 家创业公司毕业，总共获得了 2 亿元的投资。

在 3W 孵化器背后有一支庞大的股东队伍，160 多名重量级企业家和投资人成了 3W 中创业者的导师和天使投资人。成为 3W 孵化器的股东有一道门槛，就是必须是获得过 300 万美金以上融资的创业者或者是成功的股权投资者。这两类人最了解创业者的需求和初创企业发展路径，最能够为创业者带来精彩的演讲、沙龙以及辅导，其中就包括红杉中国创始人沈南鹏、真格基金创始人徐小平、同创伟业创始人郑伟鹤等。除了股东之外，长期驻场的投资人更是直接为创业者提供资金和帮助的一线资源。

（三）成功案例

截至 2018 年 1 月，3W 孵化器陆续入驻了 335 家创业公司，以下为部分项目列表。

表 8－2　3W 孵化器典型孵化案例

项目名称	业务简介
车生活	全国首家汽车服务信息搜索整合平台
E 家修	家电维护服务 O2O 平台
邮差	邮件应用
车生活	全国首家汽车服务信息搜索整合平台

（续上表）

项目名称	业务简介
美厨	基于菜谱的半成品配送商
组队	同游娱乐社群，为用户提供最好玩的线下娱乐活动
小脸猫	上门美容第一平台
相投	兴趣社区社交软件
拉勾网	互联网领域招聘平台
ABAK	区块链底层技术开发

资料来源：整理自3W官网。

第九章　知识产权服务业发展模式

第一节　知识产权服务业发展背景和趋势

一、知识产权服务业发展背景

在世界经济国际化的大背景下，知识经济逐渐发展起来，知识产权行业在全世界的贸易与竞争中的重要性逐渐超过其他行业，该服务业也不再只是信息服务业派生出来的一个分支，而逐渐发展成各国竞争的重点和焦点。知识产权服务业就是指提供专利、商标、版权、商业秘密、植物新品种、特定领域知识产权等各类知识产权“获权—用权—维权”相关服务以及衍生服务，促进智力成果权利化、商用化、产业化的新型服务业。知识产权服务业不仅是现代服务业的重要组成部分，同时也是技术服务业的重要组成部分，知识产权服务业将创新融入经济中，并且将创新成果融入产业的发展中，具有突出的辐射带动作用。

目前我国知识经济发展迅猛，科学技术不断取得新的突破，社会分工持续深化，产业结构也不断调整升级，知识产权服务业应运而生，而且当前我国正处于改革开放的“深水区”，同时也是实现中华民族伟大复兴的“中国梦”的关键时期，为了实现“中国梦”，我们迫切要转变经济发展方式，调整经济结构，转换经济发展动力，从而使中国从中等收入国家迈向高收入国家。具体来说就是，抛弃从前的规模速度型的粗放增长的经济发展方式，调整为注重质量效率型的集约式增长的经济发展方式；舍弃以增量扩能为主的经济结构，转变为调整存量、做优增量并存的经济结构；传统增长点已不能满足现有经济的发展，所以经济发展动力需要发掘新的增长点。由于互联网的发展，特别是“互联网+”概念的提出，为促进经济和社会发展，我们必须依靠现代信息技术对传统产业进行升级换代。当前企业能否得以生存和发展的关键在于企业是否具有较强的研发能力，对知识产权的保护是否得当以及能否将研发成果转化到经济绩效上。知识产权服务业是现代服务业的主要组成部分，其具有附加值高和业务领域广的特点。知识产权服务业不仅对整个国家的知识产权战略的发展有关键作用，作为发展高新技术服务业的重要一环，其对地区甚至国家的经济、科技的发展具有不可忽视的作用。目前由于互联网的迅速发展，“互联网+”的概念不断普及，为如何提升知识产权服务提供了新的思路，为如何有效地宣传和利用知识产权信息提供了新的平台，增加了知识产权服务机构对成果的应用能力，强化了知识产权服务机构的服务能力。同时，知识经济兴起的背景，也为从事知识产权服务的机构为客户提供定制化服务提供了强有力的工具。“互联网+”有利于知识产权服务业改变其商业模式，以企业的实际需求为出发点，从而“对症下药”，形成特色服务，实现知识产权服务业的发展。

根据“十三五”规划，我们必须大力发展现代服务业，降低市场准入门槛，从而促进服务业优质高效发展。并且国务院明确表示加大力度发展有关研发服务、信息服务、创业服务、技术交易、知识产权和科技成果转化的高技术服务业，更加突出知识产权服务业在经济社会发展的重要地位。各级政府要加大扶持力度，以政策为支撑，加快推动知识产权服务业的发展。由于知识产权服务业所处的战略地位，国家高度重视知识产权服务业发展。

首先，我国调整产业结构必须加快发展知识产权服务业。而且，从长远来看，一个国家的经济能否实现可持续的增长，还是与各产业部门能否提高经济效益、能否发挥竞争优势有关，而这个的关键就是要让产业结构更加合理和高级。目前是我国调整产业结构的重要时期，未来必然要从传统的能源消耗高、污染严重、附加值低的行业退出，选择进入并且大力发展环保、耗能低的资源节约型行业。我国未来经济发展的必然方向就是从传统制造业转型为高技术尤其是科技先进、环保、知识含量高的现代产业体系。而产品研发、产品设计、信息技术服务、工程技术服务等知识密集型服务部门主要以人力资源和知识要素作为主要的投入品，能够和制造业进行产业链协作，开发产品、开拓市场和其他研究开发活动，提高了生产的专业化程度，促进了专业化技术与知识的传递，实现了服务业与制造业的知识交流与互动，提升了企业的创新能力，提高了资源配置的效率，进而带动整个制造业结构的优化升级。此外，知识产权服务业作为服务部门中专业化、知识化、信息化程度最高的部门，不但可以带动服务业内部结构的升级，还可以通过向农业部门提供先进的技术知识带动我国由传统低端农业向现代高端农业升级。因此，无论是为了产业结构更高级化还是更合理化，加快知识产权服务业发展都是我国实现产业结构升级调整的题中之意。

其次，为了使我国加快转变经济发展方式，就必须大力发展知识产权服务业，从而实现可持续发展。多年以来，我国主要是依靠劳动力价格优势，承接了许多低附加值的环节，虽然这在一定程度上促进了我国经济的发展，却也成为阻碍我国经济可持续发展的重要因素，因为其造成了我国经济结构的不合理，过度依赖资源和出口，以致我国经济发展进入了投入成本高、能源消耗高和环境污染严重的恶性循环中。虽然以环境和资源为代价的经济发展方式使我国经济发展速度震惊世界，但是这种经济发展方式也导致了越来越多的问题，比如严重的污染导致生态环境的恶化、能源消耗高造成了资源枯竭等。而这些问题已慢慢阻碍了我国经济的可持续发展，加快转变我国经济发展方式迫在眉睫。也就是说，经济发展方式要从粗放型的高速增长转为可持续性中高速增长；从单纯依赖投资、出口促进经济发展转为依靠消费、投资、出口多渠道的协调拉动经济发展；从单纯追求经济发展，不管环境污染转变为既发展经济又保护环境；将失衡的经济结构转变为均衡发展的经济结构；由主要依靠加工制造业的第二产业带动经济发展转变为第一、第二以及第三产业协同促进经济的可持续发展；由耗能高、污染严重转向节能绿色的发展。现代服务业中知识和技术含量最高的部门就是知识产权服务业，其具有消耗低、污染少以及高产业带动力的特点，是典型的“低碳”行业，尤其目前知识已经是经济和社会发展的重要因素，在经济增长中，知识、技术以及信息的作用越来越显著，逐渐成为影响经济发展的主要资源。许多经济学家都强调经济增长是经济体系内部力量作用的结果，认同罗默的经济学理论，即内生增长的来源是技术进步，尤其是知识在流通过程中会出现知识外溢的现象，从而人力资本、技术水平等因素对经济增长的作用越来越大。知识产权服务业能够推动知识创新和知识传播，其不仅能够生产基础性知识，也可以对知识这种资源在行业内甚至行业间进行重新配置，加强与其他创新主体的联系，加快知识的流动，实现行业间知识的流通，降低资源消耗型要素的使用，加强产业的核心竞争力，提高行业的劳动生产率，从而实现地区和国家的可持续的经济增长。因此，为了将经济发展模式转变为低碳、绿色、环保型，我们就一定要发展知识产权服务业，这也是加快社会主义现代化建设的必然选择。

再次，为了加快我国建设创新型国家的步伐，我们必须重视知识产权服务业的发展。人类不同于动物的最基本特征就在于人类可以不断创新，创新不仅可以推动一个民族甚至全人类的进步，也可以促进一个国家甚至全世界的繁荣昌盛。创新又是知识经济的核心。当前世界知识经济发展迅猛，在世界经济国际化的趋势下，一个国家具有高水平的创新能力对经济的发展具有重要作用，而且创新能力也与国家竞争力的水平息息相关。现代服务业在经济发展中所起到的作用越来越重要，学术界开始思考如何对服务业进行创新，学者们慢慢认识到服务业不单纯是以制造业为主的第二产业的技术创新的“吸收者”，而是重要的创新主体。知识产权服务业的快速发展有利于服务创新。知识产权服务业在内部就会产生创新，并且可以生产和传播专业知识。通过进入第二产业的企业的创新过程，打破了过去单一的以第二产业为创新主体的创新方式，形成了知识产权服务业与第二产业的企业紧密联系的互动创新过程。这种创新方式有利于提高第二产业的企业创新能力和劳动生产率，给第二产业制造了更大的发挥空间。知识产权服务业在创新中不仅具有“促进者”以及“传播者”的作用，而且还具有“生产者”的效用。在构建区域甚至国家创新系统中发挥着重要的作用。因此，加快知识产权服务业的发展对于我国的创新能力提高具有重要作用，知识产权服务业是我国建设创新型国家的重要支撑，同时也是提高社会生产力的内在要求。

当前产业结构的不断服务业化虽然表面上表现为服务业总量和规模的不断扩大，但实质上却是技术进步导致的服务业内部结构的改变。知识产权服务业是把专业知识和高素质人才与商品生产部门结合起来，通过提供高效以及高度专业化的服务，深化分工，提高生产的效率以及专业化；而且知识产权服务业在提供知识产品或知识服务这种高级生产要素时会产生知识溢出效应，从而导致企业的创新能力和生产率水平的提高。不管是考虑发达国家知识产权服务业的发展历程，还是从我国的发展实践来看，调整制造业的产业结构，可以有效地推动科技、经济、社会和环境的可持续发展，因此，为了国民经济的稳定发展必须大力发展知识产权服务业。促进知识产权服务业的发展，有利于提高我国整体的自主创新能力，增强我国传统产业优势，同时提高传统产品的技术含量，促进我国从制造型大国向创新型大国的转变。促进知识产权服务业的发展，不仅能够对知识产权的产生、利用、保护以及管理等方面起到促进作用，而且在一定程度上可以推动高新技术产业发展，依靠高新技术产业的发展促进我国经济的增长。促进知识产权服务业的发展，有利于提高我国经济发展质量和效益，能够优先调整大中城市产业结构，从而使现代服务产业体系的结构更优化、技术更先进、运转更高效以及劳动力就业的吸收能力更强。知识产权服务业将科技与经济紧密结合在一起，可以增强产业优势、优化经济结构并调整经济发展模式。总而言之，知识产权服务业的发展水平与区域甚至国家的综合竞争力息息相关。

二、知识产权服务业发展趋势

当前知识经济迅速发展，知识产权已经慢慢成为一个国家或地区经济发展的决定性因素。随着我国改革开放的不断深化，国家和人民越来越意识到知识产权的重要性，有关知识产权的制度日益完善，知识产权服务业在中国特色的社会主义市场经济的历程中应运而生。知识产权服务业历经四个发展阶段。

（1）萌芽阶段，20 世纪 80 年代之前。中国还没有开始重视知识产权，也就没有确立相关的制度，一些从事知识产权服务的单位却已经出现了。数据显示，1983 年前注册成立到现在仍从事知识产权服务的机构大约有 100 家。这些单位主要是事业单位，业务大多涉及引进专利、文献或技术。

（2）起步阶段，20 世纪 80 年代至 20 世纪末。20 世纪 80 年代初到 90 年代初，中国知识产权服务的单位还只是处于初创时期，即使在这个阶段已经存在的从事知识产权服务的机构也主要是国有企业，以国家的计划经济为主，没有体现出其盈利的经营目的。随着我国开始建立知识产权制度，并努力使其不断完善，在知识产权方面慢慢形成了具有中国特色的法律体系，并且得益于社会需求的增加，成立了许多从事知识产权服务的机构。但是在这个阶段里，中国人民的知识产权意识仍然很薄弱，虽然国家开始重视知识产权法制的建设，但仍需不断健全，整体的知识产权业务量较少，知识产权服务机构的数量仍较少。

（3）改革发展期，21 世纪初。在这个阶段里，我国知识产权立法越来越完善，知识产权法律体系基本确立，人们不断深化对知识产权的认识，慢慢开始重视对知识产权的保护，从事知识产权服务的单位也在迅猛增长。在这一阶段，由于逐步确立和完善了中国特色的社会主义市场经济体制，知识经济体制开始活跃到世界舞台。随着我国成功加入 WTO，社会中介机构开始与政府脱钩，私营企业可以从事商标代理。这个阶段，我国从事知识产权服务机构数量迅速增加，共有 6 900 家。而且知识产权服务业在这个阶段的业务主要是集中在申请代理、保护诉讼、展示交易、检索服务等方面。

（4）壮大期，21 世纪初至今。随着全国人民创新意识的提高，市场主体的创新活力得到激发，国家颁布实施了《国家知识产权战略纲要》，重视知识产权在国际竞争中的地位，其地位不断增强。在这个阶段从事知识产权服务的单位数量激增。尤其是在 2011 年以后，知识产权服务业率先进入现代服务业“营改增”试点领域，成为高技术服务业的重要组成部分。在 2014 年，科技服务业公布了重点发展 9 项任务，知识产权服务业就是其中一个。扩大了知识产权服务业的业务领域，其业务范围扩展到包括知识产权的代理、有关知识产权保护的法律咨询以及知识产权管理等多个领域。新兴的知识产权服务模式在市场中不断涌现。由于知识产权在国家战略中地位的提高，出现了越来越多有关知识产权的问题，尤其是如何加强知识产权保护的问题，越来越多的企事业单位和个人迫切需要能够提供高知识产权服务水平的专业服务机构，对知识产权分析、管理、规划等新业务的需求也十分迫切，这是持续完善专业的知识产权服务单位的客观需要。在这种形式下，国家、社会及权利人等各方面越来越注重有关知识产权服务的相关工作，显著提高了知识产权服务机构的地位，目前知识产权服务机构特别是有关涉外服务以及在我国境内经营的外资服务机构已经呈现出迅猛增加的趋势。

目前，我国知识产权服务能力显著提升，知识产权服务单位与从事知识产权服务的相关人员的数量激增，促进了知识产权资源的有效市场化利用。但整个知识产权服务业的发展水平仍需要提高，发展知识产权服务业还是面临不少的困难，这也对知识产权服务业的品质和水平的提升提出了新的挑战。我国必须根据现有的基础，优先解决处理知识产权所面临的突出的矛盾和问题，持续推动其发展。目前，在发展知识产权服务业方面，我国需要解决的问题有以下几个方面：

首先，知识产权服务的供给与需求不平衡。由于近几年我国坚持以创新驱动发展，这导致专业的知识产权服务需求激增，但在这方面的供给仍不足。创新驱动发展战略的实施带来高新区、科技城、高新技术产业的快速发展，同时使专利、商标、软件著作权等的申请量大幅提升，知识产权申请、诉讼、交易等活动呈现“倍增”效应。其中高新技术企业平均发明专利申请量、境外专利授权、注册商标、标准制定等显著高于规上工业企业，分别在 4 倍、8 倍、4 倍、3 倍以上，90% 以上的高新技术企业具有较强的知识产权服务需求。从知识产权服务业自身发展来看，知识产权服务业的业务以代理、咨询和法律为主。高端的商用服务和培训服务的能力明显不足。服务机构的主营业务主要是专利和商标，缺少针对版权、商业秘密等的信息服务和专题数据库服务。显然高端化知识产权服务供给不足，在推动产业创新驱动中还缺乏明显的支撑作用，亟须将知识产权与经济更好地融合在一起，促进产业的调整。

其次，知识产权服务集聚趋势初露端倪。但是与发达国家相比，保障知识产权服务与传统产业的融合发展的制度仍然处于落后阶段。虽然为了推动知识产权服务业的发展，国家开展了国家知识产权服务业集聚区，先后在北京、苏州、上海建设了 3 家国家知识产权服务业集聚发展的示范区，相继于杭州、郑州、青岛、武汉、深圳、成都建立了 6 家国家知识产权服务业集聚试验区，促进了知识产权服务业的集聚发展。通过建立这些示范区，公益性服务平台、知识产权代理服务机构、知识产权投融资机构等多层次的知识产权服务体系已经初步形成，并且具有了物理集聚和功能集聚的特点。在 3 家示范区中，北京中关村以及苏州高新区专门制定了扶持知识产权服务业发展的政策，比如购房补贴、财政贡献奖励、人才奖励、房租补贴、政府采购倾斜及绩效考核奖励等方面。而在各试验区中，深圳福田区的政策较为完整，明确了知识产权服务机构奖励及知识产权专项奖励。但因各集聚区成立时间、区位优势、经济条件及实际特点不同，还存在一些亟待解决的问题，比如知识产权服务市场规范性不高、服务收费偏低、机构规模化发展困难、缺乏行业标准等，这些问题都阻碍着知识产权服务业的进一步发展。这说明还需要进一步提高集聚区的政策支持力度，加强行业引导，进一步强化推动知识产权服务与优势产业融合发展的制度保障。

最后，亟须改变知识产权服务业的服务模式，加强知识产权服务业的高端人才培养与品牌建设。目前我国鼓励知识产权服务机构对知识产权的服务模式进行创新，以市场培育为主，以政府扶持为辅。积极推动知识产权服务业的改革，加快建设知识产权交易中心、产业知识产权联盟和知识产权产业运营基金等新型服务机构和服务业态。但是，由于我国知识产权公共服务基础比较薄弱，获得基础信息资源的途径单一且成本较高，所以特别需要将政府公共平台与市场中介机构相结合，为知识产权服务市场提供良好发展环境。知识产权服务业态具有国际化发展趋向，有六成以上的机构提供涉外服务，但主要集中在产品出口业务，缺乏品牌输出以及业务外包等方面的高端化服务，导致对外开放战略不能有效地实施。这需要逐步增强相关机构的业务处理能力，使中国知识产权服务企业和品牌走向世界舞台，发挥其对经济增长的作用。产学研协同的知识产权合作机制也需要进一步加强，目前高校知识产权激励与转移机制尚需系统性完善，产业知识产权联盟与专利池数量较少。同时，专业化服务机构与人才发展滞后，缺乏高水平知识产权评估与交易人才，知识产权高端人才严重不足。在科技更新换代日益加速的时代，对于经济的可持续发展，知识产权的转化运用起到了非常关键的作用。正是因为自主知识产权所带来的科技推动力以及巨大的经济效益，让知识产权服务业发达的国家在知识经济高速发展的时代拥有巨大的优势。知识产权的数量、质量以及服务体系是否健全已经成为判断国家综合国力强弱的一部分。随着国际化分工的深入以及知识经济的快速发展，我国各个企业对知识产权的需求也将不断增长，让该行业的发展拥有特别宽广的市场空间。在有基础环境类服务的条件下，我国企业的创新能力、研发能力都能够更上一个台阶。当基础环境类服务达到一定的标准后，目前市场上存在的行业中介类服务不足、行业实务类服务不全面等现象将制约着知识产权服务业的发展。

知识产权服务业的发展过程中，没有完善的网络化综合服务体系，难以实现该行业真正意义上的发展。在知识产权服务体系中，行业中介类服务是具有过渡作用的。因此，对知识产权中介服务机构和公共信息平台的发展和培育，以及更加专业化和规范化的发展方式，都需要予以重视。通过行业中介服务机构和服务平台，可以有效地推进知识产权获权、转化和运用，从而推动相关行业的发展。中介服务机构更像一个市场的结点，通过连接市场基础环境类服务以及行业实务类服务，并在整个知识产权服务市场上形成全方位、多功能的中介网络，从而形成完整、有效的服务体系。完善的服务体系能够利用知识产权的创新驱动力，促进国家科技经济的可持续发展。市场、企业对接的窗口是通过提供与知识产权转化运用相关的服务，确保其转化率的提高，从而为企业的发展创造动力。企业在知识产权“获权—用权—维权”的过程中，行业实务服务类提供了用权、维权环节的服务，这也是发展知识产权服务业的关键，具有无可替代的作用。

因此，在未来的发展过程中，随着政策以及法律体系的一直完善，基础环境类服务所能起到的作用会逐渐降低，知识产权行业中介类服务和行业实务类服务的创新和进步则越发重要。知识产权中介类服务如果想要进一步发展，就一定要明确中介各个机构的权利和义务、规范行为，提高知识产权服务单位的服务品质。而行业实务类服务的发展，则需要相关服务企业、服务机构通过不断探索服务新模式，如知识产权保险、知识产权“一站式”代理以及知识产权投融资等。

第二节　知识产权服务业主要发展模式

随着知识经济的到来，我国也不断探索知识产权服务业的发展模式。知识产权服务单位将知识产权服务与大数据、云平台等新兴技术或者和风投、私募等资本运营结合在一起，创造出许多新颖的服务模式。而且从发展趋势上观察，知识产权服务机构开始更加注重客户的需求，通过市场来主导，实现全方位、多维度的服务。

一、大数据、云计算、移动互联促进知识产权信息服务快速发展

当前，我国加快大数据、云计算、移动互联等科学技术的发展速度，许多知识产权服务机构把握这个机会，利用这些新兴的技术推动传统服务模式的创新。比如，北京东方灵盾科技公司就利用大数据思维，分析其客户的消费行为，从而制定出一系列的服务和独特的挽留策略，向其客户推送相关信息。再比如广州奥凯信息咨询公司和河北保定的大为软件开发公司都通过新兴技术创新了商业服务模式，前者开发了囊括整个知识产权生命周期的管理系统，为服务对象量身制定出有关知识产权的管理和咨询的服务；后者则通过大数据、云计算、移动互联等科学技术实现了角色的转变，由单纯的知识产权软件供应商转变成了功能性越来越强、越来越智能化的服务平台。这些都使知识产权服务单位所提供的服务越来越智能化与高端化。

二、知识产权服务与投资金融相结合

由于国家对知识产权服务业的大力支持，知识产权服务业吸引了投资机构的目光，他们开始关注并进入这个领域，比如通过风投，设立天使投资基金以及私募等方式来投资知识产权服务业领域；小米公司就投资成立了专门从事专利运营的北京智谷睿拓技术服务有限公司。

三、“互联网”催生知识产权服务电子商务蓬勃发展

随着“互联网+”概念的普及，知识产权服务电商模式可以通过“互联网+”解决信息不对称的问题，从而吸引资本的进入、集聚资源，从而产生规模效应。现在国家倡导大众创业和万众创新，知识产权服务电商乘着这股“东风”增长迅速，目前已经出现了十多家知识产权服务电商平台。知识产权服务业得益于科学技术的发展。为顺应时代发展的潮流，知识产权服务业更应该与互联网结合在一起。所以，知识产权服务业应通过不同渠道、不同方式与互联网结合在一起，从中寻找出知识产权服务业的新服务模式。

四、知识产权服务新媒体活跃抢眼

知识产权服务业有效地依靠新媒体来吸引大众目光，最近几年出现了许多支持知识产权学术交流活动的媒体。除此之外，越来越多的新媒体开始提供有关海外专利布局、海外知识产权纠纷应对的信息，为中国企业“走出去”提供帮助，其中的佼佼者就是智南针，其提供的信息包括有关知识产权发展的宏观环境、知识产权法律法规的信息以及申请知识产权的流程和费用等信息；还有一部分媒体开始以知识产权服务业为业务对象，开发服务平台，及时传递信息。

五、新商业合作模式不断探索与成熟

知识产权服务业的发展模式在逐步创新与发展，新的服务模式层出不穷，目前有从事知识产权服务的相关机构提出以服务作价参股，和客户共同发展、共享利润的理念。在满足企业需求的同时，也及时发现企业相关方面的需求，深入企业提供“一站式”服务。业务范围不再只提供有关知识产权的常规信息的咨询，还为客户提供更全面的服务，帮助企业寻找资本投入以及新资源，寻找目标客户和有意愿的投资方。由此，得到企业信任，提高了服务参股的比例，从而提高了企业效益。除此之外，还有企业以建设第三方知识产权服务平台为目标，通过平台积累知识产权服务的资源，为企业提供知识产权服务全方位的体验。合作形式为虚拟经济联合体，搭建了机构结合、资源共享、协同发展的服务模式。另外，有从事知识产权服务的相关机构创造了一种介于完全重组合并与合作联盟之间的新模式，首先避免了重组合并造成的人事以及管理上的摩擦，不用再次深度磨合；其次避免了合作联盟的松散，取长补短，优化资源配置，缩减成本，使综合竞争力得到大大提升。这些新的发展模式都推动了我国知识产权服务业的发展。

第三节　发达国家或地区知识产权服务业发展经验

21 世纪，创新在全球化经济发展中起着举足轻重的作用，知识产权成为衡量一个国家或地区发展水平的主要因素之一。目前全球金融危机仍未完全结束，知识产权服务业对一个国家的核心竞争力和可持续发展的重要作用逐渐显现出来。由于知识产权在经济发展中所起的重要作用，各国对相关服务业的发展愈加重视，以便在全球化的过程中、在知识经济时代获取一定的优势。但是在中国，知识产权服务业相对于国外来说，总体起步较晚，即使总体发展趋势较快，但是相对发达国家来说我国总体规模仍不大。由于政策、资源等因素导致我国各地区的经济发展存在明显差距，这就导致在发展知识产权服务业时不可避免地出现区域差异。总体来说，目前知识产权服务业在我国东部沿海发展较快，而中西部发展较慢，相应的各种人才和资源也是向东部积聚，相比之下，中西部显得较为落后。下文将介绍美国、英国、日本以及韩国的知识产权服务业的发展经验，为我国如何发展知识产权服务业提供借鉴。

一、发达国家知识产权服务业发展经验

（一）美国知识产权服务业发展经验

美国很早便建立知识产权制度，并在经济发展的过程中不断修改和完善，但对知识产权的保护和应用的高度重视始终不变。知识产权制度促进了美国的知识产权服务业的发展，为美国的创新提供了有力的支撑。在美国的社会中，人们已经深刻认知到知识产权服务的重要性，知识产权服务已经获得了整个社会的广泛认同和支持。知识产权服务业在美国的主要运行模式是以市场为主、政府为辅，政府主要提供政策支持，扶持其发展并提供制度保障，同时，其具有以技术转移为核心、为风险投资的特点。由于美国信息技术产业在全球是处于顶尖地位的，这个优势为发展知识产权服务业提供了有力的保证，美国从事知识产权服务的企业或机构通过设立专业部门并利用信息平台筛选，可以识别具有发展潜力的优秀科技产品，利用自身专业促进产品的市场化；由于美国信息服务技术的发展处于世界领先水平，这给创造者、公司及使用者搭建了完善的信息交流平台，能够给客户提供高效的信息服务；美国的知识产权服务业具备全球化的视野，将服务产品网络信息化，将专利、商标、版权等信息服务推向全球各个国家。而且美国的知识产权服务业非常重视基础环境类服务的作用，比如，在评估过程中，在遵循美国国内税务署（IRS）发的关于知识产权价值评估的条例、税收政策等文件的前提下，由相关行业组织的评估人员来进行管理，由行业协会根据市场需求确立相应的规范。同时，美国政府在法律法规以及政策制度层面为知识产权服务业的发展提供了支撑，目前，针对推动知识产权服务业发展的法律主要有《知识产权保护法》《斯蒂文森・威尔德勒技术转让法案》《21 世纪国家知识产权战略》《知识产权许可》和《知识产权执法联合战略计划》等。另外，美国的行业中介类服务发展水平很高，在构建国家层面的信息服务平台上投入了巨额资金，形成了专利商标局（USPTO）、公益性服务机构（协会、研究机构和大学图书馆）和专利信息服务商三级服务模式。美国的专利代理机构数以千计，专利代理人包括专利律师已经达到 8 万多人。美国知识产权服务业的发展，重点在于政策法律的支持以及公共信息平台的构建，即基础环境类服务与行业中介类服务的发展。

（二）英国知识产权服务业发展经验

在英国，目前有关知识产权服务的运营模式分为三个层次，分别是政府机关、公共单位和私营企业。首先，政府机关主要是在宏观层面发布保障知识产权服务业稳定发展的政策法规，构建数据库，提供发展知识产权服务业的良好政策环境；其次，公共单位主要是指大学、研究所等机构，它们通过设立技术转移办公室将已研究开发成果推向社会，并不断培养研究人员进入知识产权服务，从而使整个知识产权服务业的水平得到提高；最后，私营企业主要是指公司、中介，它们为了维持整个知识产权服务业的市场运营会采取建立内部监管的行业协会的方式，它们特别重视对知识产权的挖掘，拓宽知识产权的服务领域，并为客户提供有效的服务。在英国，一些公共机构比如工程院、研究理事会以及其他机构等都可以提供技术咨询的服务，尤其是在对有关国家的新兴科学技术或者政策法规咨询中起到了重要作用。它们在提高国际整体技术成果转化能力方面有着关键作用。英国技术集团是英国最著名的技术转移机构，它的主要业务就是专门从事政府技术转移，自 20 世纪 80 年代逐渐实现民营化，业务范围拓展至民间技术转移服务。

（三）日本知识产权服务业发展经验

与美国、英国相比，日本发展知识产权服务业的时间较短，但是其始终坚持知识产权立国的策略，大力发展知识产权服务业。日本与美国的发展模式不同，日本以政府为主导，日本政府非常注重知识产权服务业的发展进步。为了加快该产业的发展，在较短的时间内，日本颁布实施了《知识产权基本法》等政策法规，这些政策法规有力地维护相关发明创造人员的权益，从而加快了知识产权服务中心的成立，使知识产权的受理、登记、查找和科技成果的转移、应用比较便利，从政策环境方面入手，促进了知识产权服务业的发展。另外，在政策方面，日本在税收政策、市场引导等方面都对知识产权服务业有倾向性，这是市场基础环境类服务的保障。在教育方面，日本政府鼓励大学生学习知识产权相关知识，并且日本在各地相继成立知识产权中心，通过电子邮件、信件和当面咨询等多种模式，为专利转让流转等活动提供平台。鼓励大学生建立知识产权部，也鼓励人民群众成立民营检索机构。在这些政策的大力推动下，知识产权服务业在日本发展迅速，形成了比较完善的服务体系。这一点可以与美国、英国这些国家的知识产权服务业相媲美。总的来说，日本知识产权服务业的发展有赖于相关政策法规的完善以及充足的相关行业人才。

（四）韩国知识产权服务业发展经验

韩国发展该行业的过程中，非常重视知识产权推广运用以及服务体系的建设，在这些方面也取得了一定的成就。为了保证知识产权的发展，韩国政府发布了《知识产权强国实现战略》《知识产权的战略与愿景》等政策与规划，从制度方面保证了知识产权的发展，把促进知识产权运用和转化、商品化建设以及维权保障作为重要发展方向，踊跃加入相关产业全球化的进程。随着韩国企业越来越重视知识产权的发展，知识产权服务业的服务能力持续增强，服务水平不断提高，范围也更广。在行业中介服务方面，韩国有涉及各行各业的专利代理机构 280 个，专利代理人已经达到了 10 953 人。韩国特许一部分符合要求的专利产品优先获得政府采购的机会，同时建立了网上交易市场和线下知识产权交易市场。通过采取这些措施，极大地加快了相关产品和技术的交易。韩国极其重视知识产权的经济效用，所以为了完善知识产权服务业的市场，专门设立了专利技术产业化理事会，成立了知识产权产业化基金，从而为中小企业提供相关的融资贷款，推动了知识产权的商品化和市场化。由此可见，韩国知识产权服务业的发展同样依赖于基础环境类服务以及行业中介类服务，在中介类服务方面具有一定的创新性。

（五）小结

国外知识产权的发展过程中，社会大众对知识产权的意识较强，从而为相关服务业的发展奠定了文化和意识的基础，并且知识产权服务各个部门衔接较为紧密，各个部门协调合力，通过公共服务平台实现信息共享以及职能合作。

第一，由于西方资本主义国家率先发展科学技术，其已经拥有了技术创新体系，从而使知识产权服务机构的服务效率及其整合社会资源的能力得到了提升。而且发达国家特别重视知识产权的发展，制定了相关的战略，无论是企业、大学还是研究机构都越来越意识到技术成果专利化在自身和国家的核心竞争力的发展中所起到的关键作用，所以致力于对知识产权服务和技术服务进行成果转化、实施。由于发达国家信息技术先进，率先认识到大数据以及互联网的重要性，已经建立了许多网络平台和数据库，网络和数据库能够在各类服务机构及其相关服务机构之间、科技机构与政府之间、科技供需方之间提供一个方便快捷的交流平台，从而有效地降低从事知识产权服务单位的获取成本。在长期的实践中，西方国家逐步形成了较为完善的风险投资体系、投融资担保体系、知识产权转让和退出机制等知识产权服务配套体系。

第二，长期以来，发达国家凭借相关政策的出台以及制度的建设为知识产权服务业的发展保驾护航。政府以政策、法律、法规的形式鼓励知识产权服务单位重视相关创新，从而在技术成果与市场之间建立起通道。而且，通过上述分析可以发现，发达国家在发展知识产权时通过设立技术转移监督和促进机构等方式来达到在市场上可以转移相关知识产权的目的。对于较早发展知识产权服务业的国家，他们也对从事知识产权服务的机构提供财力支持，比如将财政资金的一部分划拨出来作为补助，以补贴相关企业的发展，或者提高相关服务机构的基金配额来保证知识产权服务业的企业具有资金支配的能力。此外，对于中小企业技术的创新，老牌资本主义国家也是相当重视，从根本上培育市场供给与需求能力。

第三，知识产权服务业在发达国家开始较早，至今已经发展了 200 多年，知识产权服务业的服务市场已经较为成熟和完备。知识产权服务所涉及的方方面面都有相应的中介机构为之提供服务，且业务绝大多数集中在几家规模大、资历深、信誉高的公司里，这些大公司在知识产权服务行业起着规范与指导市场的作用。由于知识产权服务业在国际竞争中的重要作用和在国家战略发展中的关键地位，很多国家对该行业设立了较高的准入门槛，这就对相关从业人员的职业能力提出了挑战。因此，发达国家知识产权服务机构的从业人员大多有复合型的学术背景并且具有丰富的工作经验。发达国家的知识产权服务机构，社会资本注入较多，机构日益趋向企业化运作。

第四，在服务功能上，发达国家的知识产权服务内容也越来越多，以应对相关企业在创新过程中对外部提供各阶段的知识产权及其相关服务的需求。知识产权服务机构尽可能扩大其业务领域，力求能够根据企业的不同需求提供不同的服务，以此来作为知识产权服务企业的卖点。近年来，发达国家的知识产权服务行业逐步出现城市、区域和国际化的服务网络。这些网络主要利用国家研究机构或大学的实验条件和人力资源，将知识产权和与知识产权相关的中介服务机构、相关协会、基金会、本国驻外机构等紧密联系起来，采用商业化运作方式，建立起主要针对中小企业知识产权和技术服务的全国性网络，甚至国际性网络。

就美国和英国而言，知识产权服务业的发展以市场为主，政府主要是制定相关制度保障其发展，并在保证市场活力的情况下给予市场正确的引导和支持以及相应的政策优惠。

美国和英国的知识产权信息服务的检索功能非常强，流程也十分便利。对于日本而言，政府主导知识产权服务业的发展，以各种措施鼓励企业从事知识产权的服务。目前日本已经具有完整的知识产权服务业体系以及大量的相关服务人才。然而我国目前知识产权服务业并不具备这些条件。韩国在政策方面重视知识产权服务业发展的同时，对于知识产权交易的市场也非常重视，目前相关市场已经得到完善，为进一步的发展创造条件。线上交易与线下交易相结合，确保了知识产权的流通和转化，对相关服务业的发展起到了非常大的推动作用。反观我国目前在知识产权服务流通与转化方面较为薄弱，应当积极借鉴韩国在知识产权市场建立方面的经验。就国外知识产权服务业发展经验来看，基础环境类的服务都起到了非常重要的作用，正是基础环境的服务为该行业的进一步发展提供了保障。行业中介类服务则是完善服务体系、增强市场流动性的重要媒介，没有行业中介服务，就没有办法将知识产权的成果转化为经济效益，而行业实务类服务则是该行业发展的根基。另外，在国外知识产权服务业发展的历程中，通过改良教育方式培养的相关人才起到了非常重要的作用。也正是由于拥有大量的相关人才，知识产权服务业在国外才实现了持续发展。

二、我国部分发达地区知识产权服务业发展经验

随着知识经济的到来，目前我国知识产权相关产业发展迅速，知识产权申请、登记量逐渐增加，市场的需求量的不断增加也促进了知识产权服务业的发展，尤其是传统服务项目比如专利代理等发展迅速，高端化的业务也慢慢兴起。由于创新与研发在竞争中所处的关键地位，各个企业的知识产权意识也得到了增强，特别是出口型企业。出口型企业对于相关服务需求要高于普通类型的企业，特别是对国际化、高端化的服务需求较高。但是由于我国经济发展的不均衡，导致知识产权服务业在地区分布上存在资源分布不均、服务机构主要集中在部分区域的问题，这对知识产权服务业的市场化、国际化的发展非常不利。因此中西部地区应当参考东部地区知识产权服务业的经验教训，从实际出发，结合自身优势，促进地区的知识产权服务业的进步。

由于知识产权在地区和国家经济发展中处于重要的战略地位，我国部分发达省市为了促进知识产权服务业的发展，结合地区实际情况出台了众多政策，并采取相应的措施，在法律和政策层面给予知识产权服务业发展的支持。根据中国知识产权服务业的统计调查发现，我国知识产权服务业的资源主要分布在东部地区，这些地区结合自身的资源优势和得天独厚的条件，使知识产权服务业获得了较好的发展，所以我国东部地区在知识产权服务业的服务水平和服务能力均排在全国前列，对其他省市该行业的发展起到了拉动作用。下文以北京、广州、上海三个市为代表，较为详细地阐述三个省市的知识产权服务业发展情况，其发展经验与路径值得其他省份或地区研究和借鉴。

（一）北京知识产权服务业发展经验

知识产权服务业可以有效地促进创新的发展，推动高新技术产业的进步。北京市委市政府为了推动知识产权服务业的发展，这几年也不断采取了一系列措施促进知识产权市场化和产业化，所以北京的相关行业的发展取得了质的飞跃。北京知识产权服务业取得如此

大的进步主要得益于以下方面。首先，政府政策的大力支持，北京市政府近几年相继出台了《关于实施首都知识产权战略的意见》《关于促进首都知识产权服务业发展的意见》等政策文件，并采取了许多促进知识产权服务业发展的有效措施，贯穿整个知识产权服务环节。而且这些政策不仅重视重点区域知识产权服务机构和服务平台的搭建以及创新服务活动的作用，还重点关注该行业的行业自律以及知识产权人才队伍建设等。不仅如此，因为北京的科研机构众多，产权数量与质量也远远超过平均水准，所以，北京对知识产权服务的需求也较高，高需求在一定程度上也促进了知识产权服务业的快速发展。

（二）广州知识产权服务业发展经验

广东省政府在2016年就明确提出要打造“广东服务”，大力发展知识产权服务业。广州作为广东省内甚至整个华南区域交通、资本、信息流和人才的枢纽中心，其知识产权服务业的发展水平不仅对广州经济发展和建设起着重要作用，也对整个广东省的经济发展和建设目标具有关键的支撑作用。广州是国家重点的创新城市，广州知识产权服务业最近几年发展迅猛，在国家知识产权试点示范城市工作考核中，2013—2015年度连续三年名列副省级示范城市榜首，2015年成为国家知识产权区域第一批试点地区，知识产权及相关产业基础较好。在此基础上，广州市政府重视并帮助了一些从事知识产权服务的专业机构的发展，比如广州博鳌、高航和奥凯等公司，这些公司在一定程度上推动了广州的知识产权服务业的发展，并具有行业引领性和较大影响力。通过发达国家知识产权服务业的发展经验可以发现，要想快速发展知识产权服务业，人才是非常重要的。2015年广州首次将知识产权专业技术资格纳入专业技术资格体系，通过将知识产权保护相关政策纳入市专业技术人员继续教育公需课、举办“专利创造工作巡回培训班”等方式构建知识产权服务业人才培养的有效途径。为了保护知识产权，建立了相关的维权中心，建立了展会知识产权保护工作机制，设立快速处理专利侵权纠纷工作站，开展“中美”和“粤港”海关等全国性或区域性反侵权联合专项行动，培养了一批维权志愿者队伍，指导成立了知识产权边境保护联盟。这些举措都促进了广州对于知识产权的保护。为促进广州的知识产权服务业的发展，市政府建立专业金融机构，为企业提供专利融资，并开展专利保险试点城市，推出专利执行和侵权保险。

（三）上海知识产权服务业发展经验

上海作为我国的国际化大都市，在知识产权方面紧跟世界发展趋势。市民充分了解知识产权服务业的重要性，认识到知识产权服务业在调整产业组织的优化、转变经济增长方式、提高企业创新力等方面均起到了重要的作用。近年来，上海市政府为保障知识产权服务业的高速发展出台了许多政策并采取一系列举措，比如出台了《上海市知识产权保护条例》《上海市知识产权质押评估实施办法（试行）》《上海市知识产权质押评估技术规范（试行）》等地方性法律法规。而且在上海已有一批实力较强的专利代理服务机构，在处理信息服务、交易服务、法律服务等方面均具有较强的服务能力。

（四）小结

在如何又好又快地发展知识产权服务业发面，我国其他地区可以借鉴以上3个城市的发展经验。以上3个城市为其他区域在发展知识产权服务业方面指明了方向。比如重视市场环境类服务，建设行业中介类服务平台，这都会对知识产权服务业的发展起到一定的推动作用。而且东部沿海地区的外贸较为发达，在中国，知识产权服务业发展最快的区域多集中在对外贸易频繁的地区，可见对外交流状况也是影响知识产权服务业发展的因素之一。

第四节　知识产权服务业典型企业案例

在知识经济快速发展的今天，知识产权服务业在提高国家竞争力上具有重要作用，从事知识产权服务的企业为了提高服务能力该如何创新模式？下文将对具体的企业进行分析。

一、河南智汇元知识产权运营管理有限公司

河南智汇元知识产权运营管理有限公司（智汇元）是在国家大力发展知识产权、结合当地政府实际情况的背景下建立的一个从事知识产权运营服务的企业，具有业务范围广、专业化高的特点。它是一家提供综合服务的企业，其提供的服务涵盖专利、商标、法律服务三个方面。另外，它是由郑州联科专利事务所、河南振山律师事务所、河南国立知识产权代理服务有限公司共同发起设立的。这三家分别是河南省知名专利代理服务机构、河南省知名法律服务机构以及河南省知名商标代理服务机构，所以这三家机构在各自领域都是经过长期发展，并且具有相当的行业影响力。

河南智汇元知识产权运营管理有限公司作为河南省内首家知识产权运营管理公司，其特色是“三合一”模式，它开创了我国知识产权服务业“三合一”模式的先河。“三合一+N”是指由专利事务所、商标事务所、律师事务所三个原本各自独立的主体融为一体，并成立上位平台公司（N）。N代表的是平台，是由多个相关服务链条主体，形成全价值链集团化“一站式”知识产权服务平台。智汇元在建设的过程中不断采取创新性的举措和方法，包括成立知识产权人俱乐部、知识产权行业信息服务平台、成果转化平台，建立人才培养实习实训基地，开展走进基层知识产权巡讲等。通过一段时间的运作，智汇元模式取得了明显的成效。

首先，知识产权的服务能力的提升速度较快，通过整合吸纳行业高端人才，智汇元现有员工已经超过百人，其中包括很多知识产权方面的行业精英和研究者。智汇元不仅聘请了专业的律师、专利以及商标代理人，而且引进了国家知识产权专家库的知名专家和河南省知识产权高层次人才，这也使智汇元在整个行业中处于领先地位。企业的发展离不开人才的支撑，在河南省所有从事知识产权服务的企业中，智汇元是引进知识产权人才最多的企业。智汇元正通过这些高层次的人才才可以为服务对象提供更专业的咨询服务。

其次，知识产权服务业务范围相当广泛。智汇元通过整合后真正实现了知识产权集团化“一站式”服务，业务涵盖了知识产权的各个领域，不仅可以从事代理服务、法律服务、信息服务，还可以从事咨询和培训等服务。智汇元在服务品质上要求更加专业化、在

服务模式上要求更加多元化、在服务领域要求更加精细化、在服务理念上要求更加国际化，充分发挥知识产权“三合一”的功能。在知识产权方面，为客户提供更好的“一站式”专业服务。

最后，智汇元的业绩提升明显。整合后智汇元的业务实现“1 +1 +1 >3”，智汇元是由三家机构整合而成的，所以智汇元可以利用三家机构的资源，包括优质的人才、客户资源以及服务平台。这使智汇元在行业竞争中极具优势，服务能力也得到增强，业务增长迅速。由于三家企业将客户汇集到智汇元这一家公司中，并且发挥着各自的优势，同时资源得到共享。仅仅凭借这个优势，企业的业务量迅速增长，商标代理业务、版权登记业务以及专利业务都增长20%以上，有的甚至增长一半以上。而且很多客户都积极主动通过各种渠道寻求合作，有些客户甚至是之前没有洽谈成功的。智汇元的服务能力得到大幅度提高，融合后达到了总体大于部分之和的效果。通过“三合一”的商业模式，公司实现了资源共享，取长补短，并且能够专心做好自己最熟悉的业务，实现了知识产权机构的综合化和集团化。由于智汇元专业化以及“一站式”服务，使其成长迅速，承接了越来越多著名的大型企业有关知识产权方面的业务。

智汇元不断与行业建立沟通合作机制，与外国同行业交流合作也取得新的突破。智汇元建立开放性的专利运营服务体系，紧跟世界潮流，在集团内部构建了许多运营中心，涵盖了专利、商标、法律以及知识产权战略架构，以此来更好地服务其客户，从而使智汇元成为知识产权服务业的标杆企业。

二、北京集慧智佳知识产权管理咨询公司

中国知识产权服务业虽然起步较晚，但至2018年也已经发展约30年，大多数企业已经拥有许多的知识产权成果，但是企业对于这些权利的真正价值以及管理方法尚不完全清楚。从事知识产权服务的单位虽然能够帮助企业得到知识产权，但所获得的权利却不能有效地保护产品技术、赢得市场竞争，也不能引导企业进行技术研发，制定战略规划或超越大的竞争对手。如何找到方法体现权利本身的价值，让其融入企业经营，使企业能够快速发展和不断增值显得尤为重要。于是知识产权咨询业应运而生，各大服务机构、政府都看准这个新兴市场。短短几年内，就有几十家机构开展了这项业务。2012年，北京集慧智佳知识产权管理咨询公司（集慧智佳）成立，它是中国一家专门从事深度知识产权咨询服务的企业。与传统知识产权业务相比，它的目标不再是帮助企业申请商标或进行知识产权维权和诉讼，而是回归企业经营，用知识产权行业的先进做法，采用了许多跨界的创新模式。以一个全新的视角来建立健全企业知识产权体系，让知识产权咨询服务融入企业经营策略。

北京集慧智佳知识产权管理咨询公司的主要业务就是为客户提供全产业链的知识产权服务，使知识产权在企业发展以及增强企业竞争力中发挥出最大的作用。从需求出发分解问题，并为每个问题匹配相应的工作方法，最终的目的还是要处理好关键问题。例如中关村全球领先技术路线分布研究、中国标准动车组知识产权项目、乐视超级电视海外专利预警咨询项目、小米智能家居专利分析项目、中低速磁浮交通知识产权分析等，都为企业在

某一产品或行业提供了可供决策者直接使用的方案和建议。在以往的案例中，集慧智佳曾帮助客户预判市场的走向，对未来产品进行品牌和专利布局；也曾通过复杂的规避设计，帮助客户成功绕开国外竞争对手的强大专利布局，研发出具有自主知识产权的产品。

随着大数据以及云平台的发展，共享经济时代的到来和共享经济向知识产权服务领域的渗透，集慧智佳通过新兴的科学技术使公司业务具有了服务专业化、服务效率高、服务质量好、服务费用低、服务范围广、服务权威高的新特点。

（1）服务专业化：团队专、服务专。集慧智佳坚持“专业的人做专业的事”。由于互联网的迅速发展，该公司建立了专业的共享平台，平台上提供服务的人员全部是知识产权领域、具有多年从业经验的专业人才，包括专业申请人员、专业案件评估人员、专利布局专家和国际知识产权申请专家等，并形成了专业的知识产权服务团队，提供包括申请、检索、评估、转让、托管、预警、申诉等专业的知识产权相关服务。此外，很多知识产权领域的专业人员也会充分利用闲置的时间和经验加入分享平台，来提供专业化、“一站式”的定制服务。

（2）服务效率高：响应快、定稿快。共享经济模式下，集慧智佳凭借云计算、大数据、物联网、移动互联网四大“互联网 +”技术，能够迅速对消费者的需求进行分析，在最短的时间对客户的诉求进行回应，及时将权利要求书递交到知识产权局。在稿件撰写方面，分享平台可以将案件交给最合适最专业的人员负责，并可以实现与消费者的实时沟通，最大限度地了解其诉求，根据其具体的要求尽快完成稿件的撰写和修订，最终确定申请书和权利要求书，提高了知识产权服务的效率。真正做到了撰写高效，递交快捷。

（3）服务质量好：质量好、保密好。在共享经济的视角下，集慧智佳对知识产权的服务有着严格的审核流程和技术保障，并且全程都有着强力的监督。在服务质量上，该公司设计了严格的流程保障产品和服务质量，不同需求的客户有不同的专业人员及进行服务，提高授权效率。在保密工作上，依托现有的专业加密技术以及防护器材，该公司有智能的管理文档，通过实施高级别的保密措施，保证了文档的保密性、完整性，以及防止数据泄密和丢失，最大限度地保护用户所有信息，加强安全性能。

（4）服务费用低：省费用、省心力。集慧智佳简化了知识产权服务的流程和方式，帮助消费者降低所要消耗的费用，节省了时间成本。在流程方面，该公司在共享经济下的服务变得非常简单，客户在平台完成注册后，提出需求，然后支付相关的费用就可以完成全程托管安心，只需等待结果，还可随时查看进度。这大大降低了时间成本。而且在费用方面，传统知识产权服务收费都比较高，而该公司在共享经济下实现了花最低的代理费用享受既快又好的知识产权服务。集慧智佳的所有的服务在平台上都是明码标价，有的价格与传统企业相比，甚至不到传统知识产权服务业企业的一半，有的服务价格甚至只是几百元，真正做到了“物美价廉”。

（5）服务范围广：业务广、地域广。集慧智佳的知识产权服务在共享经济的条件下打破了传统服务的业务限制和地域限制，业务包括多个方面，地域上冲出了一线城市覆盖了全国各地，服务对象上也不局限于大公司大企业，而是同时对接广大中小企业。集慧智佳一方面能够向企业提供包括专利、商标、版权等的申请、注册以及登记的“一站式”知识产权服务；另一方面分享经济企业的平台化、网络化运营打破了地域限制，客户可以面向全国各地。此外，在服务对象上，分享经济知识产权服务企业不仅为大型公司提供相关服务，更为广大初创型小企业提供全程的知识产权指导。

（6）服务权威高：权威高、授权高。集慧智佳将知识产权与共享经济相融合开创了新的服务模式，从而获得了更广阔的市场，引起了社会大众的关注。首先，该公司的服务人员都是从事知识产权服务多年的人员，有着丰富的工作经验，有一些甚至曾经是在国家知识产权局从事相关服务的人员，这就能够从源头有效解决用户的问题，受到了客户的一致好评和相关权威人士的肯定，权威性高。其次，该公司会对每个项目严格把控，对出现的问题及时处理，确保项目的质量。

为了追赶上时代潮流，集慧智佳利用“互联网＋”和大数据的思维，让知识产权数据与产业数据、科学文献充分结合。根据企业在知识产权需求方面的改变，能够判断企业甚至产业的发展趋向，这些数据和判断都能够为企业经营和行业发展提供借鉴。此外，集慧智佳投入重金购买了多个国际一流的专利数据库，并采用先进的分析工具对这些数据库进行多维度的分析。这些专利数据涵盖了全世界95%以上的技术信息，对于企业、行业发展有着很重要的参考价值。比如在中关村提出的641个产业培育格局规划中，集慧智佳就通过知识产权的大数据，研究全球十个新兴产业集群的发展现状和趋势，为中关村的产业规划提供了重要的信息和建议。一改传统知识产权公司单一产品的模式，集慧智佳开发多个产品，业务涉及管理咨询以及策略咨询。而管理咨询又是其他知识产权服务机构很少涉足的，集慧智佳的咨询团队看到了这方面的需求和必要，从零做起，重新构建整个产品体系，迅速得到行业认可，形成了“2＋1”的模式，其中“1”指的是它为企业开发的知识产权管理工具。在为客户提供服务的过程中，咨询师们发现，尽管国际上的大企业已经在用先进的知识产权管理系统管理企业的知识产权，但中国绝大多数企业仍然在使用原始的方式管理商标和专利，导致管理不规范、效率低下，安全隐患大。目前该公司形成了包括专利服务、商标服务、版权服务和创新服务的服务体系，为企业规范知识产权管理提供了支持，促进了知识产权保护和交易，推动了企业建立专利侵权警示和防范机制，规避了合同争议，降低了企业风险，为企业发展战略提供了支撑。集慧智佳统一服务流程，客户提交材料和需求后，企业会严格按照客户需求为其审查材料、撰写文书、确认文案、提交申请、跟踪进度等，一应流程都会公开共享，客户可以随时根据需要进行查询和调整。这使得知识产权服务不再像传统服务那般“神秘莫测”，而是充分实现了信息实时共享。并且该公司注重服务标准的提升，从而使服务质量得到保证。有效解决了消费者面临的知识产权相关的各种问题，大大加强了知识产权服务质量。

集慧智佳凭借创新的商业模式、出色的技术水平、超强的执行力以及良好的用户体验，成为知识产权服务业的典型企业。

第十章　科技金融服务业发展模式

第一节　科技金融服务业发展背景与趋势

科技金融属于产业金融领域，表现在科技和金融两产业的彼此融合。科技金融是以金融投入为主体，整合科技与金融还有社会资源，通过制度方面、机制方面以及工具方面的创新服务于新科技成果的产品化。根据国务院颁布的《“十三五”国家科技创新规划》，科技金融是落脚于金融，利用金融创新，离效、可控地服务于科技型中小企业的金融业态和金融产品的统称，包括投贷联动、科技保险、科技信贷、知识产权证券化等。

一、科技金融的界定

什么是科技金融？什么属于科技金融？到底科技金融该怎样界定呢？下文先详细介绍科技金融的定义与内涵，接着描述科学金融的特点以及运行机制。

（一）科技金融的定义与内涵

科技金融涉及的层面较多，要对科技金融下一个外延明确的定义颇有难度。赵昌文、陈春发和唐英凯较早地提出了科技金融的含义，他们认为“科技金融是促进科技开发、成果转化和高新技术产业发展的一系列金融工具、金融制度、金融政策与金融服务的系统性、创新性安排，是由为科学和技术创新活动提供金融资源的政府、企业、市场、社会中介机构等各种主体及其在科技创新融资过程中的行为过程共同组成的一个体系，是国家科技创新体系和金融体系的重要组成部分”①。此定义是目前比较具有权威性的，他们明确地提出了科技金融体系的基本构成，也被称为科技金融的“工具派”。房汉廷认为，科技金融的事权是科技创新工作，财权是政府投入对金融资本的引导，所以科技金融工作的主旨自然是科技创新工作，并归纳了科技金融的以下四个本质特点：①科技金融是一种创新活动，是企业家把科学知识与技术发明转化成商业活动的融资行为的总和。②科技金融是一种技术，即是一种经济范式，新经济模式是以技术革命为引擎，以金融为燃料，并使以上两者结合起来成为新动力；③科技金融是一种科学技术资本化的过程，也就是科学技术被金融资本孵化并去创造财富的过程；④科技金融是一种金融资本有机构成提高的过程，为同质化的金融资本通过科学技术异质化的配置，从而得到高附加的回报②。在赵昌文的

---

① 赵昌文，陈春发，唐英凯．科技金融［M］．北京：科学出版社，2009.

② 房汉廷．关于科技金融理论、实践与政策的思考［J］．中国科技论坛，2010（11）．

“工具派”和房汉廷的“本质派”基础上，李永壮、张德环指出：“科技金融是在创新驱动下，为了促进国家科技产业的发展以及科技开发、科技成果转化和科技成果产业化，科技金融的供给方对科技金融需求方通过金融工具、金融市场客体进行创新性的、跨时空的价值交换。”[①] 既强调了在中国现实国情下金融服务客体的科技特征，又强调了金融服务主体的金融特征。

科技金融是科技的发展与金融的支持交融到一定程度的必然产物，用科技成果的研发和产品化推动产业的快速发展，其最终目标则是推动经济的快速增长。科技金融的科技是指科学技术创新，是一种解决经济产业化发展的手段；科技金融的金融体系是完成科技成果的产品化必不可少的条件。在体系中，金融服务系统支持和推动着科学技术的持续应用。科技金融的实质是为了科技成果的最终实现，其含义主要表现为以下三个方面：①科技和金融的有效融合。科技金融是科技与金融深度有效融合的产物，金融不是以自身盈利为目的而是配合科技发展的资金需要，金融进行创新去适应科学技术的发展。传统金融则以自身盈利为目的，由金融机构在考虑资金的安全与收益的前提下进行主导资金的配置。②本质为金融系统。科技金融是金融系统中的一种类型，以实现产业化发展为目的。科技金融的内容比专业性金融的内容更加宽泛，资源配置的方式也因主体的差异而不同。③具有相对独立性。科技金融属于金融系统同时又是一个独立的小系统，其提供专门的资金设置、专业的人才、健全的操作系统，能够独立完成科技成果的转化。

（二）科技金融的特点

科技金融是在科技和金融的基础之上进一步发展的，于是，科技金融自身不仅包含来自科技产业和金融产业的双重特点，还包含科技和金融在相互交融过程中产生的特点。

1. 科技金融的高风险性

科技创新的整个过程可以划分为三个时期：基础性研究时期、应用性研究时期和技术开发研究时期。由于每个时期都会遇到不同的资金难题，因此在不同的时期会有不一样的风险特点。从科技研发的早期逐步到产品生产且取得市场认可的过程当中，必须面临一系列的高风险，包括政策风险、技术风险、生产风险、财务风险、市场风险和管理风险等。具体表现为：①政策风险。设备和技术都可能面临进口的问题，那么此时就要考虑国家的进口等一系列相关政策的风险。②技术风险。在技术研发时期，肯定会遇到技术方面的种种难题，包括关键技术的技术障碍和技术壁垒等。③生产风险。生产设备或生产工艺的限制或原材料供应不足都会造成新产品短期内无法完成批量生产的预期目标。④财务风险。新技术的开发和产业化阶段都需要大量的资金来运转，对于大型企业而言需要注意整个企业流动资金的运作，对于中小型企业而言则需要保证其融资渠道的通畅。⑤市场风险。在新产品市场化的过程中，要考虑产品质量、稳定性、价格和消费者接受程度等问题。⑥管理风险。从前期市场的调研到创新决策的制定再到内部资源的调动的整个过程中，时时刻刻伴随着管理风险。

---

① 李永壮，张德环，等．专业技术人员科技创新与实务［M］．北京：中国人事出版社，2015：237.

2. 科技金融的高回报性

科技不仅仅影响着各国的国际分工，同时也使各国的经济发展水平拉开了一定的距离，随着交通的便利和信息的快速传播，物质交换在全球内变得越来越频繁，致使全球产业结构和经济发展模式都发生了巨大的变化。风险和收益是紧密相关的，科技进步推动社会文明的前进、宏观经济的增长和微观主体的财富激增。一般来说，新型产品取得市场认可后带来的“超额利润”和“垄断利润”是科技创新带来的巨额财富的两大来源。科技金融的主体会从科技创新的整个过程中获得一定的收益，各项科技创新活动也可以创造出一定的利润。

3. 科技金融的高知识含量

科技的创新对社会发展的作用体现在对科学知识总量的突出贡献，当其与生产结合的时候可以促进社会经济进一步的发展与社会知识总量的增加。科技推动金融产业的迅速发展，改变了在借贷基础上组建的传统金融系统，逐步形成组建在数量金融模型基础上的当代金融系统。科技和金融分别冲破了本身的知识系统，进一步扩大了知识总量，为科技金融知识系统的组建打下了基础。科技金融知识系统是在科技和金融产业的基础上有效融会组建的，不单是对科技或金融知识单一方面的扩展，而且是逐步产生以科技和金融为基础的、适合科学技术进一步发展的、能够进行科技创新风险管理的知识系统。

4. 科技金融的阶段演进性

科技金融具有阶段演进性，初始时期包括基础性研究和应用性研究，不仅关注科技知识总量的基础体现，同时还关注相关知识的有效应用，该时期的主体主要是国家专业性团队或高校研究团队。而科技创新的技术开发研究时期更注重知识的应用性。

5. 科技金融的政策与市场复合性

科技创新初始的基础性和应用性研究时期，因为研究成果具有正外部性，即很难排除其他受益者，而且该时期投资周期长、投入大、风险高且不会获得市场价值的预期，导致企业的资金投入积极性较低，所以大部分的资金来自政府的财政拨款。当科技成果转化成功后即进入到技术应用阶段，需要将所研发新技术投入到生产中实现产品化甚至产业化，科技金融体系为科技创新提供完整的支撑体系，服务于科技创新的全过程，必然需要行政政策与金融市场经济机制共同发挥作用。

6. 科技金融的多层次性

科技金融的高风险性和对资金的持续需求，使得单一的金融工具不论是从风险偏好还是资金需求量上都没办法满足科技创新主体的整个创新过程，需要发展多样化且多层次的科技金融手段。

7. 科技金融的人力资本渗透性

科技金融的本质是完成科技成果的产生、应用和产业化，不管是科技研发还是成果的转化，都需要人力资本和金融资本紧密合作。金融服务业本属于人力资源密集型，科技金融系统的组建意味着不但要熟悉金融产品和服务，还必须了解科技发展的实时动态和未来趋势，即需要复合型高级人才。

8. 科技金融的管理资本介入性

科技金融体系中金融对科技的服务不单体现在提供资金支持的方面，更多的是通过管理资本用来完成对科技创新活动的组织、协调和控制，完成资本的价值流动、资本增值和资本的循环利用。

（三）科技金融运行机制

1. 资金配置机制

多层次性和多样化的金融手段给予科技创新活动持续的资金支撑是组建科技金融系统的基础性需求。因此，组建科技金融系统的首步一定是初始资金的积累，凭借初始资金来激活整个科技金融系统的内部循环。科技金融系统发展以及资本市场和金融机构加入后，资金才能逐渐循环运营起来，最终形成完善的系统。资本市场资金比金融机构的资金更多、周期更长且风险偏好更分散，也就是说资本市场的加入更有利于持续资金需求量很大的主体。

2. 激励约束机制

科技金融最根本的激励约束机制来自于金融服务链中的金融机构与科技型创新主体之间的契约关系，主要包括以商业银行为代表的金融中介机构与创新主体之间的债权关系，资本市场中的风险投资基金和其他股东与创新主体之间的股权关系。

3. 信息揭示机制

资金供需双方之间常常会有信息不对称问题，科技创新的复杂性和专业性进一步加剧了信息不对称的现象。科技金融系统的信息揭露将首要体现在区域性科技金融系统的信息平台当中。信用信息系统中的评级机构会综合以前与金融机构的借贷资金往来，凭借第三方机构对资金需求方的资信情况的说明，削弱资金需求方的信息不对称。信息平台成为科技金融供需双方从本身角度进行信息披露的主要手段。

4. 风险分担机制

科技金融体系组建过程当中，多类型的金融机构和多层次的资本市场参与其中，综合应用银行信贷、金融担保、资本市场股权投资和保险等多种金融工具，可以帮助不同风险类型的企业资金分散，也可以削弱企业在创新过程当中所遇到的风险。

二、科技金融服务业发展背景

在第三次科技革命过程当中，美国的多层次资本市场进一步完善，多种创新产品协助美国较早地完成科技革命。在美国高新技术企业逐渐发展并取得市场认可之后，仍难以得到商业银行的资金支持，很难得到相应的投资等级的债权发行权，更难满足上市条件。银行家会适时选择推出一些低等级的债权，甚至会选择风险投资来缓解资金的难题，同时也为金融资金找到另一条出路，从而加深了金融市场的维度。21 世纪之后，美国风险资本投资总额从每年大约50 亿美元暴增到1 000 亿美元，使得很多还处于种子阶段的创新型企业在短期内迅速被孵化成长。

具体来讲，美国健全资本市场的结构对自身科技产业的快速发展具有很大的推动意义：①资本市场很大程度上提供了新兴产业的整个发展过程的资金需求，多层次的资本市场能更好地持续提供资金；②新兴企业可以通过资本市场或金融中介机构得到资金支持，可以借助管理完善公司的管理机制进行市场竞争，从而得到持续发展下去的动力，通过创业风险基金、私募基金、机构基金和创业板上市等多层次、多手段的融资方式，根据科技创新本身的详细特点进行有效的资源配置。③针对科技发展中普遍存在的多种风险，比较健全的美国资本市场会不停地开发新工具和新技术，使高新技术企业完成风险管理的多样化。

因而可知，从第三次科技革命中美国的表现来说，若科技和金融深度融合，金融就不仅是被动地配合科技创新的发展需求，而是积极加入到科技创新之中。科技金融形成的标志之就是主动推进高新技术产业的股权投资的产生。

三、科技金融服务业发展趋势

我们常常用科技和金融的融合来界定科技金融，即借助科技的变革促进金融的创新。全球金融稳定委员会认为，科技与金融彼此融合，创新业务模式、创新应用、创新流程和产品，从而影响金融市场、金融机构甚至金融服务。科技金融的外延包括了支付清算、电子货币、网络借贷、大数据、区块链、云计算、人工智能、智能投顾、智能合同等多领域，对银行、保险和支付领域的核心功能都产生巨大的影响。

（一）科技金融体系构建

上文已具体描写过科技金融的内涵，本文接下来阐述科技金融的外延即科技金融的体系构建，包括科技金融的机构体系、科技金融的市场体系、科技金融的产品体系和监管体系的构建。

1. 科技金融的机构体系

首先了解一下科技金融机构体系里的组织机构。①创业投资引导基金。高新技术企业在早期的创新性研究阶段获得的成果具备公共物品的特性，所以私人资金很难有动力加入其中，此时就需要财政资金来缓解此时期导致的市场失灵问题，需要公共财政资金的投入进一步保障科技的创新，然而公共财政资金的直接拨付只能解决资金匮乏的难题，却没办法处理资金使用效率的难题。若是监督的程度较弱，就没办法解决资金使用的效率问题，若激励机制不完善，就会对科技创新活动和中小企业的培育产生很大的影响。②政策性银行。政策性银行是由政府创立并出资，为配合政府经济与社会发展，在特定业务范围内直接或间接地进行非营利性金融活动来保障宏观经济调控顺利实施的金融机构。政策性银行与商业银行在管理运作方面存在一些相似的地方，但在资金来源和经营业务范围方面有着政策性、诱导性和补充性的差异。政策性金融是为履行国家的产业和区域政策，在贷款利息、贷款期限和贷款条件方面，给基础性和战略性产业提供连续的信贷支持。在成长前期的高新技术产业具有很大的风险，凭借政策性银行的资金投入吸引商业性金融机构的加入，以此来分担商业性金融机构的风险可以发挥政策性金融的乘数效应；政策性银行资金的主要来源是财政拨付，在其较集中的业务领域中，在国家政策倾斜的那些领域以及商业金融机构不乐意承担的长期信贷业务方面，政策性银行都不存在与商业银行的竞争关系。③科技银行。高新技术企业的高风险和商业银行稳健性经营是矛盾的，为规避较高的信用风险，商业银行会减少对高新技术企业的贷款，或者在借贷过程中高要求信贷评估或资产抵押，这样就算进行贷款也没办法达到高新技术企业的资金要求水平。当资金集聚在商业银行时，高新技术企业就会对商业银行的资金产生深深的依赖。由此可见，商业银行加入到科技金融系统中有利于高新技术企业的发展，同时有利于商业银行自身的战略发展。科技银行采用市场化的运作模式，为高新技术企业提供债券和股权等融资服务和其他金融服务，采用灵活的审核和风险管理程序，组建专家咨询委员会对客户企业展开联合信贷评审，时刻关注高新技术企业的财务情况，同时关注企业的技术因素以及产品运营模式。④创业风险投资。集聚拥有较高风险承受能力的分散资金交给机构进行统一管理、专业评估之后，用权益金融资本的方法把资金应用到高新技术项目之中，承担高风险的同时可能收获高收益，也可以推动高新技术产业的进一步发展。创业风险投资不仅为高新技术企业提供资金方面的支持，还会给企业提供专业的组织管理、营销渠道开发以及资本运作等方面的服务，提高企业的价值并完成资本循环增值。创业风险投资已经成为科技创新的“孵化器”，创业风险投资与高新技术产业的融合不单单解决了资金难题，还大大地推动了经济高速发展以及产业升级。⑤科技担保。担保机构可以提供融资担保，可以提供创业风险投资业务，也可以提供包括债权和股权的全面金融服务，担保公司的股权资金投入会比创投企业的股权资金投入更能降低高新技术企业本身的股权稀释风险。⑥科技租赁。企业通常采用的融资方式是融资租赁。融资租赁可以给高新技术企业供给固定资产，这样企业的自有资金可以有更多的选择，若企业遇到研发或经营风险，都可以取消租赁合约并自主调整之后的运营方式。⑦科技保险。为了规避科技创新的高风险性，成立了独特的科技保险机构。从风险角度来说，科技保险为科技创新提供了专业化的保障，提高了科技创新与高新技术企业融资的成功率。

接下来介绍科技金融的机构体系中的中介机构，即在科技金融供需双方之间提供服务的机构，分为营利性和非营利性两类。营利性中介可以给科技金融的供需双方提供资金的相关信息，这样可以解决科技金融市场中的信息不对称难题，包括信用评级机构、资产评估机构、会计师事务所对科技金融需求方资质提供验证，律师事务所提供契约服务，担保企业提供担保服务。非营利性中介则主要是政府部署的事业单位，借助自有的优势来举办科技金融活动，给供需双方提供信息交流服务并引导资金流向。科技金融中介机构中，担保机构主要是分散企业融资的高风险，降低金融供给方的违约的概率；资产评估机构主要是评估高新技术企业的主要资产和技术，给金融机构界定该企业的信用状况提供参考；信用评级机构主要是揭露企业技术和运营风险，给金融机构一定的参考价值；会计师事务所主要是提供审计报告；信息平台主要是解决资金供需双方的不平衡或技术供需双方之间的技术对接服务。

2. 科技金融的市场体系

资本市场的构建应该满足不同发展阶段的企业的独有的融资需求和独有的融资特点，

根据不同投资主体的风险偏好和投资规模，建立多样化分工与协作的多层次资本市场体系。从较高层次的主板市场到三板市场，风险水平逐渐增加，融资企业的上市限制条件却逐渐减少，当高新技术企业或科技创新活动的发展越成熟，风险是逐步降低的，那么选择的资本市场也会逐渐推高层次。资金供给方可以凭借多层次资本市场具备的资源配置功能，投入大量资金给高新技术企业，让该企业短期内完成企业规模的扩大；多层次资本市场的资源配置可以使资金和技术更好地融合，价格揭示机制可以提高市场对高新技术企业的认可度，有利于企业的整体经营及管理。

3. 科技金融的产品体系和监管体系

我国国家开发银行为了科技创新提供了一系列的定向科技贷款，包括产学研贷款、科技园贷款、创业投资基金贷款、科技中小企业贷款。国家开发银行还提供商业银行科技贷款、科技担保和权益资本投资等服务。

科技金融的发展是具有高风险性的，当科技技术转化成产品之后，随之而来的就是科技金融产业的快速发展，创新产品取得的超额利润会导致庞大的资本积极加入该行业，此时金融机构就需要风险管理。一般来说，提供资金融通的金融机构的风险管理主要包括风险持有、风险转移和风险对冲。金融资本与科技创新带来的实体产业发展结合程度越高，化解风险的可能性越大。当科技金融产业在边际收益递增发展时期会带来财富上的激增，但此时的资本比产业的回报率低，创新失败的低概率可能会因为其他创新成功后得到的高额回报所忽略。

（二）科技金融服务模式创新和发展趋势

新兴科技的发展使得科技金融的内涵得到了新的拓展，把大数据、人工智能、云计算、区块链等新兴技术手段应用于科技型中小企业的金融产品和服务中，用来实现金融效果的提升和成本的降低。传统的科技金融侧重于目的，即利用金融来支持科技型中小企业的发展；而新型的科技金融更侧重于手段，在传统科技金融领域运用新兴技术手段。但两者都以为科技型中小企业提供低成本的金融服务、促进科技型中小企业的发展为最终目的。

从 2011 年开始，大数据、云计算、人工智能等新兴技术在投融资、客户征信、风险管理、支付清算等多个金融领域广泛应用，催生了以数据和技术为驱动，以提升金融效率、降低金融成本为目标的金融科技市场。这一新模式的发展在 2015 年达到小高峰，而在中国，资本也开始从借贷、理财等传统领域向数据、征信、信息等新兴技术倾斜。

新兴技术的快速发展，为高科技公司和互联网公司的低门槛的金融服务提供了强有力的技术支持，也逐渐改变着金融行业的整个生态格局。其中，以数量庞大、数据繁杂零散、信息流动较快的中小企业为主要服务对象的科技金融领域深受新兴技术的影响。目前，将新兴技术融入中小企业数据采集、信用中介、风险定价、风控体系构架、投资决策等各个板块，已经逐步成为科技金融领域的最新发展趋势。最主要的技术融合方向是大数据、人工智能与区块链。大数据已经广泛应用于零售银行、公司银行、资本市场、交易银行、资产管理、财富管理以及风险管理等各业务板块，其中资本市场业务的非结构化数据挖掘与风险管理业务的相关应用成为推动科技金融模式升级的重要因素。人工智能在科技金融领域的应用主要聚焦于优化面向科技型中小企业的信贷业务，包括申请、审批、放款和贷后实时风险监控。作为重要的金融基础设施，区块链尚有巨大的潜力有待挖掘，特别是透明、可靠、海量的特性将有效推动信用体系建设，为包括科技金融在内的金融生态带来颠覆式改变。

目前来看，人工智能是市场对科技金融期望最高领域之一。人工智能可以快速消化信息并进行知识输出，例如在实体经济中人工智能对产业业态和竞争格局进行分析。人工智能可以在建模和大数据的基础上对未来进行科学预测，在时间维度上沟通过去和将来，削弱横跨时间产生的高风险。人工智能还可以优化规则下的博弈策略，充分利用历史数据来完善博弈策略。并且，人工智能不会有情绪方面的因素影响决策的可能。

智能投顾是目前热门领域之一，指机器人通过资产组合理论相关的算法来构建数据模型并进行后台计算，给投资者提供最有效的资产配置方案。区块链技术也是广受关注的领域之一，很多领域在利用区块链技术方面都有很大的空间。比如说征信方面，利用数字和技术来做信用背书，不需要权威的中介机构就能够自动完成，相对公正，而且资料永久保存。

最近颁发的《国务院关于加快科技服务业发展的若干意见》，对科技金融服务的发展提出了以下的主要要求：深化促进科技和金融结合试点，探索发展新型科技金融服务组织和服务模式，建立适应创新链需求的科技金融服务体系。鼓励金融机构在科技金融服务的组织体系、金融产品和服务机制方面进行创新，建立融资风险与收益相匹配的激励机制，开展科技保险、科技担保、知识产权质押等科技金融服务。支持天使投资、创业投资等股权投资对科技企业进行投资和增值服务，探索投贷结合的融资模式。利用互联网金融平台服务科技创新，完善投融资担保机制，破解科技型中小微企业融资难问题。

同时《国务院关于加快科技服务业发展的若干意见》提出了以下的政策建议：①健全市场机制。进一步完善科技服务业市场法规和监管机制，有序放开科技服务市场准入，规范市场秩序，加强科技服务企业信用体系建设，构建统一开放、竞争有序的市场体系，为各类科技服务主体营造公平竞争的环境。推动国有科技服务企业建立现代企业制度，引导社会资本参与国有科技服务企业改制，促进股权多元化改造。鼓励科技人员创办科技服务企业，积极支持合伙制科技服务企业发展。加快推进具备条件的科技服务事业单位转制，开展市场化经营。加快转变政府职能，充分发挥产业技术联盟、行业协会等社会组织在推动科技服务业发展中的作用。②强化基础支撑。加快建立国家科技报告制度，建设统一的国家科技管理信息系统，逐步加大信息开放和共享力度。积极推进科技服务公共技术平台建设，提升科技服务技术支撑能力。建立健全科技服务的标准体系，加强分类指导，促进科技服务业规范化发展。完善科技服务业统计调查制度，充分利用并整合各有关部门科技服务业统计数据，定期发布科技服务业发展情况。研究实行有利于科技服务业发展的土地政策，完善价格政策，逐步实现科技服务企业用水、用电、用气与工业企业同价。③加大财税支持。建立健全事业单位大型科研仪器设备对外开放共享机制，加强对国家超级计算中心等公共科研基础设施的支持。完善高新技术企业认定管理办法，充分考虑科技服务业的特点，将科技服务内容及其支撑技术纳入国家重点支持的高新技术领域，对认定为高新技术企业的科技服务企业，减按15%的税率征收企业所得税。符合条件的科技服务企业发生的职工教育经费支出，不超过工资薪金总额8%的部分，准予在计算应纳税所得额时据实扣除。结合完善企业研发费用计核方法，统筹研究科技服务费用税前加计扣除范围。加快推进营业税改征增值税试点，扩大科技服务企业增值税进项税额抵扣范围，消除重复征税。落实国家大学科技园、科技企业孵化器相关税收优惠政策，对其自用以及提供给孵化企业使用的房产、土地，免征房产税和城镇土地使用税；对其向孵化企业出租场地、房屋以及提供孵化服务的收入，免征营业税。④拓宽资金渠道。建立多元化的资金投入体系，拓展科技服务企业融资渠道，引导银行信贷、创业投资、资本市场等加大对科技服务企业的支持，支持科技服务企业上市融资和再融资以及到全国中小企业股份转让系统挂牌，鼓励外资投入科技服务业。积极发挥财政资金的杠杆作用，利用中小企业发展专项资金、国家科技成果转化引导基金等渠道加大对科技服务企业的支持力度；鼓励地方通过科技服务业发展专项资金等方式，支持科技服务机构提升专业服务能力、搭建公共服务平台、创新服务模式等。创新财政支持方式，积极探索以政府购买服务、“后补助”等方式支持公共科技服务发展。⑤加强人才培养。面向科技服务业发展需求，完善学历教育和职业培训体系，支持高校调整相关专业设置，加强对科技服务业从业人员的培养培训。积极利用各类人才计划，引进和培养一批懂技术、懂市场、懂管理的复合型科技服务高端人才。依托科协组织、行业协会，开展科技服务人才专业技术培训，提高从业人员的专业素质和能力水平。完善科技服务业人才评价体系，健全职业资格制度，调动高校、科研院所、企业等各类人才在科技服务领域创业创新的积极性。⑥深化开放合作。支持科技服务企业“走出去”，通过海外并购、联合经营、设立分支机构等方式开拓国际市场，扶持科技服务企业到境外上市。推动科技服务企业牵头组建以技术、专利、标准为纽带的科技服务联盟，开展协同创新。支持科技服务机构开展技术、人才等方面的国际交流合作。鼓励国外知名科技服务机构在我国设立分支机构或开展科技服务合作。⑦推动示范应用。开展科技服务业区域和行业试点示范，打造一批特色鲜明、功能完善、布局合理的科技服务业集聚区，形成一批具有国际竞争力的科技服务业集群。深入推动重点行业的科技服务应用，围绕战略性新兴产业和现代制造业的创新需求，建设公共科技服务平台。鼓励开展面向农业技术推广、农业产业化、人口健康、生态环境、社会治理、公共安全、防灾减灾等惠民科技服务①。

第二节 科技金融服务业主要发展模式

科技金融模式根据国外科技金融运行机制的不同，可分为以下四种。①资本主导模式。资本主导模式要求具备比较健全的金融市场，例如美国。该模式体现了风险投资市场、风险贷款市场和资本市场在科技型中小企业的发展中起着关键作用。该模式的典型适用特征：资本市场比较发达，具有较高的流动性，证券化概率高；具有相对成熟的专门针对高新技术企业和科技型企业的创业板市场；创业风险投资市场非常活跃。该模式的融资支持模式包括风险投资、商业本票、股票、债券、融资租赁等。②银行主导模式。德国是

① 《国务院关于加快科技服务业发展的若干意见》。

典型的银行主导模式，该模式中银行起主导作用，间接融资是科技企业的主要融资渠道，密切的银企关系一定程度上解决了信息不对称的难题。该模式的典型适用特征：银行是企业融资的主要来源，间接融资仍是区域内企业最常用的融资手段；银企关系紧密，银行或者占有企业一定比例的股份，或者直接参与企业的核心管理。该模式的主要融资支持模式是专门信用机构在全国债券市场发行债券。③政府主导模式。韩国是典型的政府主导模式，政府在该模式中起主导作用。适合科技金融发展的初期和赶超阶段，也能满足科技行业需要大量资金的特性。该模式的典型适用特征：金融资源不愿介入、融资渠道不畅的属于政府扶持对象的贫困地区；研发活动中的基础研究投入。该模式的融资支持模式包括直接补贴贷款贴息、信用担保和保险直接提供融资；各种引导基金。④社会主导模式。在科技金融发展过程当中，完全由社会本身进行资源的配置，该模式仅比较适用于小型经济体，较大的国家和地区一般不会采用，现实中此模式的实践少之又少，所以本书不再做详细介绍。

决定科技金融发展的因素众多，比如该国的科技发展水平、金融市场和金融体制的成熟程度、政府的相关政策、法律环境及信息透明程度等。由于不同的环境和不同的现实条件，不同国家的科技金融的发展历程和运行模式都各不相同。下文主要介绍资本主导型、银行主导型和政府主导型。

一、资本主导型的美国模式

资本主导模式要求具备一个比较健全的资本市场，主要体现在风险投资市场、风险贷款市场和资本市场在科技型中小企业的发展中具有关键作用。美国是全球金融体系最发达的国家之一，其资本通过风险投资市场、风险贷款市场和资本市场进入到高科技行业，推动了科技型企业的快速发展。美国政府在市场充分发挥作用的基础之上做好了“守夜人”的角色，颁布了一系列法律法规拓宽融资渠道推动科技金融的快速发展。

（一）多层次金融市场推动美国科技发展

美国具有很成熟的风险投资市场，多种类型的风险投资供给主体共同对高科技企业的科技创新进行风险投资，例如企业、政府、投资银行、风险投资基金等，投资之间相互补充，从而使技术、资金在高科技企业和金融机构之间富有流动性。美国为科技型企业提供资金支持的全国性资本市场主要包括纽约证券交易所（NYSE）、美国证券交易所（AMEX）、纳斯达克交易所（NASDAQ）和电子公告板（OTCBB）。

风险贷款是比风险投资更为新兴的一个领域，一开始的发展方式是风险租赁，美国的风险贷款市场现以4家银行型风险贷款和9家非银行型风险贷款主导。1983年成立的硅谷银行是美国最成功的科技银行。硅谷银行的营业规模远远不满足于硅谷地区，美国半数以上的企业都得到过其风险投资的支持，提供的贷款服务要求比一般的贷款利率高约2%～5%。

美国的资本市场是一种金字塔形的结构框架，层次分明并且分散风险。这种结构可分为以下三个层级：第一层级为主板市场，就是纽约证券交易所；第二层级为二板市场，主要包括纳斯达克和美国证券交易所；第三层级为场外交易市场。纳斯达克的上市条件要求比较低，有利于很多达不到主板上市条件的中小型高科技企业进行直接融资，也就是说融资比较灵活，可以达到中小型高科技企业的融资水平，同时也具备风险投资基金的退出机制。

（二）资本主导模式中美国政府的作用

经过多年探索和实践，美国形成以《小企业法》与其他一系列的相关政策，提供专项的法律保障，形成以小企业管理局为核心，为风险投资与小企业创新进行管理和服务的综合体系。下表为美国促进科技金融发展的代表性法规的梳理。

表 10－1　美国促进科技金融发展的代表性法规

时间	法规名称	主要内容
1953 年	《小企业法》	为小企业提供咨询、培训、贷款担保等完善的服务。1980 年依据法律创建了小企业发展中心
1954 年	《国内收入法》	规定企业研发投入可作为生产开支在当年的应税收入中扣除，并于 2001 年由美国国会批准研发领域永久税收优惠
1982 年	《小企业技术创新发展法》	要求年研究开发经费拨款在 1 亿美元以上的联邦政府机构要按一定的比例向中小企业技术创新计划拨出专款用于资助高技术创新型企业的创新研究
1988 年	《综合贸易和竞争法》	设立“制造技术推广合作专项基金”，且专项基金的财政拨款逐年加大
1992 年	《小企业研发加强法》	推出小企业技术型转让计划，将公开研发和私人投资活动结合起来

资料来源：作者根据资料综合整理。

健全法律法规保障体系有利于以下几个方面：①加强知识产权的保护。美国最高法律宪法明确规定了对知识产权的保护，明确个人享有一定阶段的自我发明以及著作权的排他性使用权，又通过《专利法》和《版权法》详细规定了相关问题。②为创新企业减负。研发需要大量的资金投入并且具有高风险性，减免税收不单可以增加企业收入，实际从另一方面减少了科技研发的实际成本，从而促进企业技术研发的有效展开。③保障中小企业的研发资金。1979 年，美国国会修改《雇员退休收入保障法》，允许养老基金投资初创期高风险行业，扩大了创业投资的基金来源。同时通过《小企业法》保障小额贷款计划的有效实施。

（三）完善的美国科技金融担保体系

美国健全的科技金融担保体系具有以下几个特征：①具有健全的担保法律。《中小企业法》对信贷担保的对象、用途、担保金额和保费标准等都有严格的要求标准，只有完全符合相关要求的企业才可以得到担保。联邦和州财政来分摊担保基金，政府提供小企业局的经费，同时负责委托大学或研究机构做课题的经费。同时美国规范了透明的担保制度管理，中小企业管理局每年需向国会提交去年信贷担保计划及审查计划预算的执行情况，同时提交下一年的审查计划预算等报告，国会采取听证会方式讨论通过后再实施。②具有多层次的信用担保体系。美国现已形成了由小企业管理局直接管理的全国性贷款担保、由地方政府负责的区域性专业担保以及由社区性小企业担保构成的信用担保体系。③构建健全的风险分散和规避机制。担保机构为避免银行和企业的一些道德风险问题的发生，仅会对贷款金额进行一定比例的担保，并要求贷款企业的主要大股东及管理人员进行个人财产的抵押；严格把关业务操作流程，大大降低风险，业务都必须经过担保申请、项目评审、担保比例和具体收费谈判、签订合同四大流程。

二、银行主导型的德国模式

银行主导模式，即银行在科技金融发展中起着重要作用，间接融资是其主要融资方式，紧密的银企关系一定程度上解决了金融机构与科技型中小企业之间的信息不对称难题。德国是典型的银行主导型，直接融资市场和间接融资市场相结合，可以满足科技型中小企业的大部分融资需求，能够有效地激发科技型中小企业的发展潜能。

德国是经济强国也是科技强国，科技金融体系的发展起着至关重要的作用。首先，德国的金融体系是以银行混业经营为主。德国是欧洲经济发展的“中流砥柱”，其全能银行占据金融体系的主导位置，全能银行是指“能够从事除发行货币和抵押债券以外的所有金融业务”的银行机构，不受金融业务分工的限制，可以提供传统的商业银行业务和新兴金融业务，还可以开展实业投资业务等。德国以全能银行为基础的金融体系模式，为企业组建所有权结构和控制权结构打下了基础，使银行资本和产业资本进一步融合，促进产业结构的优化升级。同时德国还构建了政府担保的信用担保体制，以便于银行对科技企业的促进作用充分发挥。

银行控制下的风险投资市场。1975 年成立了德国风险投资公司，该公司负责科技产业提供资金，用于企业的科学研发和科技产业化，政府承担 3/4 的投资损失。1980 年后，德国风投市场加速发展并逐渐成熟，但对新技术企业的投资绝大部分并不成功，因此很多风投机构进行战略转移，转向传统工业领域。在 20 世纪 90 年代，种子资本在风险资本中的比重只有 10% 左右。德国风险投资市场和日本类似，政府在其中扮演关键角色，但由于德国特有的经济金融体制、国民观念等，而且德国直接资本市场并不发达，德国风险投资市场有其自己的特色：①德国的“风险投资”的内涵相比其他国家更为丰富，基本涵盖了科技金融的多种模式：第一，银保类金融机构合作成立产业投资机构，主要业务范围是成熟产业和制造业的技术研发；第二，地区性银行之间相互合作建立小型的风投公司，为本地区的企业提供金融服务；第三，由联邦政府、国有保险公司和信贷机构创办的 MBG 公司，为地区内较大规模的企业提供资金支持，部分地区的 MBG 公司也对初创期的科技企业进行投资；第四，由工业资本和金融资本成立的风险投资公司，主要为科技型中小企业提供风险资本；第五，种子资本公司专门为初创的高科技公司提供启动资本。②银行和保险公司在资金来源上提供了大部分的风险资本。③德国的中小企业因为担心失去企业的控制权而对上市并不是很执着。而对于风险投资家来讲，对于就有市场潜力的企业投资他们并不急于套现，而是希望通过长期持有获得较高的持续性回报。

德国逐渐重视资本市场的发展。德国的创业板市场建立时间比较晚，且相对其他国家来说，其发展也不是一帆风顺。1997 年法兰克福开设“新市场”，在高峰期，德国创业板有超过 300 家公司挂牌交易；但 2000 年开始，德国法兰克福新市场指数一直下降，在此上市的企业财务造假等丑闻被媒体披露，市场形象严重受损；于是 2003 年该市场宣布取消，在此上市企业被吸收纳入主板市场中。2005 年，德国在原有新市场基础上推出新的创业板市场，也就是现在的公开市场。

三、政府主导型的韩国模式

政府主导型即政府在科技金融资源配置中处于主导地位。该模式适用于科技金融发展的初期，也适用于需要大量资金注入的科技行业。韩国是典型的政府主导模式。

自 20 世纪中期以来，韩国政府先后颁布了《技术开发促进法》等一系列政策法规去帮助解决中小企业的资金短缺和融资问题。韩国政府为了促进科技金融的发展进行财政投入并构建信用担保机制。韩国政府的财政投入主要以投资研发经费为主，在 50% ~90% 的范围内给予无偿支持。20 世纪 60 年代，韩国从劳动力密集型工业、轻工业向重化工业转型，构建了国家创新体系和由政府主导的研发投入机制。韩国在 20 世纪 80 年代提出了“科技立国”的技术发展战略，政府大规模投入研发经费。政策性贷款是由政府有关部门设立并由银行等金融机构实施的以低息向企业开发项目提供资金支持的一种手段。韩国政府设立了技术开发基金、研究成果商品化专项基金、产学研合作基金等多种多样的类型且都有相应的法律法规规定。

1989 年 3 月，韩国最大的信用担保基金——韩国技术信用担保基金成立，其资金来源为政府以及金融机构，为科技创新型的中小企业提供有效的融资贷款渠道。该基金推动了企业和国民经济的快速发展。从 20 世纪 60 年代到 20 世纪 90 年代和 21 世纪的第一个十年，科技创新政策在韩国的工业化的初始阶段中发挥了巨大的作用。从 1962 年到 1997 年，韩国经济取得了显著的增长，平均每年增长率近 8%，这很大程度上归因于中小企业的快速发展，同时整个过程离不开科技金融体系的有效运作。

第三节　发达国家或地区科技金融服务业发展经验

科学技术是第一生产力，科技创新已成为我国经济增长的核心动力，科技创新的发展离不开金融的发展，科技金融为新时代市场经济注入了新鲜的血液，是转变生产和生活方式的主要动力，如上所述已有一些国际及国内部分地区在探索科技金融的发展模式方面积累了一些经验，从中取其优势，对于推动科技金融快速发展以及促进经济快速增长具备很大的借鉴意义。

一、国内外科技金融的发展现状

全球规模看，科技金融发展良好的主要有以美国为首的资本主导型和以日本、德国为首的银行主导型。美国的科技金融发展是最早的，现已完成了多级资本主导型的科技金融发展模式；日本政府主要是在科技金融进程中不断改进风险投资系统和担保系统，成立并完善二板市场和场外交易市场，用来降低市场的准入标准。整体而言，国外科技金融发展模式是建立在完善的资本市场体系之上，均建立专业的中小企业管理机构，并具有良好的中小企业信用担保系统。

相对而言，国外科技金融发展普遍存在一些缺点，例如忽视产业化、忽视风险投资等。而我国科技金融发展经历了从 1985 年到 1995 年的起步阶段、1996 年到 2005 年的探索阶段和 2006 年至今的快速发展阶段。我国科技金融发展有以下特征：①融资模式多样化，投资主体还没有形成。我国科技金融最初只是单一的科技贷款，现已逐渐发展到银行信贷、创业投资、科技担保、科技保险等形式，即便如此，投入还是太过依赖于政府财政性投入、政策性贷款以及商业银行贷款，因此多元化科技金融投资主体还没有形成。②融资规模慢慢扩展，但金融机构的占比较少。我国科技金融的投入每年逐渐增加，国外的风险投资、天使投资、创业银行等都在逐渐进驻中国市场，融资规模有望进一步扩展。③政策支持力度进一步加大，产学研方面相对乏力。科技部、各省科技厅出台了一系列的科技金融政策，科技金融发展的总体水平却还是偏低。

二、国内外科技金融服务业发展比较

通过对国外发达国家美国、日本、德国、韩国的科技金融创新发展模式进行全面分析后发现，我国与上述国家无论是在科技金融的发展规模、结构，还是质量、机制与效率之间均存在较大差距。

（1）体制的差别。这是最根本的差别。国外科技金融发展模式大多是在市场经济体制下逐步形成并成长起来的，会形成尊重市场规律和崇尚自由市场经济的环境，而市场机制在科技金融的整个资源配置过程中起到关键性作用。在科技金融发展初期，政府财政资金支持力度较大，后期对科技金融发展的干预逐渐减少，较少存在以政府为主导的科技金融创新发展模式。政府提供有力的资金和政策方面的支持的方式是成立政策性金融机构和专项基金。反观我国，科技金融起步比较晚且源于传统计划经济体制，计划色彩浓重。政府起主导作用，常常采取行政命令对科技金融资源进行强制性的分配，市场化水平较低，在发展规模、结构和质量等方面都远远不及国外的发展水平，我国长期位于对国外的浅显仿照阶段，从而制约了我国的特色科技金融的发展。

（2）多层次资本市场体系与风险投资市场方面的差别。在国外，科技创新型企业的不同阶段的融资需求可以通过创业投资、风险投资和天使投资得以满足。与之相比，中国的科技金融发展则是以政府财政出资为主，融资渠道单一，市场化投资工具、融资工具、产品渠道相对不足，多层次资本市场体系中的新三板市场还处于规划和逐步建设之中，天使投资和风险投资成长缓慢，还不能达到种子期和初创期科技公司的融资要求。

（3）外部法律政策环境与制度保障方面的差别。国外实行市场经济体制时间较长，往往具有完善的法律、法规制度，能够营造一个良好的科技金融发展外部政策环境，相关支持与保障机制健全。相对而言我国科技金融，缺乏法律、法规和制度的保障，政府在整个过程中起主导作用，那么市场机制很大程度上被人为地“忽略”。让市场机制在我国科技金融发展实践中发挥主导作用，回归发展的市场本源，这是未来我国科技金融发展的不二选择。

（4）科技金融风险分担和担保体制方面的差别。我国尚未建立起比较完善的科技金融风险分担和担保体制，若发生了科技金融风险，怎样在科技型企业、金融机构、投资者三方之间进行风险分担是我们发展科技金融需要直面和解决的一大难题。

三、经验与启示

在科技金融获得较好发展的国家与地区，不管是资本主导型还是政府主导型，在整个过程中都存在一些共同点，我们可以通过对其共同点的梳理来借鉴其成熟经验，为我国科技金融的发展提供宝贵的经验。

（1）科技金融的根本保障是法律法规的建立和健全。无论是在经济较为发达国家如美国、日本、德国，还是在经济逐渐增长起来的印度，在科技金融的开始阶段，促进科技金融发展的基石都是建立健全的法律法规体系。美国在第二次世界大战前并未重视中小企业，虽颁布了一系列反垄断的法规，却是为了提防大企业的过分膨胀会给小企业带来威胁，并没有颁布有关中小企业的法规。然而，第二次世界大战之后，1953 年美国率先发布了《小企业法》，该法涉及小企业的方方面面，作为小企业立法的核心，后来成为美国现行中小企业政策和政府管理的总依据。其后，历届政府都围绕《小企业法》，并根据各时期出现的新问题制定了一系列的法律和法规，如卡特总统任职期间制定的《中小企业经济政策法》《小企业投资奖励法》《小企业发展中心》等，以上法律主要针对小企业相对大企业在市场竞争中的劣势，如负担重、规章制度不合理、限制出口等采取一系列措施，推动美国小企业进入黄金发展时期。又如克林顿总统任期期间的《小企业贷款增加法》（1995 年）、《小企业项目改进法》（1996 年）等，这些法律法规等为满足小企业的贷款需求、调整小企业融资方法提供了法律保障，帮助未开发地区的人们建立和发展小企业。总之，“二战”后美国有关中小企业的法律法规不断充实美国中小企业法律政策体系，保护中小企业向良性方向发展。同样，“二战”后的日本为了恢复本国经济，制定了以《中小企业基本法》（1963 年）为核心的一系列促进中小企业发展的法律和法规，如《中小企业协同组合法》（1949 年）、《中小企业团体组织法》（1957 年）等，以此促进中小企业之间合作与联合，推动中小企业改善其组织结构，促进下包制的形成，使离散的单个企业组合形成企业系列，保证中小企业政策的顺利实施和扶持金融机构的健康运作①。

（2）科技金融进入发展阶段的启动器是政策性的大力支持。不管是资本主导型的美国，或银行主导型的日本，都曾经把政策性金融视为科技金融发展的巨大推动力。传统的金融机构把科技的高风险性自动忽略，为了使商业银行和民间资本能积极参与进来，政策性金融的先导作用功不可没。政策性金融的推动使得科技金融快速发展起来，短期的效果显而易见。另外，中国台湾地区与日本在经济与金融发展过程当中，政府力量较为强大，

① 林伟光．科技型中小企业融资服务体系构建分析——以广东省为例［J］．科技管理研究，2011（18）．

而由政策性建立的政策体系、机构设立及经营机制也比较健全，此时政策性金融的支持作用也就更加明显。

（3）科技金融的放大器是健全的信用担保体系。上述中的美国、日本及中国台湾地区的发展模式都体现出信用担保体系的重要性，在初期政策性金融引导资金，资金的保障较为有限，不能满足科技创新型企业的所有需求，而健全的信用担保体系就可以通过为科技贷款进行担保的方式把有限的政策性资金进行放大，同时还可以降低金融机构的风险，促使更多商业性金融机构加入到科技创新型企业的成长与发展中来。

（4）科技金融发展的加速器是完善的资本市场和先进的风险投资行业。风险投资企业在科技创新型企业的发展过程当中的退出选择，是因为多层次资本市场体系有了多种方式。实践证明，风险投资企业通过公开上市退出投资将是最能增值的方法。美国自身完善的资本市场和市场化的风险投资企业对于美国科技创新的发展是极其重要的，在科技产业发展过程中形成了一整套的联动机制。在20世纪90年代金融改革之后，日本着重发展资本市场和风险投资，通过科技产业的发展使当时陷入房地产危机的日本重振经济。

四、对我国科技金融服务业发展的政策建议

我国现阶段科技金融正处于起步时期，在制定法律法规方面、在成立相关部门方面、在健全促进机制方面、在政府与市场分工方面等都存在着很大的进步空间。联系我国经济与金融市场的现状，借鉴上述发达国家或地区的科技金融发展模式，我们可以从以下四个方面提出一些建议。

（一）加快建设科技金融法律法规体系

科技金融发展的制度基础在于立法，完善的法律法规体系可以明确政府的职责，可以规范财政研发的投入，可以为科技企业提供持久的激励。各国都有专门针对科技型企业与中小型企业的法律法规，然而我国的相关法律法规体系尚存在缺失与空白。借鉴美国、以色列和印度的有关经验，我国科技金融法律法规体系可以从以下三个层次来完善。

（1）尽快推出加速中小型企业发展的基础性法律法规。中小型企业的基本法要确立“市场为主，政府补充”的原则，明确政府的职能，明确政府直接购买科技型企业与科技型中小企业产品与服务的比重，将中小型企业的发展提上议程。

（2）完善科技研发激励的相关法律法规。规定各政府部门财政支出中研发投入的比重，规定研发投入中用来支持科技型中小企业的比重，明确中央与地方政府在激励企业创新中的职能与分工，确定服务对象与投入方式，建立企业回购与政府无条件退出机制，并为设立专门的管理机构与种子基金提供法律依据。

（3）减少科技型中小企业的融资限制。科技型中小企业是融资难的首要群体，也是金融创新的主体，有关立法应该跟上金融创新的脚步，具体措施包含设立符合国际金融趋势的银行业混业经营试点、为众筹等新型融资模式推出专门的法规。

（二）建立财政预算、使用、监管分立的财政资金使用体制

我国可通过借鉴美国、日本和德国的经验，根据法律法规来成立中小企业局，用来实

施政府对中小企业的各项优惠政策，在中小企业局下可进一步成立科技型中小企业管理部门，负责为科技型中小企业提供融资、咨询与培训等服务，资源统筹、预算建议、监督管理和信息公布是其职能。由于我国中小型企业总数庞大，科技型中小企业管理部门最好不要直接对接中小企业，可以通过政府各级部门来提供财政支持，组建直接对接中小企业的种子基金和科学孵化器，并对中小企业进行规范、监督与管理。这类财政预算权、财政使用权、财政监管权的三权分立体系有助于进一步增加财政支出的使用率，进一步减少寻租的时间，从而提高行政的效率。

（三）设立地区种子基金与科技孵化器

依据以色列设立上市前科技型企业金融支持的经验，各级政府部门可根据本地环境设立种子基金和科技孵化器，财政投入给予支持。种子基金的成立遵守相关的法律法规，可以对种子期的科技型企业提供非控股股权投资，也可以进行短期贷款，政府不应该介入到企业的管理，若企业请求回购，政府要无条件退出。科学孵化器可以采用事业单位或企业建制，可以由本地高等院校、科研单位牵头成立，或与高等院校、科研单位形成紧密合作关系，用来提供科技咨询、低息贷款、短期周转贷款、人员培训、文秘等服务，财政充足的区域可以为研发期和种子期的科技企业提供办公场地等附属服务。种子基金和科学孵化器各司其职，前者偏重投资，后者偏重服务，二者都受中小企业局下成立的科技型中小企业管理部门监管。

（四）推广科技担保基金与政府引导的风险投资基金

除了由种子基金和科学孵化器对初始期的科技型中小企业提供融资支持之外，政府还可以通过科技担保基金和风险投资基金来吸引市场资本进入到科技型企业的发展中。成立科技担保基金应注意以下三点：一是要有完整的业务流程和健全的评估机制。为了减少寻租行为，可以采取外包的方式进行评估；二是应该纳入中小企业局的监管范围进行规范；三是吸引多个银行主体加入，构成竞争机制，对过分寻求高风险高收益的银行应给予警告并削减其份额，尽量缓解由于逆向选择和道德风险致使的市场萎缩。我国风险投资市场已初现规模，一些得到政府投资的风险基金已取得不错的成果。政府应该推广和引导成功基金的经验，同时健全退出机制，并避免市场供给大于需求，避免科技投资过热化。

第四节　科技金融服务业典型企业案例

科技金融服务业的典型案例分析中，本书选取了国外的硅谷银行案例进行详细剖析，由此可进一步深刻了解科技金融服务业的发展。

1983 年，硅谷银行在美国成立，它是硅谷银行金融集团的下属子公司，通过其在美国、欧洲、亚洲庞大贸易关系网，给风险资本和创业企业提供各类金融服务。硅谷银行服务于科技型企业，曾经成功助力于 Facebook、Twitter 等企业的快速成长。硅谷的孵化器是斯坦福大学，斯坦福大学的计算机科学系和电子工程系、电子工程研究实验室和整合系统中心是现今高科技公司发展和繁华的孵化地。现今的斯坦福大学已成为硅谷人才的输出地，每一年替硅谷培育了大量的科技和管理人才，与此同时，斯坦福大学的老师和学生建立了大量的科技型公司。从总体上看，政府的鼓励在硅谷的发展过程中起到很大的作用。高科技企业逐渐兴起，政府应该因势利导，颁布一系列法律法规。此外，政府在规划方面，不仅考虑到环保因素，而且将商业区、工业区、娱乐区和生活区大体分开，这样既省去了不少麻烦，也考虑到该地区的长期发展，节约了资源。

一、硅谷银行特色的经营模式

硅谷银行的业务包括银行贷款、风险投资、上市融资和并购资本等，构成整个投资产业链，提供综合的金融服务。硅谷银行的投资模式包括直接投资风投机构和提供贷款的科技初创企业。银行与风投的合作充分发挥了各方的比较优势：风投更专业认识高科技企业，更熟练地挖掘创业者，硅谷银行在此基础上可更容易取得优质客户群体；风投对科技企业的初期捕获、深度参与可以帮助银行解决与企业的信息不对称难题，从而降低硅谷银行相关的投入成本以及贷款风险。

硅谷银行的收益模式是“高息差＋股权投资”。“高息差”是指硅谷银行的贷款利率比普通商业银行要高两到三百分点；“股权投资”是指硅谷银行得到初创企业的一些股权或期权，成为该公司的直接股东或合伙人，若初创企业取得成功，就可以直接得到风险企业的高回报，取得股权升值收益。硅谷银行的风控政策包括制定贷款限额政策、抵押政策、风险隔离政策。与此同时，硅谷银行严谨科学地选择客户。硅谷银行会与贷款企业签署“债权人清偿第一顺序”条款，向硅谷银行申请贷款时科技公司大多数用技术专利抵押，若在后来的经营中出现突发情况而没办法还款，在出售技术专利之后，硅谷银行的受偿要处于风投之前。

二、硅谷银行的成功经验

硅谷银行重点为创业企业和创投基金提供金融服务。从全球范围上看，给科技型中小企业提供融资服务的所有商业银行中，美国硅谷银行是较为成功的金融机构之一。硅谷银行的成功经验包括以下几点：

（1）与创投基金结成战略联盟。硅谷银行与创投基金的紧密合作主要体现在：第一，向创投基金提供开户和基金托管等服务；第二，直接投资或贷款给创投基金；第三，向取得创投基金的企业提供融资服务。

（2）分阶段分行业地为创业企业提供融资服务。硅谷银行把创业企业分为三个阶段，并组建独立的工作小组提供不一样的金融服务：第一，加速器阶段，企业处于种子期或初期发展时期，硅谷银行主要提供中长期创业贷款，与企业接收的创投资金匹配，有助于企业继续产品的研究开发并最终完成对外的销售；第二，成长期阶段，企业的商品已流入市场，销售收入也逐渐增加，硅谷银行主要提供给公司业务发展所需的流动资金贷款；第三，公司金融阶段，硅谷银行主要提供现金管理和全球财务管理服务。

（3）提供持久的多元化增值服务。硅谷银行不仅提供资金支持，还会为创业公司提供多元化的增值服务，帮助企业获得胜利，逐渐达成企业、创投和银行共赢的结果。硅谷银行下部署企业创业平台，为初创企业提供各类服务，着重于与初期创业者直接对接，对企业的高管进行多方位培训，同时也会给企业推荐投资者，帮助企业完成股权融资。硅谷银行还会在初创期以外的其他各阶段提供方方面面的增值服务，例如推荐合作企业、推进国际化等。

（4）多种手段进行风险管理。创业企业在初期的风险很高，但硅谷银行的坏账率常年处于很低的水平，这归功于硅谷银行的多种多样的风险管理手段。硅谷银行组建各阶段和各行业的专属营销队伍，可快速甄别风险并提供可实施的风险控制措施。与此同时，硅谷银行会通过借鉴创投基金等专业机构对创业团队全方位的分析以强化风险管理。硅谷银行以自己多年积累的历史数据作为基础，自主研发信贷风险评级模型并实时监控，有效匹配风险与收益。如初期项目的贷款风险会比较高，硅谷银行会适当减少对初创期企业的贷款额来降低风险。硅谷银行通过与创投基金的紧密合作来进行风险管理。一方面，硅谷银行要求贷款客户要得到创投资金的支持，也就是代表此创业团队的管理理念、商业模式和发展前景都获得一定程度的认可。硅谷银行比较喜欢获得多个创投背书的团队，因为这意味着可以获得较多的资金支持。另一方面，硅谷银行会重点关注创业企业的知识所有权，若企业不能按规定还款，硅谷银行会与创投基金一起把企业的技术专利卖出去，专利所得优先偿还给硅谷银行，所以硅谷银行的坏账率比较低。

（5）有效结合债权融资和股权融资。硅谷银行的营业模式是在向中初期的科技型企业发放贷款时，会要求较高的利率并要求获得部分认股权或期权，在企业公开上市或被收购时实施相应权力。对于偏好的创业企业，硅谷银行金融集团旗下硅银创投公司会进行小规模的股权投资，用来协助企业创业，最终实现公开上市或在被购并时得到比较高的资本增值，以弥补高风险所带来的损失。

参考文献

［1］长城企业战略研究所．全球科技服务业发展分析［J］．新材料产业，2015（2）．

［2］姜军．发达国家政府在创新体系中的作用方式及启示［J］．科学学研究，2004（4）．

［3］董美玲．“斯坦福—硅谷”高校企业协同发展模式研究［J］．科技管理研究，2011（18）．

［4］王经亚，陈松．德国技术转移体系分析及借鉴［J］．经济研究导刊，2009（8）．

［5］张豪，张向前．日本适应驱动创新科技人才发展机制分析［J］．现代日本经济，2016（1）．

［6］中国社会科学院——上海市人民政府上海研究院科技创新调研组．借鉴以色列经验促进高校科技成果转化［J］．科学发展，2016（12）．

［7］艾仁贵．以色列的高技术移民政策：演进、内容与效应［J］．西亚非洲，2017（3）．

［8］简兆权．研发服务业发展与对策研究——以广东为例［M］．广州：华南理工大学出版社，2013.

［9］彭剑锋，相雪，等．辉瑞：为世界健康护航［M］．北京：机械工业出版社，2013.

［10］马春．世界研发服务业发展动态［J］．竞争情报，2006（4）．

［11］陈可达，杜德斌，张站仁，等．印度研发产业的发展及其对我国的启示［J］．生产力研究，2015（7）．

［12］黄亮，邱枫．从软件外包到研发服务：班加罗尔的案例研究［J］．世界地理研究，2016（3）．

［13］方晔．基于国际比较的中国技术转移体系研究［D］．江苏省：东南大学，2006.

［14］蔡声霞，高红梅．发展中国家国际技术转移模式的分类及评价［J］．科技进步与对策，2008（9）．

［15］李志军．当代国际技术转移新特点及中国的对策［J］．中国高校科技与产业化，2008（4）.

［16］娄成武，陈俊．解读美日研究型大学衍生企业及对我国的启示［J］．科学学研究，2005（23）．

［17］岳贤平，顾海英．美国的企业技术许可模式及其启示［J］．情报科学，2006（24）．

［18］郑永平，党小梅，吴荫方．美国高校技术转移工作的成功经验及其对我国高校的启示［J］．科技进步与对策，2004（7）．

［19］周锦怡．我国技术转移的主体分析与模式研究［J］．科教前沿，2012（3）．

［20］陈汉梅．发展中国家国际技术转移的模式及问题［J］．当代经济，2011（9）．
［21］王小，高亮华．大学技术转移的衍生企业模式研究［N］．清华大学学报，2003.
［22］SHAPIRO C. Navigating the patent thicket ：cross licenses，patent pools，and standard-setting［J］. University of California at Berkeley，2001（3）．
［23］岳贤平，顾海英．美国的企业技术许可模式及其启示［J］．情报科学，2006，24（2）．
［24］张健，李春龙，等．AJ模型下的企业合作研发模式选择——基于知识影响因素的博弈［J］．科技管理研究，2016（20）．
［25］林强，姜彦福．中国科技企业孵化器的发展及新趋势［J］．科学学研究，2002，20（2）．
［26］周静珍，万玉刚，高静．我国产学研合作创新模式研究［J］．科技进步与对策，2005（3）．
［27］谢富纪，董正英．技术转移与技术交易［M］．北京：清华大学出版社，2006.
［28］叶宝忠，叶子荣．我国技术转移服务模式的比较及选择标准研究［J］．贵州社会科学，2010，242（2）．
［29］奚明光，胡兴宏．新形势下技术转移模式分析与研究［J］．安徽科技，2016（10）．
［30］董丽丽，张耘．国际技术转移新趋势与中国技术转移战略对策研究［J］．科技进步与对策，2013，30（14）．
［31］张换兆，秦媛．美国国家技术转移体系建设经验及对我国的启示［J］．全球科技经济瞭望，2017，32（8）．
［32］孙理军，黄花叶．美日技术转移实践及其对我国技术转移中心的启示［J］．科技管理研究，2003（1）．
［33］任昱仰，赵志耘，杜红亮．日本技术转移制度体系概述［J］．科技与法律，2012，95（1）．
［34］张士运，刘彦蕊．德国史太白技术转移网络的发展经验与政策启示［J］．中国科技论坛，2013（3）．
［35］丁明磊，周密．德国私营技术转移机构的营运模式及其启示——史太白技术转移中心的经验借鉴［J］．科技进步与对策，2012（23）．
［36］伍虹儒．德国企业在华直接投资中的技术转移活动实证分析［J］．科技管理研究，2010（6）．
［37］王经亚，陈松．德国技术转移体系分析及借鉴［J］．经济研究导刊，2009，46（8）．
［38］徐兰，徐婷．基于四位一体的德国技术转移体系对我国科研发展的启示研究［J］．科技与管理，2017，19（1）．
［39］穆荣平．德国向中国的技术转移——上海大众汽车公司案例研究［J］．科研管理，1997，18（6）．
［40］刘展．欧洲三国检验检测认证行业发展扫描［N］．中国质量报，2015-04-03（7）．

［41］乔东．中国检验检测体系发展思考［J］．中国科技投资，2012（19）．

［42］沈伟民，黄芳．欧美发达国家公共检测研究与服务机构发展动态及趋势［J］．上海计量测试，2003，30（4）．

［43］武津生，刘展．欧洲三国检验检测认证机构发展的启示［J］．质量探索，2015，12（7）．

［44］王腊芳，李细梦，何江．“十三五”时期我国检验检测服务业发展战略研究［J］．经济纵横，2015（5）．

［45］王腊芳，李细梦，何江．中国检验检测服务业市场化的背景、特征与路径［J］．经济与管理研究，2016，37（6）．

［46］刘艳莉，吕彦昭．企业孵化器的概念、分类与运行模式［J］．商业经济，2012（10）．

［47］张前荣．发达国家科技服务业发展经验及借鉴［J］．宏观经济管理，2014（11）．

［48］李娜．孵化器商业模式研究［D］．天津：天津财经大学，2012.

［49］陈晖涛．企业孵化器的创新效应以及在我国的创新［J］．福建师范大学学报（哲学社会科学版），2003（3）．

［50］陈岩峰，吕一尘．促进广东科技服务业发展政策支持体系研究［J］．科技管理研究，2011（14）．

［51］李娜．孵化器商业模式研究［D］．天津：天津财经大学，2012.

［52］赵黎明，刘猛，郝琳娜．基于众包模式的虚拟科技孵化器创新研究［J］．中国科技论坛，2014（8）．

［53］2015 年中国创新型孵化器发展报告［R］．清科研究中心，2014.

［54］2016 年中国孵化器发展现状专题研究报告［R］．艾媒咨询，2016.

［55］王彦彬．六类众创空间，创客快到碗里来！［N］．通信产业报，2015－08－31（14）．

［56］清科研究中心　林大鲲．孵化器在众创时代下变身：从“房东”转变为创业服务商［N］．中国经济导报，2015－05－14（B07）．

［57］宦静．国外民营孵化器经营模式分析［J］．杭州科技，2013（3）．

［58］闫国华，杨景辉．企业孵化器的运营模式探讨［J］．产业与科技论坛，2012（8）：38－39.

［59］张倩倩．创新工场的组织与服务研究［D］．武汉：华中科技大学，2014.

［60］龙航．美国孵化器经营模式探索［J］．杭州科技，2013（3）．

［61］邱宣．美欧企业孵化器发展研究［D］．吉林：吉林大学，2004.

［62］余来文，杜耘．李开复的商业模式与创业启示［J］．中国高新技术企业，2011（35）．

［63］金错刀．李开复悬念：天使投资 2.0？［J］．中国企业家，2010（19）．

［64］律星光．帮助中国的创业者跑得更快——访 3W 咖啡创始人许单单［J］．财经界，2015（8）．